中等职业教育国家规划教材

全国中等职业教育教材审定委员会审定

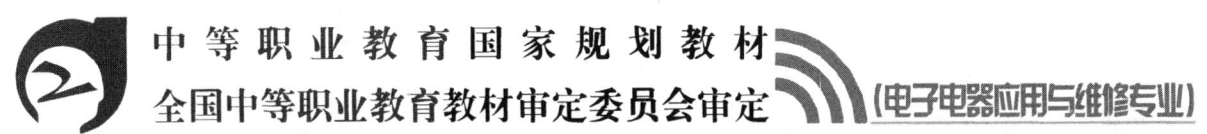（电子电器应用与维修专业）

电热电动器具原理与维修
（第4版）

主　编　张仁霖
副主编　张　谊　吕　志　蒋文有
主　审　林春方

电子工业出版社
Publishing House of Electronics Industry
北京·BEIJING

内 容 简 介

本书根据教育部 2019 年颁布的《教育部关于职业院校专业人才培养方案制订与实施工作的指导意见》（教职成〔2019〕13 号）和 2015 年 3 月出版的《中等职业学校专业教学标准》，在《电热电动器具原理与维修（第 3 版）》的基础上编写而成。

本书将党的二十大精神和职业道德教育寓于课程教学之中，将教学内容和育人有机融合，注重培养学生的职业道德、职业素养，能够紧密结合课程的最新发展变化，保证教材内容的先进性、应用性和实践性。本书主要内容有电热基础知识、电动基础知识、常用电子元器件及维修工具的使用，以及电热炊具、电热水器、电热取暖器、电热清洁器具、电风扇、电动清洁器具、厨房用电动器具、美容保健用电动器具和电动自行车的拆装与维修。

本书内容深入浅出，通俗易懂，具有实用性和适用性。本书是中等职业学校电子电器应用与维修专业的专业技能课程教材，也可供电子信息类其他专业选用，还可作为高等职业院校相应专业的教材及家电维修专业技术人员的培训教材。

未经许可，不得以任何方式复制或抄袭本书之部分或全部内容。
版权所有，侵权必究。

图书在版编目（CIP）数据

电热电动器具原理与维修 / 张仁霖主编．—4 版．—北京：电子工业出版社，2023.8
ISBN 978-7-121-46139-2

Ⅰ．①电… Ⅱ．①张… Ⅲ．①日用电气器具—理论②日用电气器具—维修 Ⅳ．①TM925.0

中国国家版本馆 CIP 数据核字（2023）第 153415 号

责任编辑：蒲　玥
印　　刷：三河市龙林印务有限公司
装　　订：三河市龙林印务有限公司
出版发行：电子工业出版社
　　　　　北京市海淀区万寿路 173 信箱　邮编 100036
开　　本：880×1 230　1/16　印张：14.75　字数：368 千字
版　　次：2002 年 1 月第 1 版
　　　　　2023 年 8 月第 4 版
印　　次：2023 年 8 月第 1 次印刷
定　　价：42.00 元

凡所购买电子工业出版社图书有缺损问题，请向购买书店调换。若书店售缺，请与本社发行部联系，联系及邮购电话：（010）88254888，88258888。
质量投诉请发邮件至 zlts@phei.com.cn，盗版侵权举报请发邮件至 dbqq@phei.com.cn。
本书咨询联系方式：（010）88254485，puyue@phei.com.cn。

前　言

根据教育部的要求，2002年1月我们编写了中等职业教育国家规划教材《电热电动器具原理与维修》；2005年1月对其进行了修订，出版了《电热电动器具原理与维修（第2版）》；2011年8月又对第2版进行了修订，出版了《电热电动器具原理与维修（第3版）》。本教材使用多年来，广大师生对其给予了较高的评价，同时提了一些有益的建议，希望能对教材再次予以修订。根据教育部2019年颁布的《教育部关于职业院校专业人才培养方案制订与实施工作的指导意见》（教职成〔2019〕13号）和2015年3月出版的《中等职业学校专业教学标准》，我们对《电热电动器具原理与维修（第3版）》进行了较大幅度的修改，增加了电动自行车的拆装与维修内容。编写思路：以项目为载体，以工作任务为驱动，以学生为主体，采用教、学、做一体的项目化教学模式，在内容安排和组织形式上进行了新的尝试，与《电热电动器具原理与维修（第3版）》相比，修订后的教材具有简化理论、强化实践、内容新颖、图文并茂的特色。除此之外，本书在编写中还体现了以下特点。

（1）本书将党的二十大精神和职业道德教育寓于课程教学之中，引领学生厚植爱党爱国情怀，坚定"四个自信"，坚定对共产主义的信仰、中国特色社会主义的信念、实现全面建成社会主义现代化强国和实现中华民族伟大复兴的信心。

（2）本书在内容的选择和安排上，以"必须、够用、可教"为原则，强调专业素质的培养和专业技能的掌握，体现了培养技能型人才的职业教育特点。各学校可根据专业需要，增添或加重某些内容。

（3）本书以定性分析为主，以文字和图表就能阐述清楚的问题不再进行数学上的定量分析。本书加强了器具拆装、器件检测、典型故障分析与维修等实践操作和技能训练内容。

（4）为了方便教学，本书还配有教学指南、电子教案及习题答案，请有此需要的教师登录华信教育资源网免费注册后再进行下载，有问题时可与电子工业出版社联系（E-mail: hxedu@phei.com.cn）。

在修订过程中，我们得到了电子工业出版社编辑和许多同行的帮助与支持，在此对他们表示由衷的感谢。本书由安徽电子信息职业技术学院张仁霖任主编，普洱市职业教育中心张谊、长沙高新技术工程学校吕志、广西交通运输学校蒋文有任副主编，上海电子信息职业技术学院林春方主审了全书。由于编者的水平有限，修订后的教材难免有不妥之处，敬请读者不吝指正。

编　者

目 录

项目1 电热基础知识 ·· 1
任务1.1 电能与热能转换关系 ·· 1
任务1.2 电热元件 ·· 1
  - 1.2.1 相关知识：电阻式电热元件 ·· 2
  - 1.2.2 相关知识：远红外电热元件 ·· 5
  - 1.2.3 相关知识：PTC电热元件 ·· 6
任务1.3 控制元件 ·· 7
  - 1.3.1 相关知识：温度控制元件 ·· 7
  - 1.3.2 相关知识：时间控制元件 ·· 9
小结 ··· 10
思考与练习题 ·· 11

项目2 电动基础知识 ·· 12
任务2.1 电动控制电路的基本结构 ··· 12
  - 2.1.1 相关知识：单负载控制电路 ··· 12
  - 2.1.2 相关知识：双负载控制电路 ··· 13
  - 2.1.3 相关知识：微型计算机控制电路 ···································· 13
任务2.2 常用电动机的类型及基本结构 ··· 13
  - 2.2.1 相关知识：单相异步电动机 ··· 14
  - 2.2.2 相关知识：单相串激式电动机 ··· 16
  - 2.2.3 相关知识：永磁式直流电动机 ··· 17
小结 ··· 17
思考与练习题 ·· 18

项目3 常用电子元器件及维修工具的使用 ································· 19
任务3.1 常用电子元器件 ·· 19
  - 3.1.1 相关知识：电阻器 ·· 19
  - 3.1.2 相关知识：电容器 ·· 20
  - 3.1.3 相关知识：半导体二极管 ·· 20
  - 3.1.4 相关知识：半导体三极管 ·· 21
  - 3.1.5 相关知识：晶闸管 ·· 21
  - 3.1.6 相关知识：双向触发二极管 ··· 22
  - 3.1.7 相关知识：三端集成稳压器 ··· 22
  - 3.1.8 相关知识：电磁继电器 ·· 23

| 任务 3.2 | 维修工具的使用 | 23 |

任务 3.3　测量仪表的使用 ·· 28
 3.3.1　实践操作：指针式万用表的使用 ······································ 28
 3.3.2　实践操作：数字式万用表的使用 ······································ 31
 3.3.3　实践操作：兆欧表的使用 ··· 33
任务 3.4　常用维修方法 ·· 34
小结 ··· 36
思考与练习题 ··· 36

项目 4　电热炊具的拆装与维修 ·· 37

任务 4.1　微波炉的拆装与维修 ··· 37
 4.1.1　相关知识：微波炉的类型与基本结构 ······························· 38
 4.1.2　实践操作：普通型微波炉的拆装及主要零部件的检测 ········· 42
 4.1.3　相关知识：普通型微波炉的工作原理 ······························· 45
 4.1.4　相关知识：微型计算机控制微波炉简介 ··························· 46
 4.1.5　实践操作：微波炉的使用与保养 ···································· 49
 4.1.6　实践操作：微波炉的常见故障分析及维修方法 ················· 50
任务 4.2　电饭锅的拆装与维修 ··· 53
 4.2.1　相关知识：电饭锅的类型与基本结构 ······························· 53
 4.2.2　实践操作：自动保温型电饭锅的拆装及主要零部件的检测 ··· 55
 4.2.3　相关知识：自动保温型电饭锅的工作原理 ························ 56
 4.2.4　相关知识：电子自动保温型电饭锅简介 ··························· 57
 4.2.5　相关知识：智能型模糊控制电饭锅简介 ··························· 58
 4.2.6　实践操作：电饭锅的使用与保养 ···································· 61
 4.2.7　实践操作：自动保温型电饭锅的常见故障分析及维修方法 ··· 61
任务 4.3　电磁灶的拆装与维修 ··· 63
 4.3.1　相关知识：电磁灶的类型与基本结构 ······························· 63
 4.3.2　实践操作：高频电磁灶的拆装及主要零部件的检测 ············ 65
 4.3.3　相关知识：工频电磁灶的简介 ······································· 66
 4.3.4　实践操作：电磁灶的使用与保养 ···································· 67
 4.3.5　实践操作：高频电磁灶的常见故障分析及维修方法 ············ 67
小结 ··· 68
思考与练习题 ··· 69

项目 5　电热水器的拆装与维修 ·· 71

任务 5.1　电热淋浴器的拆装与维修 ··· 71
 5.1.1　相关知识：电热淋浴器的类型与基本结构 ························ 71
 5.1.2　实践操作：储水式电热淋浴器的拆装及主要零部件的检测 ··· 72
 5.1.3　相关知识：储水式电热淋浴器的工作原理 ························ 73
 5.1.4　实践操作：储水式电热淋浴器的安全使用 ······················· 73

5.1.5　实践操作：储水式电热淋浴器的常见故障分析及维修方法 ········ 74
　任务 5.2　台式温热饮水机的拆装与维修 ········ 74
　　　5.2.1　相关知识：台式温热饮水机的基本结构 ········ 74
　　　5.2.2　实践操作：台式温热饮水机的拆装 ········ 75
　　　5.2.3　相关知识：台式温热饮水机的工作原理 ········ 75
　　　5.2.4　实践操作：台式温热饮水机的常见故障分析及维修方法 ········ 76
　任务 5.3　电热开水瓶的检测与维修 ········ 77
　　　5.3.1　相关知识：电热开水瓶的基本结构 ········ 77
　　　5.3.2　相关知识：电热开水瓶的工作原理 ········ 78
　　　5.3.3　实践操作：电热开水瓶使用注意事项 ········ 79
　　　5.3.4　实践操作：电热开水瓶的常见故障分析及维修方法 ········ 79
　小结 ········ 81
　思考与练习题 ········ 81

项目 6　电热取暖器的拆装与维修 ········ 83
　任务 6.1　石英管式取暖器的拆装与维修 ········ 83
　　　6.1.1　相关知识：石英管式取暖器的分类与基本结构 ········ 84
　　　6.1.2　实践操作：石英管式取暖器的拆装及主要零部件的检测 ········ 85
　　　6.1.3　相关知识：石英管式取暖器的工作原理 ········ 85
　　　6.1.4　实践操作：石英管式取暖器的常见故障分析及维修方法 ········ 86
　任务 6.2　电热油汀的检测与维修 ········ 87
　　　6.2.1　相关知识：电热油汀的基本结构 ········ 87
　　　6.2.2　相关知识：电热油汀的工作原理 ········ 88
　　　6.2.3　实践操作：电热油汀的常见故障分析及维修方法 ········ 88
　任务 6.3　暖风机的拆装与维修 ········ 89
　　　6.3.1　相关知识：暖风机的分类与基本结构 ········ 89
　　　6.3.2　实践操作：暖风机的拆装 ········ 89
　　　6.3.3　相关知识：暖风机的工作原理 ········ 90
　　　6.3.4　实践操作：暖风机的常见故障分析及维修方法 ········ 90
　任务 6.4　电热褥的检测与维修 ········ 91
　　　6.4.1　相关知识：电热褥的分类与基本结构 ········ 91
　　　6.4.2　实践操作：电热褥的检测 ········ 92
　　　6.4.3　相关知识：电热褥的工作原理 ········ 92
　　　6.4.4　实践操作：电热褥的常见故障分析及维修方法 ········ 93
　小结 ········ 94
　思考与练习题 ········ 95

项目 7　电热清洁器具的拆装与维修 ········ 96
　任务 7.1　电熨斗的拆装与维修 ········ 96
　　　7.1.1　相关知识：电熨斗的分类 ········ 96

  7.1.2 相关知识：电熨斗的基本结构及工作原理 ……………………………… 96
  7.1.3 实践操作：电熨斗的拆装及主要零部件的检测 …………………………… 99
  7.1.4 实践操作：电熨斗的常见故障分析及维修方法 ………………………… 100
 任务 7.2 洗碗机的拆装与维修 ………………………………………………………… 101
  7.2.1 相关知识：洗碗机的基本结构 ………………………………………………… 101
  7.2.2 实践操作：洗碗机的拆装 ………………………………………………… 101
  7.2.3 相关知识：洗碗机的工作原理及控制电路 …………………………… 103
  7.2.4 实践操作：洗碗机的常见故障分析及维修方法 ………………………… 103
 任务 7.3 电子消毒柜的检测与维修 ………………………………………………………… 105
  7.3.1 相关知识：电子消毒柜的分类 ………………………………………………… 105
  7.3.2 相关知识：高温型电子消毒柜的基本结构及工作原理 …………………… 105
  7.3.3 相关知识：低温型电子消毒柜的基本结构及工作原理 …………………… 107
  7.3.4 相关知识：双功能型电子消毒柜的基本结构及工作原理 ……… 108
  7.3.5 实践操作：电子消毒柜的常见故障分析及维修方法 …………………… 109
 小结 ……………………………………………………………………………………… 111
 思考与练习题 …………………………………………………………………………… 111

项目 8 电风扇的拆装与维修 ……………………………………………………… 113

 任务 8.1 电风扇的分类、结构与原理 ………………………………………………… 113
  8.1.1 相关知识：电风扇的分类、规格和性能 …………………………… 113
  8.1.2 相关知识：电风扇的基本结构与工作原理 …………………………… 116
 任务 8.2 电风扇的拆装及主要零部件的检测 ………………………………………… 125
  8.2.1 实践操作：台扇的拆装和检测 ………………………………………………… 125
  8.2.2 实践操作：吊扇的拆装和装配 ………………………………………………… 128
 任务 8.3 电风扇的调速方法及控制电路分析 ………………………………………… 129
  8.3.1 相关知识：电抗器的调速电路 ………………………………………………… 130
  8.3.2 相关知识：抽头调速的电路图和接线图 …………………………… 131
  8.3.3 相关知识：模拟自然风电路 ………………………………………………… 131
  8.3.4 相关知识：其他电风扇控制原理 ………………………………………………… 132
 任务 8.4 电风扇的使用注意事项与保养 ………………………………………………… 134
  8.4.1 实践操作：电风扇的使用注意事项 …………………………… 134
  8.4.2 实践操作：电风扇的保养 ………………………………………………… 134
  8.4.3 实践操作：吊扇的安装 ………………………………………………… 134
 任务 8.5 电风扇的检测与维修 ………………………………………………………… 135
  8.5.1 实践操作：检测的基本步骤 ………………………………………………… 135
  8.5.2 实践操作：电风扇的常见故障分析及维修方法 ………………………… 136
 小结 ……………………………………………………………………………………… 139
 思考与练习题 …………………………………………………………………………… 139

目 录

项目 9　电动清洁器具的拆装与维修 … 141
任务 9.1　洗衣机的拆装与维修 … 141
- 9.1.1　相关知识：洗衣机概述 … 141
- 9.1.2　相关知识：普通波轮式双桶洗衣机的基本结构与工作原理 … 144
- 9.1.3　相关知识：波轮式全自动洗衣机的基本结构与工作原理 … 149
- 9.1.4　相关知识：滚筒式全自动洗衣机的基本结构 … 159
- 9.1.5　实践操作：洗衣机的拆装 … 162
- 9.1.6　相关知识：洗衣机的洗涤原理 … 165
- 9.1.7　实践操作：洗衣机的使用与保养 … 173
- 9.1.8　实践操作：洗衣机的常见故障分析及维修方法 … 174

任务 9.2　吸尘器的拆装与维修 … 178
- 9.2.1　相关知识：吸尘器概述 … 178
- 9.2.2　相关知识：吸尘器的基本结构 … 180
- 9.2.3　实践操作：吸尘器的拆装及主要零部件的检测 … 181
- 9.2.4　相关知识：吸尘器的工作原理及控制电路 … 183
- 9.2.5　实践操作：吸尘器的使用与保养 … 185
- 9.2.6　实践操作：吸尘器的常见故障分析及维修方法 … 186

小结 … 186
思考与练习题 … 187

项目 10　厨房用电动器具的拆装与维修 … 189
任务 10.1　抽油烟机的拆装与维修 … 189
- 10.1.1　相关知识：抽油烟机的类型与特点 … 189
- 10.1.2　相关知识：抽油烟机的基本结构 … 189
- 10.1.3　实践操作：抽油烟机的拆装及主要零部件的检测 … 190
- 10.1.4　相关知识：抽油烟机的工作原理 … 191
- 10.1.5　实践操作：抽油烟机的安装与常见故障分析及维修方法 … 193

任务 10.2　多功能食品加工机的拆装与维修 … 194
- 10.2.1　相关知识：多功能食品加工机的分类 … 194
- 10.2.2　相关知识：多功能食品加工机的基本结构 … 195
- 10.2.3　实践操作：多功能食品加工机的拆装及主要零部件的检测 … 196
- 10.2.4　相关知识：多功能食品加工机的工作原理 … 197
- 10.2.5　实践操作：多功能食品加工机的使用与常见故障分析及维修方法 … 198

任务 10.3　全自动豆浆机的检测与维修 … 199
- 10.3.1　相关知识：全自动豆浆机的基本结构 … 199
- 10.3.2　相关知识：全自动豆浆机的工作原理 … 200
- 10.3.3　实践操作：全自动豆浆机的常见故障分析及维修方法 … 201

小结 … 202

思考与练习题 ·············· 202

项目11　美容保健用电动器具的拆装与维修 ·············· 203
任务11.1　电动剃须刀的检测与维修 ·············· 203
11.1.1　相关知识：电动剃须刀的类型 ·············· 203
11.1.2　相关知识：电动剃须刀的基本结构 ·············· 203
11.1.3　相关知识：电动剃须刀的工作原理 ·············· 204
11.1.4　实践操作：电动剃须刀的常见故障分析及维修方法 ·············· 205
任务11.2　电吹风的拆装与维修 ·············· 205
11.2.1　相关知识：电吹风的类型和基本结构 ·············· 205
11.2.2　实践操作：电吹风的拆装及主要零部件的检测 ·············· 207
11.2.3　相关知识：电吹风的工作原理 ·············· 208
11.2.4　实践操作：电吹风的常见故障分析及维修方法 ·············· 208
任务11.3　电动按摩器的检测与维修 ·············· 209
11.3.1　相关知识：电动按摩器的分类 ·············· 209
11.3.2　相关知识：电动按摩器的基本结构与工作原理 ·············· 209
11.3.3　实践操作：电动按摩器的常见故障分析及维修方法 ·············· 210
小结 ·············· 211
思考与练习题 ·············· 211

项目12　电动自行车的拆装与维修 ·············· 212
任务12.1　电动自行车概述 ·············· 212
12.1.1　相关知识：电动自行车的分类 ·············· 212
12.1.2　相关知识：电动自行车的技术要求 ·············· 213
任务12.2　电动自行车的基本结构 ·············· 213
12.2.1　相关知识：控制系统 ·············· 213
12.2.2　相关知识：电驱动装置 ·············· 216
12.2.3　相关知识：蓄电池 ·············· 218
12.2.4　相关知识：充电器 ·············· 219
任务12.3　电动自行车的拆装 ·············· 220
12.3.1　实践操作：电动机的拆装 ·············· 220
12.3.2　实践操作：控制器的拆装 ·············· 221
12.3.3　实践操作：蓄电池的拆装 ·············· 222
12.3.4　实践操作：电动自行车的使用注意事项及维护保养方法 ·············· 222
12.3.5　实践操作：电动自行车的常见故障分析及维修方法 ·············· 223
小结 ·············· 224
思考与练习题 ·············· 225

参考文献 ·············· 226

项目 1

电热基础知识

学习目标
1. 理解电能与热能转换关系。
2. 了解电阻式电热元件、远红外电热元件和 PTC 电热元件等电热元件的分类和特性。
3. 掌握温度控制元件和时间控制元件的结构和原理。
4. 理解习近平新时代中国特色社会主义思想的立场观点方法，厚植爱党爱国情怀，坚定实现中华民族伟大复兴的信心。

随着人们生活水平的日益提高，电热器具已广泛应用于现代家庭之中，并且正朝着设计美观、坚固耐用及智能化控制方向发展。虽然电热器具的品种繁多，功能各异，但从结构上看大体包括电热元件、控制元件和保护元件等。本项目将着重介绍电热元件和控制元件的性能、特点及控制原理。

任务 1.1　电能与热能转换关系

在物理学中，热现象是物质中大量分子的无规则运动的具体表现，热是能量的一种表现形式。电能和热能可以互相转换，如电热器具将电能转换为热能。电能与热能的转换关系可以用焦耳—楞次定律来表述。电流通过导体时产生的热量（Q）与电流的平方（I^2）、导体的电阻（R）和通电的时间（t）成正比。用公式表示：

$$Q=KI^2Rt$$

式中，K 是比例恒量，又称为电热当量，它的数值由实验中得到的数值算出。当热量用卡、电流用安培、电阻用欧姆、时间用秒作为单位时，$K=0.24$ 卡/焦耳。于是上式可以写为

$$Q=0.24I^2Rt$$

上述公式表达了电能与热能之间的数量变换关系，它是电热器具工作原理的基本理论。

任务 1.2　电热元件

在电热器具中，各类电热元件的主要功能是将电能转换为热能。电热元件由电热材料与

绝缘导热材料组合而成,其是既能通电发热,又能满足特定用途的独立零部件。

在家用电器中,常用的电热元件有电阻式电热元件、远红外电热元件和PTC电热元件。

1.2.1 相关知识:电阻式电热元件

1. 电阻式电热元件的分类

电阻式电热元件品种繁多,规格复杂。
(1) 按形状可分为螺旋状和扁带状。
(2) 按封装形式可分为开启式、罩盖式和封闭式。
(3) 按材料性质可分为金属材料和非金属材料等。

2. 合金电热丝的特性

在电阻加热的电热器具中,最基本的发热体就是电热丝。电热丝一般用高电阻率的合金材料制成,最常用的是镍铬合金电热丝和铁铬铝合金电热丝,其性能参数如表1-1所示。了解和掌握合金材料的性能参数是设计和维修各种电热器具的重要依据。

表1-1 常用电热丝合金材料的性能参数

牌 号		特 性	熔 点	最高使用温度	常用温度	主要用途
镍铬合金电热丝	Cr20Ni80	奥氏体组织,基本无磁性,加工性能好,高温强度较好,不变脆	1400℃	1100℃	10~1050℃	电炉,可用于有振动或移动的场合
	Cr15Ni60	基本同上	1390℃	1000℃	900~950℃	电炉、电热器
铁铬铝合金电热丝	0Cr25Al5	铁素体组织,有磁性,抗氧化性好,价格低,加工性能差,高温强度低,久用变脆	1500℃	1200℃	1050~1150℃	电炉,适用于固定场合
	1Cr13Al4	基本同上	1450℃	1100℃	800~850℃	同上

1) 脆性和高温强度

镍铬合金电热丝韧性好,因而易于加工,只要没有发生过热状态,虽经高温使用,但它仍能保持较好的韧性。铁铬铝合金电热丝经高温使用冷却后变得较脆,且高温使用时间越长,冷却后越脆。因此,对于长期高温使用后的铁铬铝合金电热丝,在冷却后不能拉直或折弯,只有在加热状态下方可拉直或折弯。

一般来说,电热丝在高温状态下强度都会下降,其中铁铬铝合金电热丝的强度下降得更明显。因此,在设计和修理此类电热丝制成的电热器具时,必须考虑安装和支撑的合理性,以避免在高温下发生变形、倒塌、短路等现象。

2) 电热丝的最高使用温度和表面负载

电热丝在工作过程中,其表面温度越高,强度越低,越容易发生倒塌和熔结现象而造成损坏。表1-1给出的常用电热丝所允许的最高使用温度是指电热丝本身的温度,而不是被加热对象和加热介质的温度。电热丝所允许的最高使用温度主要取决于合金材料(化学成分),但也与截面大小、形状结构、周围介质等有关。

电热丝所承受的功率数与其表面积的比称为表面负载,单位为 W/cm²(瓦/厘米²)。显然,在相同的工作条件下,选用较大的表面负载,可以节省电热丝的用量,但电热丝的表面温度相应较高,因而使用寿命较短。若选用较小的表面负载,电热丝的用量虽然较大,但电热丝的表面温度较低,因此可延长使用寿命。

表 1-2 给出了一些常用电热器具中合金电热丝表面负载的经验数据。

表 1-2 合金电热丝表面负载的经验数据

加热介质	器具名称	结构形式	工作温度/℃	表面负载/(W/cm²)
缓慢流动空气	日用电炉	开启式	—	4~8
金属	电熨斗	云母骨架	250	5~8
金属	电熨斗	管状元件带控温	250	20~30
金属	电饭锅	铸铝管状元件带控温	105	10~20
水	电热水器	电热丝直接浸在水中	100	30~40
水	电热水器	管状元件	100	10~20

从表 1-2 可以看出,在电热器具中,由于各种电热元件的加热介质不同,设计制造时选用的表面负载也不尽相同,因此各种电热器具的电热元件不得随便调换使用。例如,用加热水的电热元件来加热空气,电热元件会因温度过高而烧毁。因为加热水的热传递条件比加热空气的热传递条件好,设计时对加热水的电热元件选用了较大的表面负载。

3. 常用的几种电阻式电热元件封装形式

常用电热器具中的电阻式电热元件一般采用合金电热材料制成。实际应用中,合金电热材料常被制成电热丝,经过二次加工制成多种电热元件。

1)开启式电热元件

开启式电热元件是将电热丝绕制成螺旋状后嵌在绝缘或绝热材料制成的盘面凹槽里或专用支架上,电热丝直接裸露在空气中,发出的热量主要以辐射和对流的方式传给欲加热物体。开启式电热元件的优点是加热迅速、安装方便、易于检修、成本低廉,但其防潮、防震性能差且易氧化,易造成触电事故,寿命较短等。开启式电炉和电吹风机等是开启式电热元件的典型应用。在开启式电炉中,电热元件的加热介质是缓慢流动的空气,其表面负载可选 4~8W/cm²,而在电吹风机中,因为加热介质是快速流动的空气,所以其表面负载可选得更高些。

2)罩盖式电热元件

罩盖式电热元件是将电热丝放置在罩盖中,常见的形式如图 1-1 所示的两种。其中,图 1-1(a)多用于电灶中,而图 1-1(b)则多用于普通型电熨斗。罩盖式电热元件是介于开启式电热元件与封闭式电热元件之间的一种半封闭式电热元件,它与欲加热物体直接接触,主要以传导方式传热,其优点是散热面积大,温度均匀,电热丝(带)寿命长;缺点是欲加热物体与电热元件必须吻合,传热效率不高,温升较慢,其表面负载一般为 5~8W/cm²。

3)封闭式电热元件

封闭式电热元件是将电热丝置于绝缘导热材料的封闭系统内,如将螺旋状电热丝装入金属管中,其间填充以绝缘材料,既能使电热丝与金属管绝缘,又能保护电热丝不易被氧化,还能将电热丝所发出的热量传导给金属管。此外,由于电热丝周围被填充物填实,因此提高了机械强度,增加了抗震性能和安全程度。管状电热元件中电热丝完全密封于金属管中,与空气隔离,有效地防止了氧化,其表面负载可以增加十几倍,既节省了电热材料,又提高了热效率,延长了使用寿命。管状电热元件以结构简单、性能可靠、安全性好、使用方便和寿命长等优点,被广泛应用于电烤箱、电饭锅、电炒锅、电熨斗、电热水器等电热器具中。

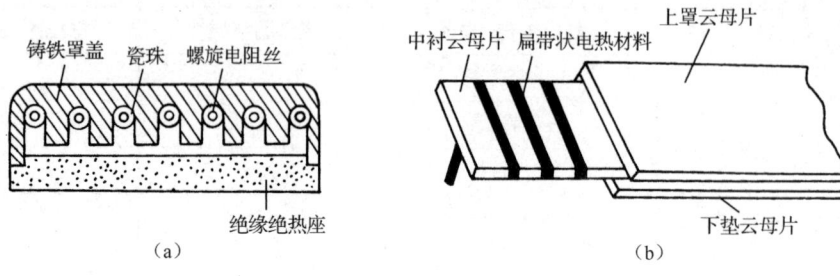

图 1-1 罩盖式电热元件

图 1-2 所示为管状电热元件的结构示意图,管状电热元件的外护套管多采用无缝薄壁管,常用的有不锈钢管、碳钢管、黄铜管、紫铜管和铝管等。外护套管和电热丝之间绝缘填充料常用苛性镁、结晶氧化镁、氧化铝、二氧化硅和石英砂等。填充料应有良好的绝缘性能和导热性能,要与电热丝有相近的热膨胀系数,耐热性、耐震性要好,在常温或高温时均不与电热丝或外护套管发生化学反应。此外,还要求填充料没有吸湿性或吸湿性很低。封闭式管状电热元件的表面负载应根据加热介质、外管材料及工作温度等因素选择,其经验数据如表 1-3 所示。

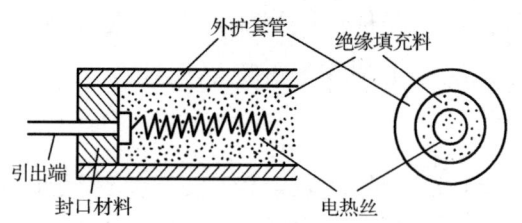

图 1-2 管状电热元件的结构示意图

表 1-3 封闭式管状电热元件表面负载的经验数据

加热介质	用途举例	外管材料	工作温度/℃	每管功率/(kW、22V)	套管表面负载/(W/cm²)
空气	电炉	10#钢	300	0.5～1.5	1.2～1.8
		不锈钢	500	0.5～1.5	1.2～3.0
水	电热水壶	10#不锈钢	100	1～5	5～10
金属	电熨斗	铝	230	0.5～1.5	5～10

除上述三类主要的电热元件外,还有电热板、绳状电热元件和薄膜型电热元件等。

4)电热板

电热板是一种通电后板面发热而不带电且无明火的封闭式电热元件,它是先将金属管状元件弯成一圈或多圈圆环形状后,再埋铸在铝合金或其他合金板中,或者直接将螺旋状电热丝埋置在金属铸件的沟槽中(沟槽内填充绝缘和导热填料)制成的。与管状电热元件相比,电热板的有效传热面积更大，机械强度更高，电饭锅的电热元件大多采用这种结构。

5）绳状电热元件

绳状电热元件采用柔软的电热丝（铜、镍合金等）缠绕在玻璃纤维或石棉线制作的芯线上，外部再套一层耐热的尼龙编织层，层上涂敷耐热聚乙烯树脂制成。绳状电热元件具有柔性好、效能高等特点，常用于电热褥、电热衣等柔性电热织物中。

6）薄膜型电热元件

薄膜型电热元件是一种以康铜箔或康铜丝作为电热材料，聚酰亚胺薄膜作为绝缘材料的薄膜型新型电热元件，它可以制成线状或带状。该类电热元件具有柔性好、耐老化、性能稳定，以及热阻、热惯性较小（温度响应快）等特点，常用来进行较精确的恒温控制。

1.2.2 相关知识：远红外电热元件

远红外线辐射加热是一种热效率很高的加热方法，远红外电热元件发出的波长为 2.5～15μm 的远红外线极易被人体（取暖）和食物（烘烤）吸收，从而起到加热的作用。

远红外电热元件有管状远红外辐射电热元件、红外线灯及板状远红外辐射电热元件等，其中管状远红外辐射电热元件是电热器具中应用最多的一种。

1. 管状远红外辐射电热元件

管状远红外辐射电热元件主要有金属管状远红外辐射电热元件和石英管状远红外辐射电热元件两种。

金属管状远红外辐射电热元件是由普通管状电热元件加涂远红外辐射层制成的。工作时，普通管状电热元件通电发热，激发远红外辐射涂层，发出远红外线。常用的远红外辐射涂层有锆钛、三氧化二铁、碳化硅、稀土、锆英砂和镍钴等，不同材质的远红外辐射涂层辐射的光谱特性也不相同。金属管状远红外辐射电热元件的优点是可以做成不同形状、安装方便且机械强度高，但管外的远红外辐射涂层容易脱落。

石英管状远红外辐射电热元件是在直径为 12～18mm 的石英管内装置螺旋状电热丝制成的，由于石英不导电，因此管内不需要填充绝缘和导热材料，图1-3（a）所示为石英管状远红外辐射电热元件的结构示意图。石英管多数采用乳白色半透明石英材料制成，制造中采用特殊工艺使管壁形成大量直径为 0.03～0.05mm 的小气泡，其密度可达（2000～8000）个/cm^2，这样的石英管壁几乎将电热丝发射的可见光和近红外光的能量全部转化为石英晶体中的晶格振动，从而产生较强的远红外辐射。石英管两端应进行密封，以隔绝外面空气，防止电热丝氧化，电热丝的表面负载一般可选（4～6）W/cm^2。石英管状远红外辐射电热元件具有辐射效率高（可达90%）、安全性好、热惯性小、使用寿命长等优点，但其受碰击容易破碎。

2. 红外线灯

红外线灯的结构和普通照明用的白炽灯大致相同，二者的区别是红外线灯发出的是红外线，而普通照明用的白炽灯发出的是可见光。红外线灯的结构示意图如图1-3（b）所示，从图中可以看出，管状红外线灯是在普通玻璃灯管上再罩以石英管制成的，因而热膨胀系数小，遇水不易破裂，显然管状红外线灯的形式更为优越。

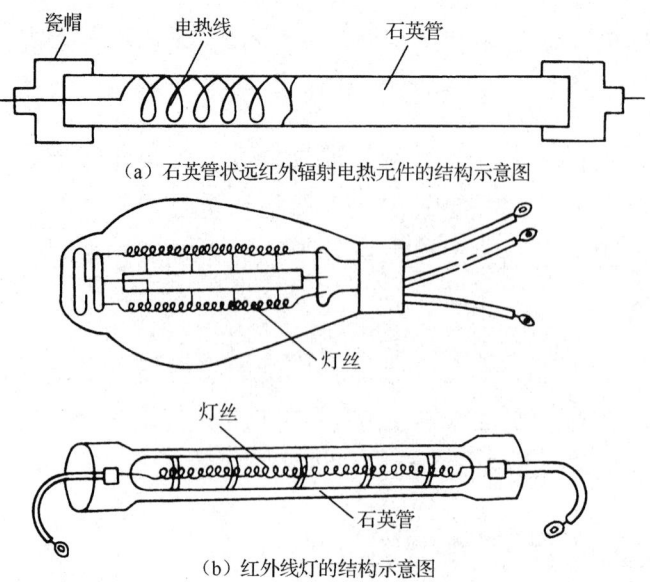

图1-3 石英管状远红外辐射电热元件和红外线灯的结构示意图

3．板状远红外辐射电热元件

板状远红外辐射电热元件是在碳化硅或金属板表面涂敷一层远红外辐射物质，中间装上电热丝制成的，如图1-4所示。这种电热元件有单面辐射和双面辐射两种形式。

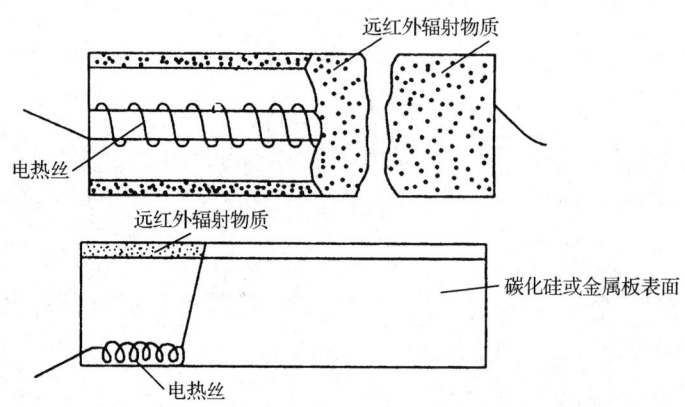

图1-4 板状远红外辐射电热元件的结构示意图

1.2.3 相关知识：PTC电热元件

PTC（Positive Temperature Coefficient）电热元件是一种具有正温度系数的半导体发热元件，实际上是一种具有正温度系数的热敏电阻。它是以钛酸钡（$BaTiO_3$）稀土元素，采用陶瓷制造工艺烧结而成的。这种钛酸钡半导体陶瓷元件的特殊成分和晶体结构，使其具有奇妙的温度特性，如图1-5所示。

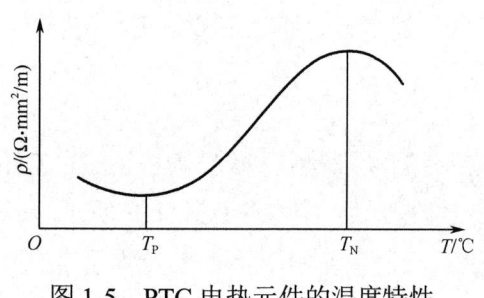

图1-5 PTC电热元件的温度特性

由图1-5可见，在温度较低时，PTC电热元件的电阻率随温度的升高而下降，呈NTC（Negative Temperature Coefficient）特性，即负温度系数特性。当温度达到某一值T_P（居里点）时，转化为明显的正温度系数特性，电阻率随温度急剧上升（可达几个数量级），使流过电热元件的电流迅速减小，从而起到了自动调节功率的作用。当温度达到 T_N 后，电热元件的电阻率随温度升高而缓慢下降，从而使电热元件自身具有恒定的温度范围。可见，PTC 电热元件具有温度自限能力。

为适应不同用途的电热器具对恒温范围的不同要求，可以用掺入钛酸钡中微量元素的品种、数量和结构来控制。例如，掺入锡（Sn）、锶（Sr）、锆（Zr）可使居里点向低温移动；掺入铜（Cu）、铅（Pb）则可使居里点向高温移动。利用这一掺杂特性可将居里点控制在 100～500℃的范围内。

PTC 电热元件具有许多优点：温度自限使其工作温度稳定；能够随环境温度的变化自动进行温度正、负补偿，维持恒温工作；能够适应较宽的电压波动，当电压波动±20%时仍能保持恒温；发热时无明火，不易引起燃烧，安全可靠，且使用寿命长；能够制成不同的形状、结构和外形尺寸，以满足不同需要。正是 PTC 电热元件的这些优越性，使其在热水器、电吹风、电暖器等电热器具中广泛应用。

任务 1.3　控制元件

电热器具中的控制元件是用来控制电热元件的发热温度、发热功率和加热时间以获得不同用途的元件。电热器具中的控制元件一般分为温度控制元件和时间控制元件。

1.3.1　相关知识：温度控制元件

在电热器具中，往往要对器具的温度和发热量进行调节与控制，因此必须配以温度控制元件。常用的温度控制元件有双金属片温控元件、磁性温控元件、热敏电阻温控元件、热电偶温控元件和形状记忆温控元件等。

1. 双金属片温控元件

双金属片温控元件是将其检测到的温度转化为机械运动，利用机械运动控制触点的通、断来改变加热元件的工作状态，从而实现控温或调温。这种温控元件的结构简单、牢固可靠且价格低廉、维修方便，被广泛应用于电热器具中。

1）双金属片的结构

双金属片温控元件是由热膨胀系数不同的两种金属薄片轧制结合而成的，如图 1-6 所示。在常温下，双金属片的长度相同，并保持平直。当温度升高时，膨胀系数大的一面伸长较多，使双金属片向膨胀系数较小的那一面弯曲，温度越高，弯曲越大。

双金属片温控元件有常开触点型和常闭触点型两种。常开触点型即在常温下，开关触点是断开的，当受热动作后，触点闭合；常闭触点型则与之相反。常开触点型多用于电路控制，常闭触点型则多用于温度控制。

2）双金属片温控器

双金属片温控器是由一条金属片和一条固定的金属弹簧片组成的，如图 1-7 所示。通过调节调温螺钉对两触点的压紧程度，即可改变触点的工作温度。

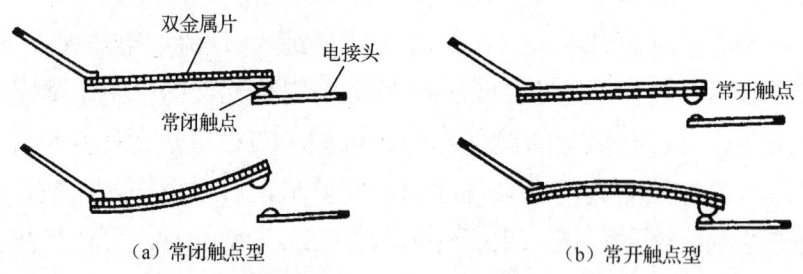

(a）常闭触点型　　　　　　　　　　（b）常开触点型

图 1-6　双金属片的结构

3）双金属片受热方式

双金属片工作时的受热方式有直接加热式、间接加热式和复合加热式三种。直接加热式双金属片在工作时，有电流流过金属片，在电流的作用下双金属片本身发热动作，其特点是可以离开热源且兼有限流保护作用，这种双金属片自身的电阻阻值较大。间接加热式双金属片的热源通过热传导，使双金属片受热而动作，其特点是必须靠近热源且自身的电阻阻值较小。复合加热式双金属片则是直接加热式双金属片和间接加热式双金属片的复合。

2. 磁性温控元件

磁性温控元件也称为磁性限温器，它是利用软磁体的磁温特性来设计的，如图 1-8 所示。

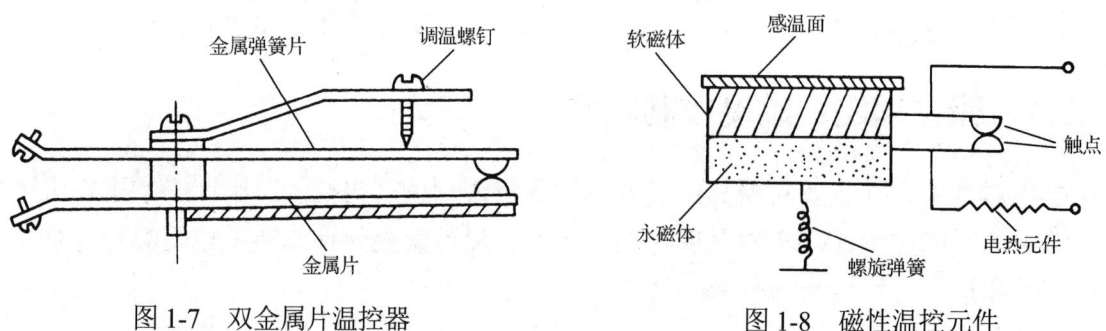

图 1-7　双金属片温控器　　　　　图 1-8　磁性温控元件

在温度低于软磁体材料的特征温度——居里点时，软磁体是顺磁性物质，它与硬磁体的吸引力远大于弹簧的弹力和硬磁体自身的重力，此时两磁体就可吸合在一起，使两触点闭合，电路接通，电热元件发热，热量通过被加热物体传导到感温面，使软磁体的温度与被加热物体温度相同。当温度达到某一定值（软磁体的居里点）时，软磁体的磁性消失，此时永磁体在重力和弹簧拉力的作用下跌落，带动两触点断开，电路断电，电热元件停止发热。当温度降低后，磁性温控元件的特点是限温（居里点）准确稳定，不随环境温度变化而改变，温控动作敏捷，能迅速断开触点，拉弧小，因而触点寿命长，被普遍应用于自动保温式电饭锅中。

3. 热敏电阻温控元件

热敏电阻温控元件是利用热敏电阻的负温度系数特性来实现对温度的检测和转换的。热敏电阻对温度极其敏感，具有较大的负电阻温度系数，为（-1%～-5%）/℃，其阻值与温度间通常呈指数关系。热敏电阻温控元件可以首先将检测到的温度值转变为相应的电量，然后经电路放大来推动执行机构实现对电热元件的控制。热敏电阻温控元件具有结构简单、体积小、寿命长、温度控制精确和易于实现远距离的测量与控制等特点。

4. 热电偶温控元件

热电偶温控元件首先将温度变化量转变为微小的电势变化量，然后经过放大来推动执行机构，从而达到控制温度的目的。热电偶的正极通常采用镍铬（Ni90.5Cr9.5）合金材料制成，负极采用镍铝（Ni95Al2Mn2Si1）或考铜（Cu56.5Ni43Mn0.5）等合金材料制成。热电偶温度控制精确可靠、调控范围宽，但系统复杂、价格较高，通常只用于大型的电热器具（如100℃以上热水器及大型电烤炉等产品）中。

5. 形状记忆温控元件

形状记忆温控元件由一种具有形状记忆效应的新型材料制成。形状记忆效应就是合金在室温下被加工产生塑性形变，而将其加热升温达到某一临界温度时，又能立即恢复到形变前的形状。例如，拉直的弹簧加热到一定程度时可以恢复成螺旋状；压扁的管子加热后可使之恢复成圆形。利用这种形状记忆效应可以简单地将热能转换成机械能，从而制成温控元件。形状记忆合金于20世纪80年代初开始被广泛应用于家电、化工机械仪表、医疗器械等工业产品中，作为温控自动开关、温室自动启闭门窗、自动启闭阀门等装置的热敏元件兼驱动元件。

1.3.2 相关知识：时间控制元件

时间控制元件又称为定时器，是一种控制电热元件通电时间的开关装置。常用的定时器根据工作方式的不同可分为机械式（发条式）、电动式、电子式等类型。在一般电热器具中，机械式定时器和电动式定时器使用较多，而电子式定时器多用在一些对质量要求较高的产品中。

1. 机械式定时器

机械式定时器主要由发条、齿轮传动系统、机械开关组件及电触点等部分组成，其中机械开关组件是完成定时过程的关键，它由一个带凹槽的圆形转盘与一个有固定支点的杠杆组成，如图1-9所示。

使用时根据需要设定的时间，将定时旋钮（带着转盘）顺时针旋过相应的角度，杠杆弯头将滑出凹槽外。此时，转盘将杠杆头往上顶，通过杠杆的作用将动触点与静触点紧密结合，从而接通了电源，电热器具开始工作，如图1-9（b）所示。在顺时针转动旋钮的同时卷紧了发条，其后在发条逐渐松弛的过程中，推动齿轮传动系统带动转盘逆时针转动，到杠杆头重新滑回凹槽时，动触点与静触点分离，使电热器具断电而停止工作，如图1-9（a）所示。由于整个传动系统中的轮系和转盘将做匀速转动，因此，定时的长短与定时旋钮（与转盘）顺时针转过的角度成正比。机械式定时器动作可靠，使用寿命长，虽然定时精度稍差一些，但是在普通型家用电热器具中仍被广泛采用。

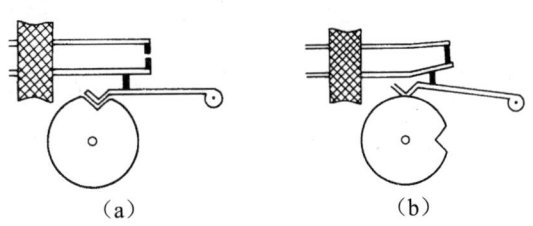

图1-9 机械式定时器的机械开关组件

2. 电动式定时器

电动式定时器主要由微型同步电动机、减速机构、机械开关组件及电触点等部分组成。其工作原理与机械式定时器基本一致，只是用微型同步电动机代替了发条作为动力源，提高了定时的精度，但价格也贵得多。

3. 电子式定时器

电子式定时器是由阻容元件、半导体器件组成的时间控制电路。与机械式定时器相比，它不仅体积小、重量轻、使用可靠，而且易于实现集成化、无触点化，并能完成相当复杂的时间程序控制。随着电子技术的发展，电子式定时器必将逐步取代机械式定时器。

电子式定时器的电路形式有多种，图 1-10 所示为一种简单的延时关机电路，它由电源和延时开关电路两部分组成。交流电经电源按钮开关 S_{1-1} 和继电器常开触点 J 对用电器供电；另一路经电容降压、桥式整流和滤波稳压后，输出直流电压 15V 给定时电路供电，电路中开关 S 用作定时和不定时转换。

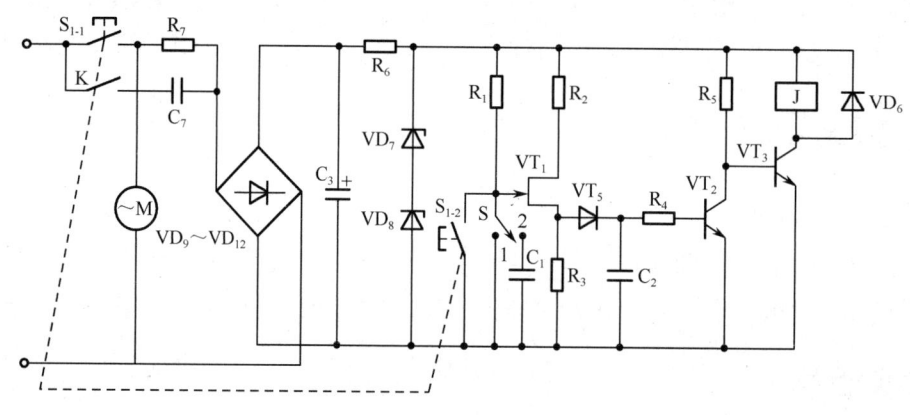

图 1-10　延时关机电路

工作时，将开关 S 拨到"2"定时挡，按下按钮开关，即 S_{1-1}、S_{1-2} 同时闭合，电容 C_1 对地短路，单结晶体管 VT_1 无脉冲输出，VT_2 截止，VT_3 饱和导通，继电器常开触点 J 闭合，用电器通电工作。当按钮开关 S_{1-1} 断开后，由于继电器常开触点 J 已闭合，因此用电器仍能正常工作，S_{1-2} 断开后，电源通过 R_1 向 C_1 充电，当电压上升到 VT_1 的峰值电压后，VT_1、VT_2 由截止转为导通，VT_3 由饱和导通转为截止，继电器常开触点 J 断电释放，用电器和定时电路均断开，整个电路停止工作。

电路的延时工作时间由 R_1 和 C_1 的数值决定，一般将 C_1 固定，用电位器 R_1 来调节用电器的工作时间，若将 S 拨到"1"不定时挡，则 C_1 对地短路，VT_1、VT_2 截止，VT_3 饱和导通，用电器长时间工作，需要再将 S 拨到"2"定时挡，用电器延时工作一段时间后自行停止。

定时器常见的故障现象有动/静触点烧坏、粘连，发条疲劳断裂，微型同步电动机线圈烧毁，集成块等电子元件损坏等。由于目前电热器具使用的定时器都已是技术上比较成熟的电气产品，大都实现了批量生产，因此当定时器损坏时，可用相同规格的产品直接替换。

小结

（1）电热器具是依靠电热元件来完成电能转化为热（内）能的电气产品，它主要由电热元件、控制元件和保护元件等构成。

（2）电热元件主要有电阻式电热元件、远红外电热元件和PTC电热元件，其中电阻式电热元件的应用最为广泛。

（3）电阻式电热元件一般由高电阻率的镍铬合金或铁铬铝合金材料制成的电热丝构成。电热丝所承受的功率数与其表面积的比称为表面负载。电阻式电热元件主要有开启式、罩盖式和封闭式三类。

（4）远红外电热元件主要有金属管状远红外辐射电热元件和石英管状远红外辐射电热元件两种。

（5）PTC电热元件的最大优点是其能自动进行温度补偿，维持恒温工作。

（6）双金属片温控元件是将其检测到的温度转化为机械运动，从而实现控温或调温的。

（7）磁性温控元件是利用软磁体的磁温特性来实现限温控制的，它限温准确，动作迅速，触点寿命长。

（8）时间控制元件主要有机械式、电动式和电子式三种。

思考与练习题

1. 填空题

（1）电阻式电热元件品种繁多，按形状可分为＿＿＿＿状和＿＿＿＿状；按封装形式可分为＿＿＿＿式、＿＿＿＿式和＿＿＿＿式；按材料性质可分为＿＿＿＿材料和＿＿＿＿材料等。

（2）管状电热元件以＿＿＿、＿＿＿、＿＿＿、＿＿＿和＿＿＿＿等优点，被广泛应用于电热器具中。

（3）常用的温度控制元件有＿＿＿＿、＿＿＿＿、＿＿＿＿、＿＿＿＿和＿＿＿＿等。

2. 简答题

（1）什么叫电热丝的表面负载？
（2）开启式电热元件的优点和缺点分别是什么？
（3）金属管状远红外辐射电热元件和石英管状远红外辐射电热元件各有什么特点？
（4）何为PTC电热元件？其主要优点是什么？
（5）双金属片温控元件和磁性温控元件是如何实现调温式控温的？磁性温控元件的主要特点是什么？
（6）时间控制元件主要有哪几种？各有什么特点？

项目 2 电动基础知识

学习目标
1. 理解电动控制电路的基本结构和工作原理。
2. 学会常用电动机的类型和基本结构。
3. 理解习近平新时代中国特色社会主义思想的立场观点方法,理解大国工匠、高技能人才作为国家战略人才的重大意义。

电动器具是指将电能转化为机械能的一类器具。电动器具的动力是电动机,用电动机完成电能向机械能的转化,再配以控制装置和制动装置,以达到不同的使用目的。由于单相交流电动机使用单相交流电源供电,具有结构简单、制造方便、运行可靠、检修容易等优点,因此电动器具中常用单相交流电动机作为驱动电动机。本项目重点介绍常用电动机的类型和基本结构,以及控制装置中常用的电子元器件和工作原理。

任务 2.1 电动控制电路的基本结构

一个复杂的电动控制电路,根据工作需要,按照一定的规律,由一些基本的控制环节、控制方法和保护环节等组合起来。家用电动器具的电动控制中常见电路有单负载控制电路和双负载控制电路。

2.1.1 相关知识:单负载控制电路

单负载控制电路,即电气电路的被控对象是单一的,如电风扇扇头电动机、吸尘器电动机等的控制。单负载控制电路有电动机单方向转动和正、反向转动之分。单负载控制电路模型如图 2-1 所示。

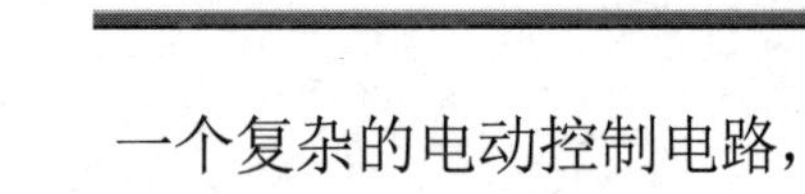

图 2-1 单负载控制电路模型

1. 电动机单方向转动控制电路

电动机单方向转动控制电路如图 2-2 所示。图中 S 为电源开关,当 S 闭合时,电动机通电,按某一固定方向转动;当 S 断开时,电动机断电,停止运转。

2. 电动机正、反向转动控制电路

在家用电器中，有些电器需要工作电动机既能正方向转动，又能反方向转动，如洗衣机的洗涤电动机。电动机正、反向转动控制电路如图 2-3 所示。当电源开关 S 合向 a 点时，电容和线圈 I 串联，电动机正向转动；当开关 S 合向 b 点时，电容和线圈 II 串联，电动机反向转动。

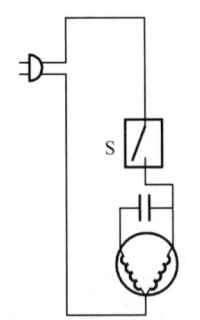

图 2-2　电动机单方向转动控制电路

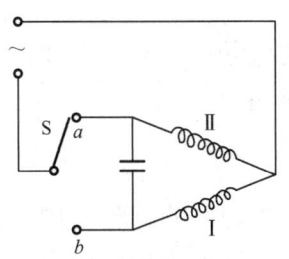

图 2-3　电动机正、反向转动控制电路

2.1.2　相关知识：双负载控制电路

双负载控制电路需要对两台电动机进行控制，如对普通洗衣机的洗涤电动机和脱水电动机的控制。双负载控制电路模型如图 2-4 所示，S_1、S_2 分别控制 R_1、R_2 的工作。具体控制电路如图 2-5 所示。其中，S_1、S_2 分别控制电动机 M_1、M_2，当 S_1 闭合、S_2 断开时，M_1 工作；当 S_1 断开、S_2 闭合时，M_2 工作，且 S_2 合向 a 点时，电动机正转，S_2 合向 b 点时，电动机反转。

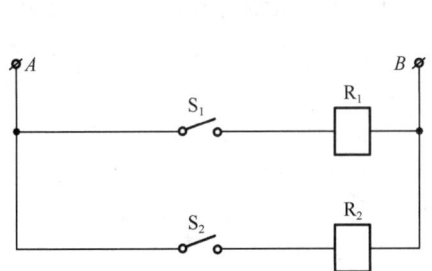

图 2-4　双负载控制电路模型

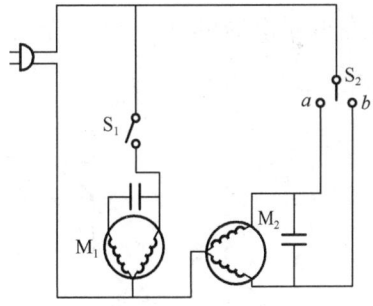

图 2-5　双负载控制电路

2.1.3　相关知识：微型计算机控制电路

微型计算机控制就是利用微处理器把家用电器的各项操作有机地连接起来，按预先存入的程序进行操作，自动完成一系列工作。微型计算机技术的应用大大简化了控制线路，提高了家用电器的性能，实现了智能化控制。

任务 2.2　常用电动机的类型及基本结构

家用电动器具常用的电动机有单相异步电动机、单相串激式电动机、永磁式直流电动机等。

2.2.1 相关知识：单相异步电动机

单相异步电动机又称为单相感应电动机，只需要单相交流电源供电，广泛应用于家用电器中，如电风扇、洗衣机、抽油烟机，以及冰箱、家用空调器等。

单相异步电动机由定子、转子、机座、端盖、轴承等组成。

1）定子

定子是电动机静止部分，主要由定子铁芯、定子绕组组成。定子绕组的作用是通入交流电后产生旋转磁场。

2）转子

转子是电动机转动的部分，由转子铁芯、转子绕组和转轴三部分组成。转子在旋转磁场的作用下，转子绕组中产生感生电流，感生电流又在旋转磁场的作用下产生转矩，使转子转动。由于转子的转速总是低于旋转磁场的转速，因此把这种电动机称为异步电动机。

3）机座和端盖

机座和端盖是整个电动机的支撑，用来固定和保护定子和转子，多为铸铝件和钢板冲压件。有的电动机的机座和端盖合二为一，如洗衣机、电风扇的电动机等。

4）轴承

轴承是保证电动机运转的部件，它置于前后端盖中心的轴承室内。

单相交流电通过一个绕组只能产生一个脉动而不旋转的磁场。为了获得旋转磁场，得到启动转矩，通常在定子上加一个辅助绕组（启动绕组），与主绕组（运转绕组）相隔等空间角度，并使两绕组中电流的相位尽可能接近 90°。这样两绕组的电流将产生一个旋转磁场，如图 2-6 所示。

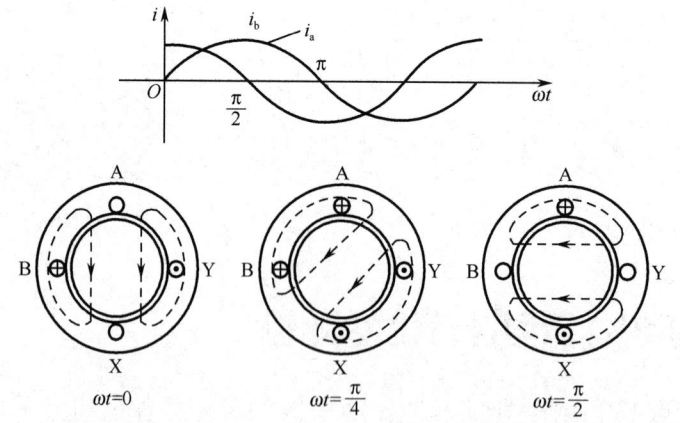

图 2-6 单相异步电动机的转动原理图

在图 2-6 中，上图为电流波形图，下图为电动机定子截面图，定子绕组 A-X、B-Y 分别通以电流 i_a、i_b。用右手螺旋法则可得合成磁场的方向，图中为三个不同时刻的定子电流磁场，可以直观地看出，合成磁场随时间而旋转，转子因此获得启动转矩，一旦启动，单相异步电动机就能自行运转。

家用电动器具使用的单相异步电动机是根据运转绕组和启动绕组中电流的相位差产生

方法不同来分类的，主要有电容式单相异步电动机、电阻启动式单相异步电动机和罩极式单相异步电动机。

1. 电容式单相异步电动机

电容式单相异步电动机接线图如图 2-7 所示。其在启动绕组回路中串联电容器，以使两绕组中电流的相位不同，产生旋转磁场，即产生启动转矩。如果电容器选择适当，则可以使两绕组电流相位差达 90°，用这种方法制造的电动机称为电容式单相异步电动机。按照电容器在电路中的安装方式和作用，电容式单相异步电动机可分为以下几种形式。

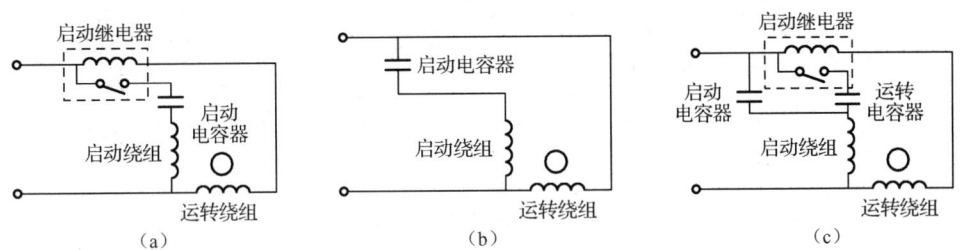

图 2-7 电容式单相异步电动机接线图

1) 电容启动型（CSIR）

电容启动型是指在启动绕组回路中串联 1 只电容器，称为启动电容器，以提高启动转矩，并且设有离心式开关（启动继电器或 PTC 热敏继电器等控制器件）。当电动机转速达到额定转速的 70%~80%时，启动电容器与启动绕组断开，只有运转绕组通电。电容启动型单相异步电动机的特点：启动转矩大，启动电流小。其接线图如图 2-7（a）所示。

2) 电容运转型（PSC）

在启动电容器与启动绕组的串联电路上不设启动开关，即构成电容运转型单相异步电动机。电动机无论是启动还是运转，启动电容器均接在电路中而不断开。电容运转型单相异步电动机的特点：效率高，过载能力强。由于设计时主要考虑它在额定运行时应具有最佳性能，不能兼顾启动性能，因此启动转矩较小。电容运转型单相异步电动机广泛应用于电风扇、洗衣机等。其接线图如图 2-7（b）所示。

3) 电容启动电容运转型（CSR）

为了使电动机在启动和运行时都能得到比较好的性能，这种电动机在启动绕组电路中接有两个电容器，其中电容量较小的电容器供运转时使用；电容量较大的电容器供启动时使用，启动结束，该启动电容器断开。电容启动电容运转型单相异步电动机的特点：既有较大的启动转矩又能承受较大的运转负载，是较理想的单相交流电动机，适用于大容量的电冰箱、空调器等。其接线图如图 2-7（c）所示。

2. 电阻启动式单相异步电动机

电阻启动式单相异步电动机也称为电阻分相式（RSIR）电动机，其接线图如图 2-8 所示。它的结构与其他感应电动机基本相同，定子绕组也分为运转绕组（主绕组）与启动绕组（副绕组）。启动绕组采用线径较细的导线绕制，匝数少，电感较小，电阻阻值较大（呈阻性）；而运转绕组采用线径较粗的导线绕制，匝数多，电感大而电阻阻值小（呈感性）。两绕组并联于单相交流电源中，根据 RL 并联交流电路的基本性质可知，两绕组中的电流有一定的相位差（不一定为 90°），所形成的合成磁场是一个旋转磁场，此磁场与转子作用形成转矩，致使电动机启动运转。启动绕组由于线径较细，匝数少，不能长时间通电。为此，启动绕组中都设有启动开关，常用的是启动继电器、PTC 热敏继电器等控制器件。当转子转速达到某预定值时，启动开关断路，启动绕组脱离电源，电动机进入正常运转状态。

电阻启动式单相异步电动机的特点：结构简单、运行可靠，但启动电流较大，一般可达额定值的 6～9 倍。此类电动机多用于中小型电冰箱。

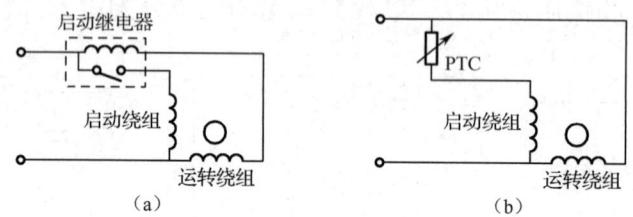

图 2-8　电阻启动式单相异步电动机接线图

3．罩极式单相异步电动机

罩极式单相异步电动机是感应电动机中最简单的一种，它利用罩极圈解决转子的启动问题。其特点：结构简单，成本低廉，但启动转矩小，效率低。此类电动机主要应用于老式台风扇、电唱机、电钟等。

2.2.2　相关知识：单相串激式电动机

单相串激式电动机因将定子铁芯上的激磁绕组和转子上的电枢绕组串联起来而得名，即流过激磁绕组和电枢绕组的电流为同一电流。当单相串激式电动机接入如图 2-9（a）所示的电源时，根据右手定则，定子磁场为下方 N 极、上方 S 极，靠近 N 极的电枢绕组电流方向是垂直纸面向里的，靠近 S 极的电枢绕组电流方向是垂直纸面向外的。根据左手定则，转子以逆时针方向旋转。当改变电源方向时，如图 2-9（b）所示，用同样方法可判断出转子仍以逆时针方向旋转。

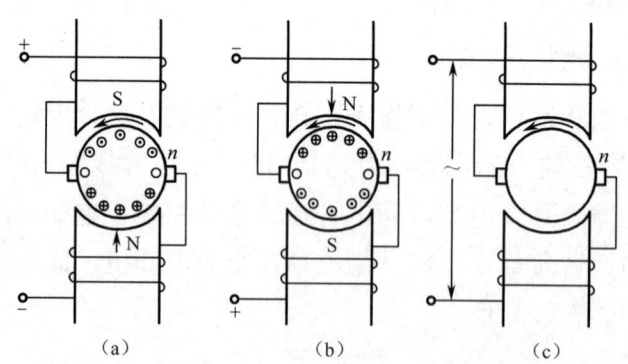

图 2-9　单相串激式电动机的工作原理

通过上述分析可知，当单相串激式电动机接入交流电时，转子的转向不变，如图 2-9（c）所示。由于单相串激式电动机无论是接入直流电还是接入交流电，转子转向都不变，故又称为通用电动机。其特点是交、直流两用，体积小，重量轻，转矩大，转速高。而且通过调节电源电压，即可方便调速，但不允许在额定电压下空载运转。因为空载时电动机转速会迅速上升，所以电动机往往因机械强度不能承受如此巨大的离心力而损坏。单相串激式电动机主要应用于吸尘器、小型手电钻、电动缝纫机、多功能食品加工机等。

2.2.3 相关知识：永磁式直流电动机

永磁式直流电动机的定子为永久磁铁，无定子绕组。最简单的永磁式直流电动机的工作原理图如图 2-10 所示。永久磁铁产生磁场，电枢放入磁场中，abcd 表示电枢上绕组的一匝线圈，线圈首尾分别接到换向片上，换向片固定在轴端，每个换向片又与 1 个电刷保持滑动接触，每个电刷通过引线与直流电源连接。当电源接通时，如图 2-10（a）所示，应用左手定则可以判定：线圈受到一力偶的作用，产生一个电磁转矩 M，使线圈以逆时针方向旋转。当线圈转动半周时，如图 2-10（b）所示，ab、cd 互换位置，同时接在线圈两端的换向片从一个电刷转动到另一个电刷，线圈 abcd 中电流方向改变，使线圈转矩方向不变，从而使线圈带动电枢转动。在实际应用中，为了得到足够大的恒定电磁转矩，永磁式直流电动机的电枢绕组由许多线圈和相应数量的换向片组成，通过换向片的作用使电枢的电磁转矩方向不变，电动机转向不变。

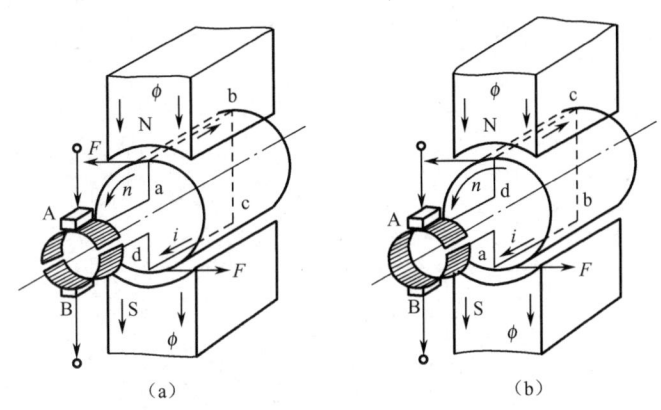

图 2-10 最简单的永磁式直流电动机的工作原理图

永磁式直流电动机因无定子绕组，所以具有结构简单、体积小、重量轻的特点。理论分析与实验都表明，永磁式直流电动机的转速随负载的增大而稍有降低，基本保持稳定。因此适用于在恒转速、恒转矩状态下工作，广泛应用于小功率、低电压的直流电动器具中，如电吹风、电动剃须刀、电动玩具等。

小结

（1）电动器具是指能将电能转化为机械能的一类器具。

（2）家用电动器具常用的电动机是单相异步电动机、单相串激式电动机和永磁式直流电动机。

（3）电容运转型单相异步电动机以其优良的性能在家用电器中得到广泛应用。

思考与练习题

1. 填空题

(1) 家用电动器具的电动控制中常见电路有_____和_____。

(2) 单相异步电动机由_____、_____、_____、_____、_____等组成。定子主要由_____、_____组成。定子绕组的作用是_____。转子由_____、_____和转轴三部分组成，转子在_____的作用下转动。

2. 简答题

(1) 家用电动器具常用哪些电动机？各有什么特点？

(2) 电容式单相异步电动机的种类有哪些？它们的启动和运转有什么不同？

(3) 单相串激式电动机为什么不允许空载运转？

项目 3
常用电子元器件及维修工具的使用

学习目标
1. 理解控制电路中常用电子元器件的分类和原理。
2. 学会常用工具的使用。
3. 掌握测量仪表的使用和常用维修方法。
4. 认识全面建成社会主义现代化强国的战略安排,树立和践行"技能成才、强国有我"的信心和决心。

家用电热电动器具的特有功能都是由分立元器件和微型计算机系统构成的电子电路实现的,而电子电路通常由多种元器件组成。要识读和检修电子电路就必须分析出各种元器件在电路中的作用。下面首先介绍控制电路中常用的电子元器件及其工作特性,然后介绍家用电热电动器具维修工具的使用,最后介绍家用电热电动器具的常规维修方法。

任务 3.1　常用电子元器件

3.1.1　相关知识:电阻器

在电路中常用的电阻有固定电阻器(简称电阻)、热敏电阻、压敏电阻等。

固定电阻器是指标称阻值固定的电阻器。主要有金属膜电阻、碳膜电阻、瓷片电阻等,在电路中的作用主要有降压、限流、分流、分压等。

热敏电阻是用热敏半导体材料制成的,有正温度系数热敏电阻和负温度系数热敏电阻。电阻阻值随温度升高而增大的称为正温度系数热敏电阻;电阻阻值随温度升高而减小的称为负温度系数热敏电阻。在家用电动器具上常用的是正温度系数热敏电阻,如在某些电器的电动机或电磁铁的线圈中常接这样的热敏电阻。当因过载或其他原因使线圈温度升高时,热敏电阻的阻值急剧增大,达到高阻状态,使线圈中的电流减小,从而达到阻止线圈过热而烧毁的作用。

压敏电阻的符号及伏安特性曲线如图 3-1 所示。

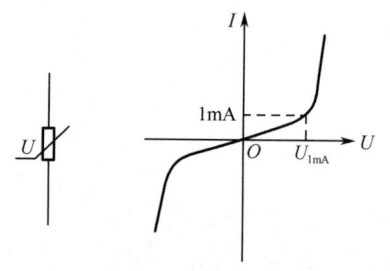

图 3-1　压敏电阻的符号及伏安特性曲线

从伏安特性曲线上可以看出，在一定电压范围内，其阻值接近开路状态，只有微安级漏电流存在。当电压超过一定值（标称电压）时，压敏电阻中的电流陡然增大，而电压保持一定值，从而使电压限制在一定范围内。在一些家用电动器具中，压敏电阻与双向晶闸管等并联于电源电路中，这样可以防止电路中的过电压、浪涌电压对双向晶闸管的损害。

3.1.2　相关知识：电容器

电容器按结构分为固定式和可变式；按制造材料分为云母、瓷介、涤纶、电解电容器等。家用电动器具中常使用固定式电容器。在电路中小于 1μF 的中、小电容器，其主要作用有隔直流、通交流、振荡、耦合等；而大容量的电解电容器主要在直流电源电路中起滤波作用和在复位电路中起复位作用。

3.1.3　相关知识：半导体二极管

半导体二极管又称为晶体二极管，简称为二极管，如图 3-2 所示。二极管按材料可分为硅二极管和锗二极管。在家用电动器具控制电路中，主要应用整流二极管、稳压二极管和发光二极管。

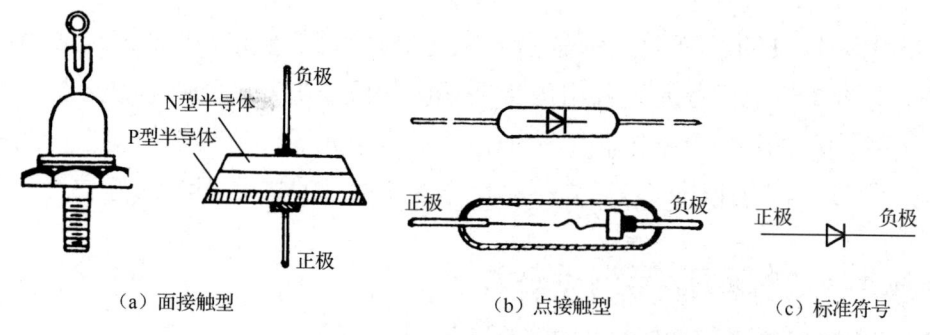

(a) 面接触型　　(b) 点接触型　　(c) 标准符号

图 3-2　二极管的外形与标准符号

整流二极管是利用二极管的单向导电特性来工作的。单向导电特性即二极管在正向电压作用下，正向电阻阻值小，通过的电流大，处于导通状态；在反向电压作用下，反向电阻阻值大，通过的电流小，处于截止状态。整流二极管利用单向导电特性就可以将交流电整流为脉冲直流电，故二极管的单向导电特性也称为整流特性。其主要参数有最大整流电流、反向击穿电压等。

稳压二极管在电路中起稳压作用，正常工作在反向击穿区，它是利用其在反向击穿后两端电压几乎不变的特性来实现稳压的。其主要参数有稳定电压、稳定电流等。

发光二极管（LED）等效于具有发光性能的 PN 结，其符号及正向伏安特性曲线如图 3-3 所示。在正向导通之前，正向电流近似为零，二极管不发光，当电压超过导通电压值时，二极管正向导通，电流上升，二极管发光。正向工作电压一般为 2V 左右，正向峰值电流约为 10mA。

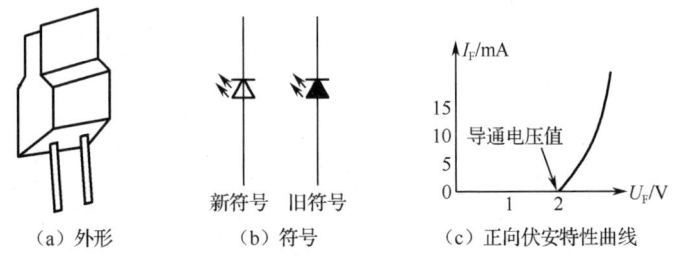

图 3-3　发光二极管的符号及正向伏安特性曲线

3.1.4　相关知识：半导体三极管

半导体三极管又称为晶体三极管，简称三极管，由两个 PN 结组成，如图 3-4 所示。按制造材料分为硅三极管和锗三极管。三极管由三层半导体组成，半导体有 P 型和 N 型之分，因此，就有 NPN 型三极管和 PNP 型三极管。三极管的工作原理在有关课程中已经介绍，这里不重述。三极管主要具有电流放大作用，即利用很小的电流去控制大的电流。

图 3-4　三极管的外形与符号

3.1.5　相关知识：晶闸管

晶闸管又称为可控硅，其作用相当于一个开关，它没有容易磨损的机械触点，动作速度快，因此在家用电动器具中应用广泛。晶闸管有单向晶闸管和双向晶闸管两种。

1．单向晶闸管

单向晶闸管如图 3-5 所示，有三个电极：阳极（A）、阴极（K）和控制极（G）。单向晶闸管导通的条件是只有在阳极和阴极之间加电压时，控制极对阴极加上一个正向电压，晶闸管才可能进入导通状态。导通时，阳极和阴极之间的电压降很小，相当于开关的闭合状态。因此，单向晶闸管是一个可以控制的单向导电的开关元件。晶闸管导通后，无论控制极是否加电压，它都将继续保持导通，直至通过阳极和阴极的电流减小到某一数值或加上反向电压时，才恢复阻断状态。单向晶闸管从阻断状态转变为导通状态时，控制极所需输入的电流或电压称为触发电流或触发电压。

2．双向晶闸管

在家用电动器具中，常用控制交流电的双向晶闸管作为开关。双向晶闸管如图 3-6 所示。双向晶闸管有三个电极：第一阳极（A_1）、第二阳极（A_2）和控制极（G）。双向晶闸管的控制极无触发时，双向晶闸管处于截止状态，相当于开关的断开状态。双向晶闸管具有正、反两个方向都能控制导通的特性，它的两个电极 A_1 和 A_2 无论是加正向电压还是加反向电压，只要 G 极加上触发电压（无论是正向还是反向），它都可以被触发导通。因此，双向晶闸管可以作为执行开关使用。

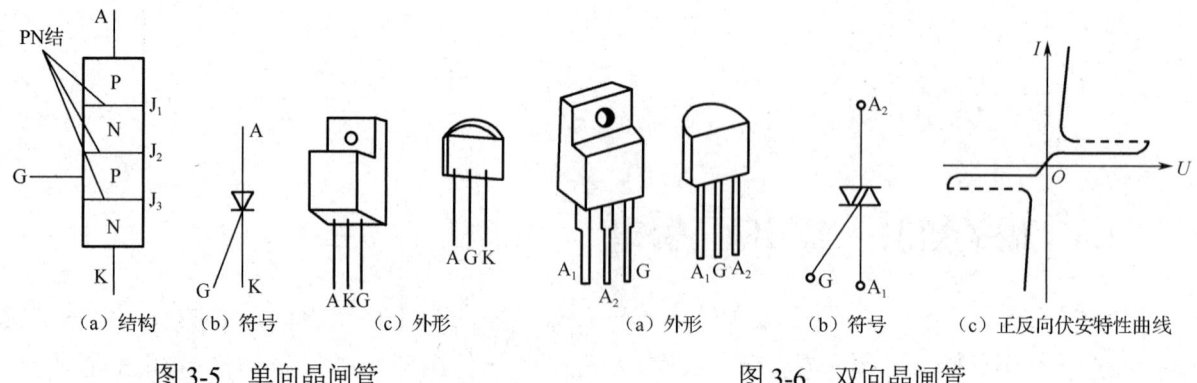

图 3-5　单向晶闸管　　　　　　　　　　图 3-6　双向晶闸管

3.1.6　相关知识：双向触发二极管

双向触发二极管是与双向晶闸管同时问世的半导体器件，其符号及伏安特性曲线如图 3-7 所示。它常用来触发双向晶闸管，构成过压保护电路、定时器，以及调光、调速电路等。双向触发二极管的主要特点：当两端电压差大于转折电压时，立即导通呈短路状态。外加电压可正可负，但其工作时只有导通和截止两种状态。

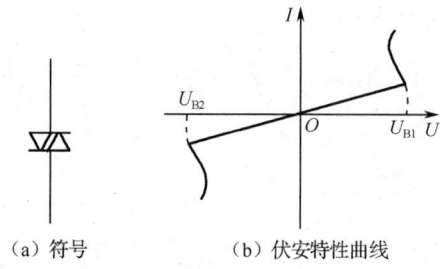

（a）符号　　　（b）伏安特性曲线

图 3-7　双向触发二极管的符号及伏安特性曲线

3.1.7　相关知识：三端集成稳压器

三端集成稳压器常用于电子控制电路中，并将变压、整流滤波后的不稳定的直流电压进行稳压后输出。在多数家用电动器具电子电路的直流电源中常用固定式三端集成稳压器（7805 稳压器），其外形及电路符号如图 3-8 所示。第 1 脚是不稳定电压输入端，第 2 脚是稳定后电压输出端，第 3 脚是公共接地端。使用中只要输入端与输出端电压差大于 3V，就可以获得稳定的 5V 输出电压。

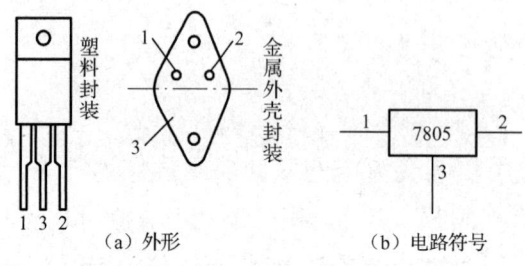

（a）外形　　　　（b）电路符号

图 3-8　7805 稳压器的外形及电路符号

3.1.8 相关知识：电磁继电器

电磁继电器主要由铁芯、线圈、衔铁、返回弹簧、触点等组成，其外形与结构如图 3-9 所示。

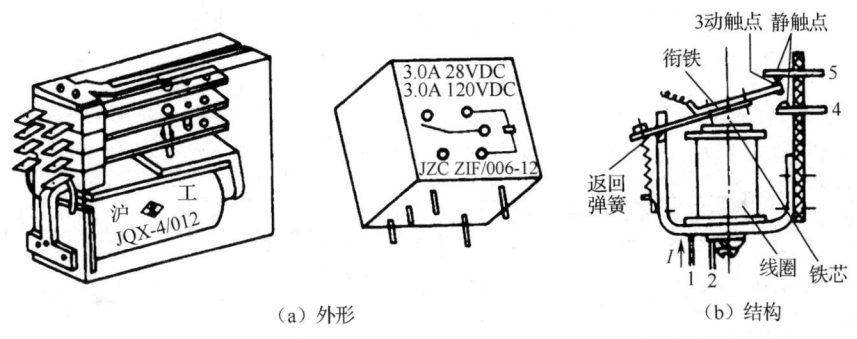

（a）外形　　　　　　　　　　（b）结构

图 3-9　电磁继电器的外形与结构

电磁继电器的线圈套在铁芯上，返回弹簧拉着衔铁。线圈未通电时，动触点 3 与静触点 5 闭合。当线圈的 1、2 两端加上一定的电压后，由于电流的磁效应而使铁芯和线圈具有磁性，衔铁在电磁力的吸引下，带动动触点 3 与静触点 5 分离，而与静触点 4 闭合，这一过程称为电磁继电器吸合。线圈断电后，在返回弹簧的拉力作用下，衔铁恢复到原来位置，从而也使触点复位，这一过程称为电磁继电器释放。一般在电路图中所画的触点，均为电磁继电器处于释放时的状态。常用电磁继电器的触点形式有常开触点 H（动合触点）、常闭触点 D（动断触点）、转换触点 Z（常开和常闭切换触点）。电磁继电器的主要参数有额定工作电压或额定工作电流、线圈电阻、吸合电压、释放电压、触点负荷、线圈消耗功率等。

任务 3.2　维修工具的使用

1. 低压验电器

低压验电器又称为试电笔、测电笔（简称电笔）。它是用来检验对地电压在 250V 及以下的低压电气设备的，也是家庭中常用的电工安全工具。按其结构形式可分为钢笔式和螺钉旋具式两种，按其显示元件不同可分为氖管发光指示式和数字显示式两种。

氖管发光指示式验电器由氖管、电阻、弹簧、笔身和笔尖等部分组成，如图 3-10（a）、(b) 所示，数字显示式验电器如图 3-10（c）所示。氖管发光指示式验电器是利用电流通过验电器、人体、大地形成回路，其漏电电流使氖泡起辉发光而工作的。只要带电体与大地之间的电位差超过一定数值（36V 以下），验电器就会发出辉光，低于这个数值，就不发光，从而来判断低压电气设备是否带有电压。

使用低压验电器前，首先应检查一下低压验电器的完好性，四大组成部分是否缺少，氖泡是否损坏，然后在有电的地方验证一下，只有确认低压验电器完好后，才可进行验电。

在使用时，必须按如图 3-11 所示正确握法握笔，以食指触及笔尾的金属体，笔尖触及被测设备，使氖管小窗背光朝向测试者。当被测设备带电时，电流经带电体、电笔、人体到大地构成通电回路。只要带电体与大地之间的电位差超过 36V，电笔中的氖管就发光，电压高发光强，电压低发光弱。用数字显示式验电器验电，其握笔方法与氖管发光指示式验电器握笔方法相同，但当带电体与大地间的电位差为 2~500V 时，数字显示式验电器都能显示出来。由此可见，使用数字显示式验电器，除了能知道线路或低压电气设备是否带电，还能够知道带电体电压的具体数值。

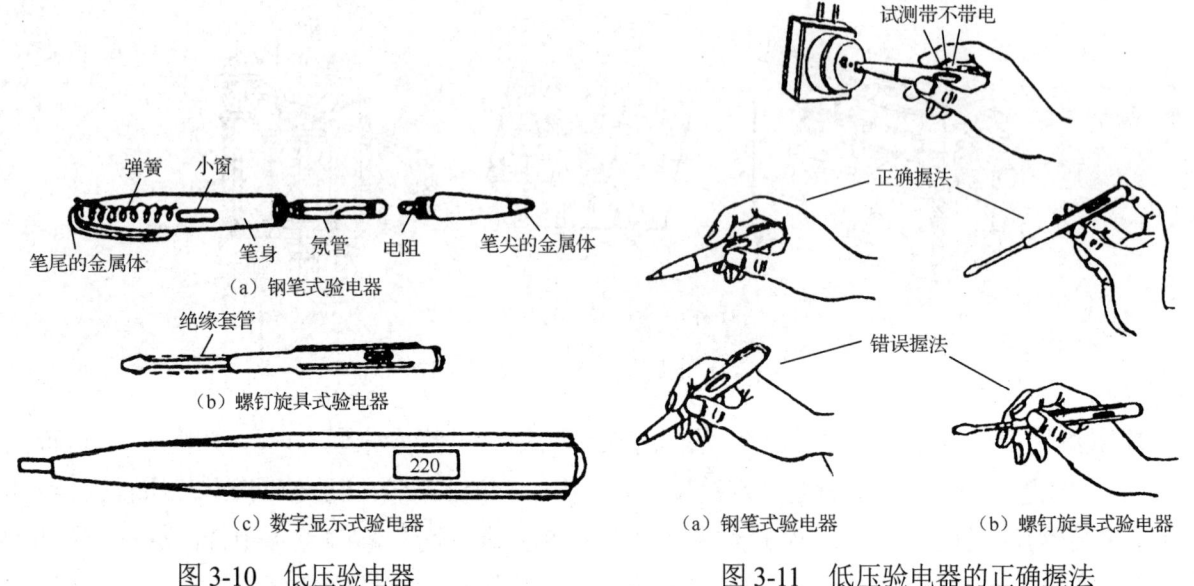

图 3-10 低压验电器 　　图 3-11 低压验电器的正确握法

注意：

（1）使用前先检查验电器内部有无柱形电阻，若无电阻，则严禁使用。否则，将发生触电事故。

（2）一般用右手握住验电器，左手背在背后。

（3）人体的任何部位切勿触及与验电器笔尖相连的金属部分。

（4）防止验电器笔尖同时搭在两根电线上。

（5）验电前，将验电器在确实有电处试测，只有氖管发光，才可使用。

（6）在明亮光线下不易看清氖管是否发光，应注意避光。

2. 螺钉旋具

螺钉旋具又称为旋凿、起子、改锥，它是一种紧固和拆卸螺钉的工具。螺钉旋具的式样和规格有很多，按头部形状可分为一字形和十字形两种，如图 3-12 所示。

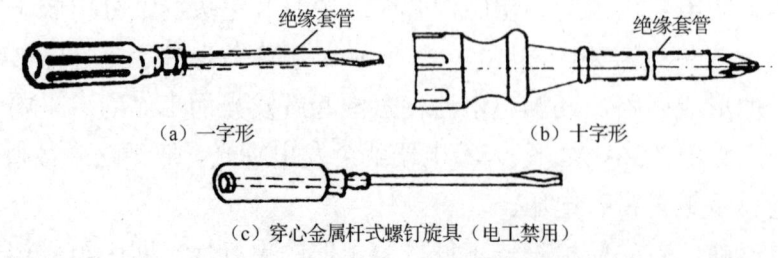

图 3-12 螺钉旋具

一字形螺钉旋具常用的有 50mm、100mm、150mm、200mm 等规格，电工必备的有 50mm 和 150mm 两种。十字形螺钉旋具专供紧固或拆卸十字槽的螺钉使用，常用的有四种规格：

Ⅰ号适用于直径为 2.0～2.5mm 的螺钉，Ⅱ号适用于 3～5mm 的螺钉，Ⅲ号适用于 6～8mm 的螺钉，Ⅳ号适用于 10～12mm 的螺钉。

注意：

（1）电动器具维修时不可使用金属杆直通柄顶的螺钉旋具，否则很容易造成触电事故。

（2）使用螺钉旋具紧固或拆卸带电的螺钉时，手不得触及螺钉旋具的金属杆，以免发生触电事故。

（3）为了防止螺钉旋具的金属杆触及皮肤或触及邻近带电体，应在金属杆上套上绝缘管。

3．钢丝钳

钢丝钳有绝缘柄和裸柄两种，如图 3-13 所示。绝缘柄钢丝钳为电工专用钳（简称电工钳），常用的有 150mm、175mm、200mm 三种规格。裸柄钢丝钳电工禁用。

电工钳的用法可以概括为四句话：剪切导线用刀口，剪切钢丝用铡口，扳旋螺母用齿口，弯绞导线用钳口。

注意：

（1）使用前应检查绝缘柄的绝缘是否良好。

（2）用电工钳剪切带电导线时，不得用钳口同时剪切相线和零线，或同时剪切两根相线。

（3）钳头不可代替手锤作为敲打工具使用。

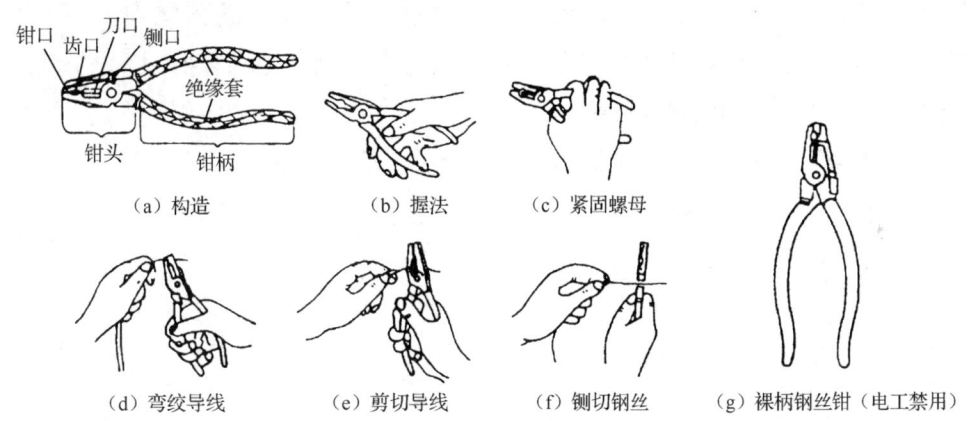

图 3-13　钢丝钳使用方法

4．尖嘴钳

尖嘴钳的头部尖细，如图 3-14 所示，适于在狭小的工作空间作业。尖嘴钳也有裸柄和绝缘柄两种。裸柄尖嘴钳电工禁用。绝缘柄尖嘴钳的耐压强度为 500V，常用的有 130mm、160mm、180mm、200mm 四种规格。其握法与钢丝钳的握法相同。

尖嘴钳有以下用途：

（1）带有刃口的尖嘴钳能剪断细小金属丝。

（2）尖嘴钳能夹持较小的螺钉、线圈和导线等元件。

（3）制作控制线路板时，可用尖嘴钳将单股导线弯成一定圆弧的接线鼻子（接线端环）。

5．断线钳

断线钳又称为斜口钳，如图 3-15 所示，有裸柄、管柄和绝缘柄三种，其中裸柄断线钳电工禁用。绝缘柄断线钳的耐压强度为1000V，其特点是剪切口与钳柄成一定角度，适用于狭小的工作空间和剪切较粗的金属丝、线材和电线电缆，常用的有130mm、160mm、180mm、200mm四种规格。

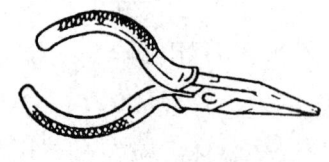
图3-14 尖嘴钳

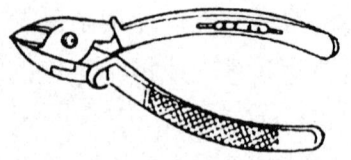
图3-15 断线钳

6. 剥线钳

剥线钳是剥削小直径导线接头绝缘层的专用工具。使用时，先将要剥削的导线绝缘层长度用标尺定好，右手握住钳柄，左手将导线放入相应的刃口槽中（比导线直径稍大，以免损伤导线），再用右手将钳柄向内一握，导线的绝缘层即被割破拉开自动弹出，如图3-16所示。

7. 电工刀

电工刀是用来切削导线线头、切割木台缺口、削制木榫的专用工具，其外形如图3-17所示。

注意：

（1）切削导线绝缘层时，刀口应朝外，刀面与导线应成较小的锐角。

（2）电工刀刀柄无绝缘保护，不可在带电导线或带电器材上切削，以免触电。

（3）电工刀不许代替手锤敲击使用。

（4）电工刀用毕，应随即将刀身折入刀柄。

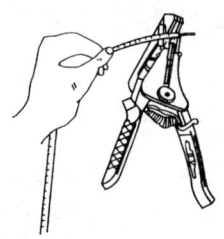
图3-16 剥线钳

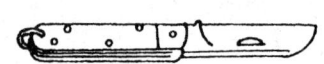
图3-17 电工刀

8. 活络扳手

活络扳手是用来紧固和拧松螺母的一种专用工具。它由头部和柄部组成，而头部则由活络扳唇、呆扳唇、扳口、蜗轮和轴销等构成，如图3-18所示。旋动蜗轮就可调节扳口的大小。常用活络扳手有150mm、200mm、250mm、300mm四种规格。由于它的开口尺寸可以在规定范围内任意调节，因此特别适于在螺栓规格多的场合使用。

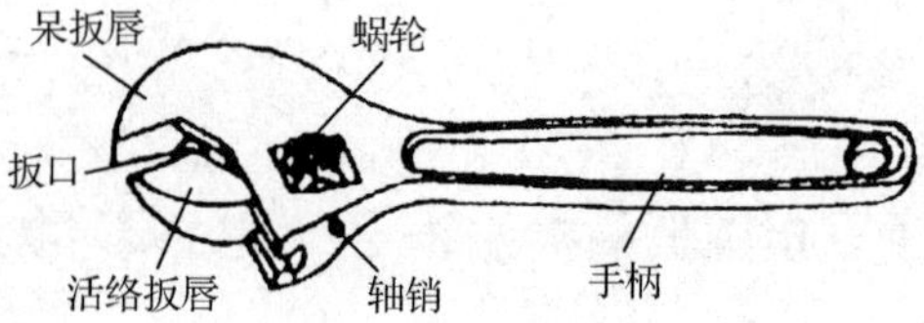

使用时，应握在接近活络扳手头部的位置。施力时，手指可随时旋调蜗轮，收紧活络扳唇，以防打滑。

注意：

（1）活络扳手不可反用，以免损坏活络扳唇，也不可用钢管接长手柄来施加较大的力矩。

图3-18 活络扳手

（2）活络扳手不可当成撬棒或手锤使用。

9．电烙铁

电烙铁是钎焊（也称锡焊）的热源，其规格有 15W、25W、45W、75W、100W、300W 等。功率在 45W 以上的电烙铁，通常用于强电元件的焊接，弱电元件的焊接一般使用功率为 15W、25W 等规格的电烙铁。

1）电烙铁的分类

电烙铁有外热式和内热式两种，如图 3-19 所示。内热式电烙铁的发热元件在烙铁头的内部，其热效率较高；外热式电烙铁的发热元件在外层，烙铁头置于中央的孔中，其热效率较低。

电烙铁的功率应选用适当，功率过大不但浪费电能，而且会烧坏弱电元件；功率过小，会因热量不够而影响焊接质量（出现虚焊、假焊）。在混凝土和泥土等导电地面使用电烙铁时，其外壳必须可靠接地，以免触电。

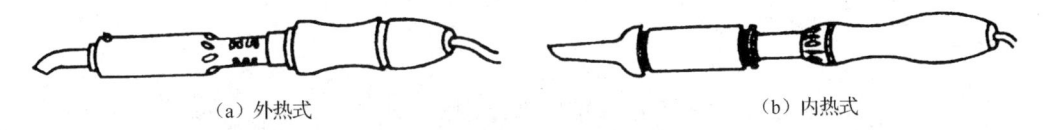

（a）外热式　　　　　　　　　　（b）内热式

图 3-19　电烙铁

2）钎焊材料的分类

钎焊材料分为焊料和焊剂两种。

① 焊料是指焊锡或纯锡，常用的有锭状和丝状两种。丝状焊料称为焊锡条，通常在其中心包有松香，使用很方便。

② 焊剂有松香、松香酒精溶液（松香 40%、酒精 60%）、焊膏和盐酸（加入适量锌，经过化学反应才可使用）等。松香适用于所有电子元器件和小线径线头的焊接；松香酒精溶液适用于小线径线头和强电电路中小容量元器件的焊接；焊膏适用于大线径线头的焊接和大截面导体表面或连接处的加固搪锡；盐酸适用于钢制件连接处表面搪锡或钢之间的连接焊接。

3）电烙铁的基本操作方法

① 焊接前，首先用电工刀清除焊接处的氧化层，然后在焊接处涂上适量的焊剂。

② 将含有焊锡的烙铁头首先蘸一些焊剂，然后对准焊接点下焊，焊头停留时间随焊件大小而定。

③ 焊接点必须焊牢焊透，锡液必须充分渗透，焊接处表面应光滑并有光泽，不得有虚假焊点和夹生焊点。虚假焊点是指焊件表面没有充分镀上锡，焊件之间没有被锡固定，其原因是焊件表面的氧化层未清除干净或焊剂用得过少。夹生焊点是指锡未充分熔化，焊件表面的锡点粗糙，焊点强度低，其原因是烙铁温度不够和烙铁焊头在焊点停留时间太短。

④ 使用过程中应轻拿轻放，不得敲击电烙铁，以免损坏内部发热元件。

⑤ 烙铁头应经常保持清洁，使用时可在石棉毡上擦几下以除去氧化层。使用一个时期后，烙铁头表面可能出现不能上锡（烧死）现象，此时可先用刮刀刮去焊锡，再用锉刀清除表面黑灰色的氧化层，重新浸锡。

⑥ 电烙铁使用时间久了，烙铁头上可能出现凹坑，影响正常焊接。此时，可用锉刀对其整形，加工到符合要求的形状再浸锡。

⑦ 使用中的电烙铁不可搁在木架上，而应该放在特制的烙铁架上，以免烫坏导线或其他物件引起火灾。

⑧ 使用电烙铁时不可随意甩动，以免焊锡溅出伤人。

10．镊子

镊子主要用于电路维修中夹持小型元器件。要求尖端啮合好、弹性好。

11．钢锯

钢锯用来切割各种金属板、敷铜板、绝缘板。安装锯条时，锯齿尖端要朝前方，松紧要适度，太紧或太松都易使锯条折断。

12．手电钻

手电钻用于在印刷电路板或绝缘板上钻孔。常用钻头的直径一般为 0.08～6.3mm。

13．钢锉

钢锉用于锉平金属板或绝缘板上的毛刺，锉掉烙铁头上的氧化物等。

14．锤子

锤子用于铆钉的铆接等。

15．剪刀

剪刀用于薄板材料的剪切加工。

任务 3.3　测量仪表的使用

万用表是最常见的电气测量仪表，它既可测量交、直流电压和交、直流电流，又可测量电阻、电容和电感等，用途十分广泛。

万用表可用来测量直流电流、直流电压、交流电流、交流电压、电阻和电平等，有的万用表还可用来测量电容、电感，以及二极管、三极管的某些参数。由于万用表具有功能多、量程宽、灵敏度高、价格低和使用方便等优点，因此它是电工必备的电工仪表之一。

随着电子技术的发展，万用表已从模拟（指针）式向数字式方向发展。目前已有带微处理器的智能化数字式万用表，它具有自动量程选择和语音报值等功能。由于模拟（指针）式万用表的价格低，普及性好，并且已有多年使用的传统，因此目前仍被广泛使用。

3.3.1　实践操作：指针式万用表的使用

指针式万用表一般是按以下步骤来测量参数的。

1）熟悉万用表

万用表的结构形式很多，面板上的操作旋钮、开关的布置也有差异。因此，使用万用表之前，应仔细了解和熟悉各操作旋钮、开关的作用，并分清表盘上各个标度尺所对应的被测量。

2）机械调零

万用表应水平放置，使用前检查指针是否指在零位上。若未指在零位上，则应调整机械零位调节旋钮，将指针调到零位上。

3）接好测试表笔

应将红色测试表笔的插头接到红色接线柱上或标有"+"号的插孔内，黑色测试表笔的插头接到黑色接线柱上或标有"-"号的插孔内。

4）选择测量种类和量程

有些万用表的被测量种类选择旋钮和量程变换旋钮是分开的，使用前应先选择被测量种类，再选择适当量程。如果万用表被测量种类和量程的选择都由一个转换开关控制，则应先根据测量对象将转换开关旋到需要的位置上，再根据被测量的大小将开关置于适当的量程位置。如果事先无法估计被测量的数值范围，则可首先用该被测量的最大量程挡试测，然后逐渐调节，选定适当的量程。测量电压和电流时，万用表指针偏转最好在量程的1/2～2/3的范围内；测量电阻时，万用表指针最好在标度尺的中间区域。

5）正确读数

MF64型万用表标度盘如图3-20所示。测量电阻时，应读取标有"Ω"的最上方的第一条标度尺上的分度线数字。测量直流电压和直流电流时，应读取标有"DC"的第二条和第三条标度尺上的分度线数字，满量程数字是125或10或50。测量交流电压时，应读取标有"AC"的第四条标度尺上的分度线数字，满量程数字为250或200。标有"h_{fe}"的两条短标度尺是使用晶体管附件测量三极管共发射极电流放大系数h_{fe}的，其中标有"Si"的一条为测量硅三极管的读数标度尺，标有"Ge"的一条为测量锗三极管的读数标度尺。标有"BATT.$_{(RL=12Ω)}$"的短标度尺供检查1.5V干电池时使用，测量时指针若处在"GOOD"范围内则表明电池电能充足，若处在"BAD"及以下范围则表明电池已不可使用。标有"dB"的标度尺只有在测量音频电平时才使用。电平测量使用交流电压挡进行，如果被测对象含有直流成分，则应串入一只0.1μF/400V以上的电容器，以隔断直流电压，若使用较高量程，则应加上附加分贝值。

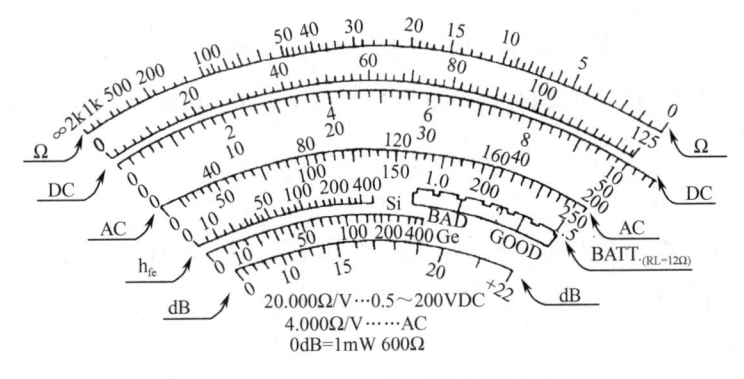

图3-20 MF64型万用表标度盘

（1）直流电流的测量。

一般万用表只有直流电流挡而无交流电流挡。用万用表测量直流电流时，将转换开关旋到标有"mA"或"μA"符号的适当量程上。一般万用表的最大电流量程在1A以内，用直接法只能测量小电流。如果要用万用表测量较大电流，则必须并联分流电阻。测量直流电流时，将黑色表笔（表的负端）接到电源的负极，红色表笔（表的正端）接到负载的一个端头上，负载的另一端接到电源的正极，也就是表头与负载串联。测量时要特别注意，由于万用表的内阻阻值较小，切勿将两支表笔直接触及电源的两极。否则，表头将被烧坏。用万用表测量直流电路如图 3-21 所示。

(2) 交流电压的测量。

测量前，首先将转换开关旋到标有"V"符号处，并将开关置于适当量程挡，如图 3-22（a）所示，然后将红色表笔插入万用表上标有"+"号的插孔内，黑色表笔插入标有"-"号的插孔内。手握红色表笔和黑色表笔的绝缘部位，先用黑色表笔触及一相带电体，用红色表笔触及另一相带电体或中性线，读取电压读数后，使两支表笔脱离带电体。

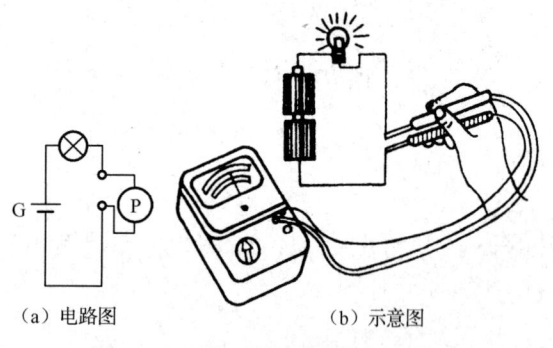

(a) 电路图　　(b) 示意图

图 3-21　用万用表测量直流电路

(3) 直流电压的测量。

直流电压的测量与交流电压的测量基本相同。区别是，直流电压有正、负之分，测量时，黑色表笔应与电源的负极相触，红色表笔应与电源的正极相触，二者不可颠倒，如图 3-22（b）所示。如果分不清电源的正、负极，则可选用较大的测量范围挡，将两支表笔快触一下测量点，观察表针的指向，找出被测电压的正、负极。

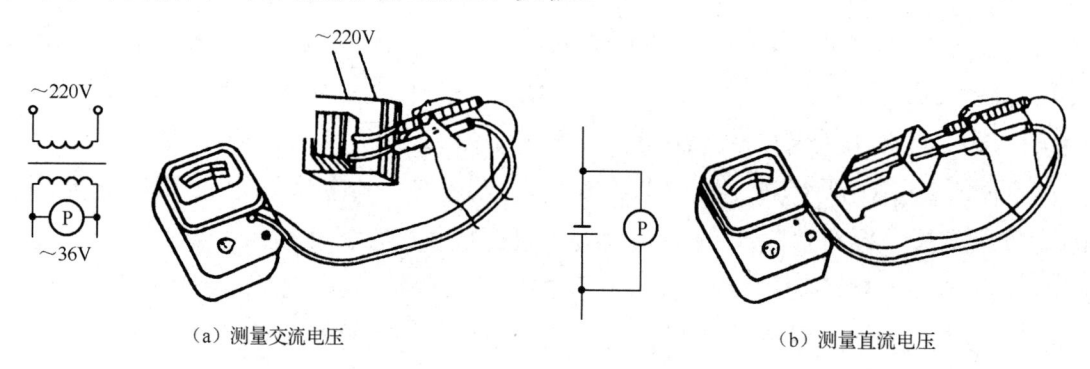

(a) 测量交流电压　　(b) 测量直流电压

图 3-22　用万用表测量电压

(4) 电阻阻值的测量。

测量前，首先将万用表的转换开关旋到标有"Ω"符号的适当倍率位置上，然后将表笔短接、调零，最后将两表笔分别触及电阻的两端，如图 3-23 所示，将测得的读数乘以倍率数即所测电阻阻值。

(5) 电路通断的判断。

在电动器具的检查和维修中，经常要使用万用表检查电路是否导通，此时可将倍率开关置于"Ω×1"挡。若读数为零或接近于零，则表明电路是通的；若读数为无穷大，则表明电路不通。

注意：

(1) 每次测量前对万用表都要进行一次全面检查，以核实表头各部分的位置是否正确。

(2) 测量时，应用右手握住两只表笔，手指不要触及表笔的金属部分和被测设备，如图 3-24（a）所示。图 3-24（b）中的握笔方法是错误的。

(3) 测量过程中不可转动转换开关，以免转换开关的触头产生电弧而损坏开关和表头。

(4) 使用"R×1"挡时，调零的时间应尽量缩短，以延长电池的使用寿命。

(a) 电路图　　　　　　(b) 示意图　　　　　　(a) 正确　　　　　　(b) 错误

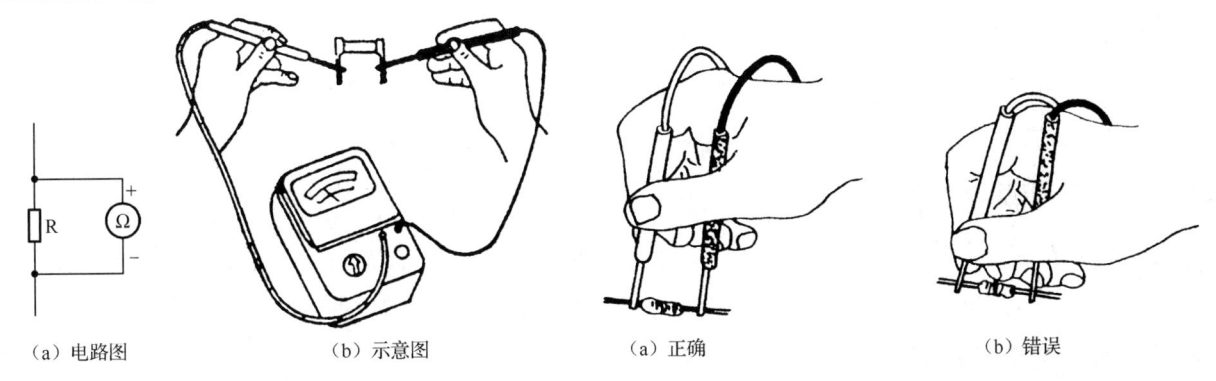

图 3-23　用万用表测量电阻阻值　　　　图 3-24　万用表表笔的握法

（5）使用万用表后，应将转换开关旋至空挡或交流电压最大量程挡。

（6）切勿带电测量，否则不仅测量结果不准确，而且可能烧坏电表。若线路中有电容，则应先放电。

（7）使用间歇中，不可使两表笔短接，以免浪费电池的电能。

（8）不可用欧姆挡直接测量检流计、标准电池等的内阻阻值。

（9）使用欧姆挡判别仪表的正负端或半导体元件的正反向电阻时，万用表的"+"端应与内附干电池的负极相连，而"-"端或"*"端则应与内附干电池的正极相连。也就是说，黑色表笔为正端，红色表笔为负端。

（10）测量时，要注意其两端有无并联电阻；若有，则应先断开一端再进行测量。

3.3.2　实践操作：数字式万用表的使用

使用数字式万用表时，将电源开关拨钮"ON—OFF"拨向"ON"一侧，接通电源。用"ZEROADJ"旋钮调零校准，使显示屏显示"000"。用功能转换开关选择被测量的类型和量程。功能转换开关周围字母和符号的含义分别为"DCV"表示直流电压，"ACV"表示交流电压，"DCA"表示直流电流，"ACA"表示交流电流，"Ω"表示电阻，"→|→"表示二极管测量、"C"表示电容，"JI"表示音响通断检查（与二极管测量同一位置）等。

注意：

（1）不宜在有噪声干扰源的场所（如正在收听的收音机和收看的电视机附近）使用。噪声干扰会造成测量不准确和显示不稳定。

（2）不宜在阳光直射和有冲击的场所使用。

（3）不宜用来测量数值很大的强电参数。

（4）长时间不使用应将电池取出，再次使用前，应检查内部电池的情况。

（5）被测设备的引脚氧化或有锈迹，应先清除氧化层和锈迹再测量，否则无法读取正确的测量值。

（6）每次测量完毕，应将转换开关拨到空挡或交流电压最高挡。

1）直流电压的测量

测量直流电压时，将黑色表笔插入标有"COM"符号的插孔中，红色表笔插入标有"V/Ω"符号的插孔中，并将转换开关拨到"DCV"的适当位置，两表笔跨接在被测设备或电源的两端，如图 3-25 所示。在显示屏上显示电压读数的同时，指示红色表笔的极性。

注意：
(1) 如果只在高位显示"1"，则表明测量已超过量程，应将量程调至高挡。
(2) 测试高压时，严禁接触高压电路（如阴极射线管的电极等）。

2）交流电压的测量

测量交流电压时，将黑色表笔插入标有"COM"符号的插孔中，红色标笔插入标有"V/Ω"符号的插孔中，并将转换开关拨到"ACV"的适当位置，两表笔跨接在被测设备或电源的两端，如图3-26所示。

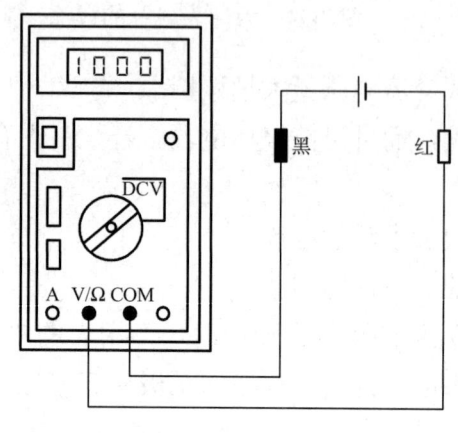

图3-25　直流电压的测量

图3-26　交流电压的测量

测量时的注意事项与测量直流电压时的注意事项相同。

3）直流电流的测量

当被测设备最大电流为200mA时，将黑色表笔插入标有"COM"符号的插孔中，红色表笔插入标有"A"符号的插孔中。如果被测设备最大电流为10A，则将红色表笔插入10A插孔中；将转换开关拨到"DCA"量程范围内，并且两表笔串联在被测电路中。红色表笔的极性将在数字显示的同时指示出来。

标有警告符号的插孔，最大输入电流为200mA或10A（按插孔分），200mA挡设有熔断器，但10A挡不设熔断器。

4）交流电流的测量

测量交流电流时两表笔插孔与测量直流电流时两表笔插孔相同，转换开关拨到"ACA"量程范围内，并将表笔串联在被测电路中。其他注意事项同前。

5）电阻阻值的测量

测量电阻阻值时，将黑色表笔插入标有"COM"符号的插孔中，红色表笔插入标有"V/Ω"符号的插孔中，但此时应注意，红色表笔的极性应为"+"。将转换开关拨到"Ω"量程范围内，两表笔跨接在被测电阻两端。

注意：

① 当两表笔开路时，表盘上显示超过量程状态的"1"是正常现象。

② 测量1MΩ以上的高电阻阻值时，需要经数秒表盘上才显示出稳定读数。

③ 被测电阻不得带电。

6）通断的检查

通断的检查是检查电路的通断状态。检查时，将黑色表笔插入"COM"插孔中，红色表笔插入"V/Ω"插孔中，转换开关拨到通断检查量程，并将两表笔跨接在要检查的电路两端。如果电路两端的电阻阻值小于30Ω，则蜂鸣器发出响声，发光二极管（LED）同时发亮。

检查中，在表笔两端接入时，显示屏显示"1"是正常现象。检查前，应先切断线路电源。需要特别注意的是，任何负值信号都会使蜂鸣器发出响声，从而导致错误判断。

3.3.3 实践操作：兆欧表的使用

兆欧表又称为摇表，是专门用来测量电气线路和各种电气设备绝缘电阻阻值的便携式仪表。它的计量单位是兆欧（MΩ），所以称为兆欧表。

兆欧表的主要组成部分是一个磁电式流比计和一只手摇发电机。发电机是兆欧表的电源，可以采用直流发电机，也可以采用交流发电机与整流装置配用。直流发电机的容量很小，但电压很高（100～500V），磁电式流比计是兆欧表的测量机构，由固定的永久磁铁和可在磁场中转动的两个线圈组成。

当用手摇发电机时，两个线圈中同时有电流通过，在两个线圈上产生方向相反的转矩，表针就随这两个转矩的合成转矩的大小而偏转某一角度，这个偏转角度取决于上述两个线圈中电流的比值。由于附加电阻的阻值是不变的，因此电流值取决于待测电阻阻值的大小。

值得一提的是，兆欧表测得的是在额定电压作用下的绝缘电阻阻值。万用表虽然也能测得数千欧的绝缘电阻阻值，但它所测得的绝缘电阻阻值只能作为参考。因为万用表所使用的电池电压较低，绝缘材料在电压较低时不易击穿，而一般被测量的电气线路和电气设备均要在较高电压下运行，所以，绝缘电阻阻值只能采用兆欧表来测量。

兆欧表的端子有三个："线路"（L）、"接地"（E）和"屏蔽"（G）。测量电力线路或照明线路的绝缘电阻阻值时，"L"接被测线路，"E"接地线。测量电缆的绝缘电阻阻值时，为使测量结果准确，需要消除线芯绝缘层表面漏电所引起的测量误差，还应将"G"端子引线接到电缆的绝缘层上。用兆欧表测量绝缘电阻阻值如图3-27所示。

（a）测量线路的绝缘电阻阻值

（b）测量电动机的绝缘电阻阻值

（c）测量电缆的绝缘电阻阻值

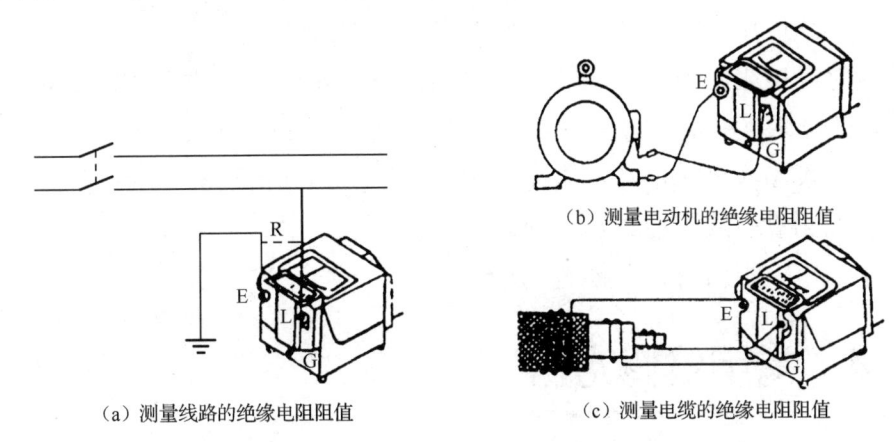

图3-27 用兆欧表测量绝缘电阻阻值

用兆欧表测量电气设备对地绝缘电阻阻值时，其正确接线应该是"L"端子接被测设备导体，"E"端子接地（接地的设备外壳），否则将会产生测量误差。

由兆欧表的原理接线可知，兆欧表的"E"端子接发电机正极，"L"端子接测量线圈，而屏蔽端子"G"接发电机的负极,如图 3-28 所示。当兆欧表按正确接线测量被测设备对地的绝缘电阻阻值时,绝缘表面泄漏电流经"G"端子直接流回发电机负极,并不流过测量线圈,因而能起到屏蔽作用。但如果将"L"端子和"E"端子反接,流过被测设备绝缘电阻的泄漏电流和一部分表面泄漏电流仍然经外壳汇集至地,并由地经"L"端子流入测量线圈,根本起不到屏蔽作用。

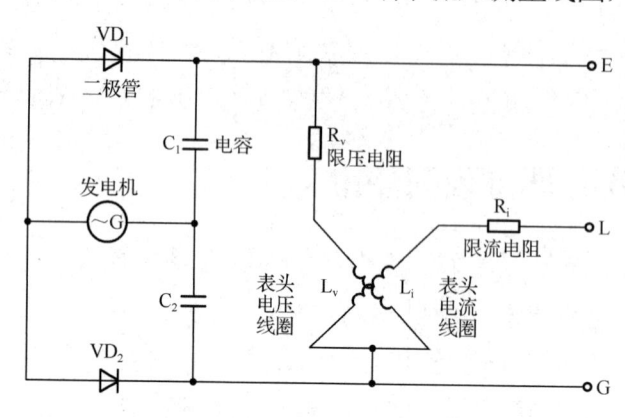

图 3-28 兆欧表电路原理图

另外,一般兆欧表的"E"端子及其内部引线对外壳的绝缘水平比"L"端子要低一些,通常兆欧表是放在地上使用的。因此,"E"端子对外壳及外壳对地有一个绝缘电阻 R_f,当采用正确接线时,R_f 是被短路的,不会带来测量误差。但如果将引线反接,即"L"端子接地,使"E"端子对地的绝缘电阻 R_f 与被测绝缘电阻 R_x 并联,则造成测量结果变小,特别是当"E"端子绝缘不好时将会引起较大误差。

由上述分析可知,使用兆欧表时必须采用"L"端子接被测设备导体、"E"端子接地、"G"端子接屏蔽的正确接线。

注意:

(1) 测量设备的绝缘电阻阻值时,必须先切断设备的电源。

(2) 兆欧表应放在水平位置,在未接线之前,先摇动兆欧表看指针是否在"∞"处,再将"L"和"E"两个接线端子短路,慢慢地摇动兆欧表,看指针是否指在"零"处(对于半导体型兆欧表不宜用短路校验)。

(3) 兆欧表引线应用多股软线,而且应有良好的绝缘性。

(4) 在摇测绝缘电阻阻值时,应使兆欧表保持额定转速,一般为 120r/min。当被测设备的容量较大时,为了避免指针摆动,可适当提高转速(如 130r/min)。

(5) 被测设备表面应擦拭洁净,不得有污物,以免漏电影响测量的准确度。

(6) 兆欧表的测量引线不能绞在一起。

(7) 测量绝缘电阻阻值时,要摇测 1min。

任务 3.4 常用维修方法

1. 直观检查法

1)眼看

① 查看电动器具元器件表面是否有烧焦、熔断、起泡、变形、变色、跳火、霉锈等痕

迹。若有则为"故障元件"。

② 查看电动器具的内部连线，接插件有无松动、脱落或接触不良。

③ 查看印刷电路板有无断裂，焊点有无虚焊、搭焊（短路），有时还需要借助放大镜进行查找。

2）手摸

① 将家用电动器具开机数分钟后，拔下电源插头，用手触摸被怀疑出故障的电气元件是否过热，从而确定故障部位。

② 用手轻摇各电气元件的连线、接插件，观察故障现象。

3）耳听

① 将家用电动器具开机后仔细听一听有无"呲呲"的放电声、交流声，转动电位器有无接触不良的"喀啦"声。

② 对于有机械传动的设备，听一听有无异常的机械撞击声。

4）询问

对于出故障的电热电动器具，不要急于拆开检修，而是首先要询问用户，了解故障情况及其故障产生的原因。例如，故障现象是突然发生的，还是逐渐恶化形成的，是周期性的还是时有时无的，有无冒烟和异常气味，故障发生时电源电压有无变化，是否修理、更换或调整过元器件。依据这些情况就可以弄清楚故障产生的原因，查明故障范围。

2．电压测量法

电压测量法就是用万用表测量电路中某些关键工作点上的电压值，根据该点上电压值是否正常来判断或查找电路故障的方法，又称为电压判别法。电压测量法可以说是检修各种电动器具最常用、最简捷、最有效的方法之一。

3．电流测量法

电流测量法就是利用万用表测量整机和各支路的电流，根据测量结果是否正常来判断故障所在部位的方法。通常，测量电流时，可以直接把万用表串联在电气回路中进行测量，但是有时也可以通过测量电路两端电压再计算出电流值，判断电路是否工作正常。用电流测量法检修电热电动器具，往往比其他检修方法更能定量反映出电路的工作状态是否在正常工作范围。尤其是电路中的电气元件的数值发生变化时，这种方法特别有效。

注意：

（1）测量前要考虑所用万用表电流挡的内阻阻值，一般应小于被测电路内阻阻值的十分之一，以免因内阻阻值过大而影响测量结果的准确性。

（2）为防止被测电流过大而损坏仪器，应在测量回路中接入假负载。

4．阻值测量法

用万用表测量电路中电气元件的电阻阻值，根据测得的阻值是否正确，查找电路中发生故障的部位，称为阻值测量法，又称为阻值判别法。通常阻值测量法具体分为在线和不在线两种，在线阻值测量法是在电路板上直接测量电气元件，不在线阻值测量法是把电气元件从电路板上拆下来进行测量。

阻值测量法作为电压、电流测量等诊断方法的补充，是检修各类电气元件故障的一种常用的、重要的方法。例如，在检修比较复杂的电路时，仅用电压测量法往往无法断定某一电气元件的好坏，这时就需要用阻值测量法同时检查才能奏效。特别是当把故障判断在一定的范围内时，需要最后验证电气元件的好坏，主要依靠阻值测量法。

注意：

（1）要先断电再测量；测量电容前，要先放电再测量，以免损坏万用表。

（2）不同型号的万用表有不同的内阻阻值并使用不同的电池电压，因而会有不同的测量结果，要注意分析测量结果的准确性。

（3）因电路中各电气元件常有并联因素存在，往往使实际测量值偏小，这时应焊开电气元件的一端引线再测量，即不在线阻值测量法。

5．短路判别法

这种用导线或其他元件人为地将电路中某一点与地短路，根据故障现象是否变化来查找故障所在部位的方法称为短路判别法，又称为短路试验法。在实际维修工作中，这种判别法有一定局限性，对大电流、高电压的电路故障不适用。

6．对照比较法

对照比较法就是通过把故障电路与功能正常的电路进行比较来查找故障的方法。这种方法对初学者比较适用。

小结

（1）控制电路中常用电子元器件及其工作特性。

（2）常用维修工具的使用方法及注意事项。

（3）常用测量仪表的使用方法及注意事项。

（4）常用维修方法有直观检查法、电压测量法、电流测量法、阻值测量法、短路判别法和对照比较法。

思考与练习题

1．控制电路中常用电子元器件有哪些？

2．常用维修工具有哪些？

3．如何用万用表进行电压、电流、电阻阻值的测量？

4．如何用兆欧表对小型电动机和电缆的绝缘性能进行测量？

项目 4

电热炊具的拆装与维修

学习目标

1. 理解电热炊具的类型和结构。
2. 学会电热炊具的拆装及主要零部件的检测。
3. 掌握电热炊具的工作原理、常见故障分析及维修方法。
4. 理解教育、科技、人才在全面建设社会主义现代化国家过程中的基础性、战略性支撑作用；理解大国工匠、高技能人才作为国家战略人才的重大意义，自觉成长为堪当民族复兴大任的时代新人。

近年来，家用电动器具发展迅猛，已进入千家万户，其中电热炊具的应用更为广泛。本项目主要介绍微波炉、电饭锅和电磁灶等常用电热炊具的类型、基本结构、拆装、主要零部件的检测、工作原理及常见故障的维修方法。

任务 4.1 微波炉的拆装与维修

利用微波能量来加热食物的一种新型电热炊具——微波炉，是在 20 世纪五六十年代问世的。它问世时间虽然不长，但在发达国家早已得到了广泛的应用。从20世纪 90 年代初开始，在国内诸多微波炉生产厂家广泛引进国外先进的生产技术和设备之后，国产微波炉的年产量越来越大，不仅占领了国内微波炉市场，而且出口量逐年上升。国产微波炉在性能和质量均大幅度提升的同时，市场销售价格逐步降低到能被普通家庭接受的程度，改善了我国人民的物质生活水平。

与传统的加热烹饪方式相比，微波加热具有以下明显的特点。

1）加热迅速

传统加热烹饪时都是先加热食物外表面，再通过热传导或对流的形式向食物的内部传热来完成烹饪的。由于食物介质一般都是热的不良导体，因此传统的加热烹饪不仅速度慢而且常出现外表过热（甚至焦糊）而内部夹生的现象。微波加热是通过微波电场迫使食物内外同时被加热，因而加热速度快、效率高、节能、省时。

2）易于控制加热

传统炉灶加热，升降温都需要一段时间，因而加热过程不易控制。而微波加热功率即时可控，不存在热惯性，因而极易控制加热时间和过程，使用非常便利。

3）烹饪食物质量好

微波加热时，食物内外各部位同时发热，加热迅速，因而能比较好地保持食物的色、香、味，减少食物中维生素、矿物质、氨基酸等营养成分的损失。此外，微波具有杀灭或抑制细菌和病毒的生物效应，可在较低温度或较短时间内实现对食物的消毒灭菌，因此经微波加热的食物质量比传统炉灶加热的食物质量要好得多。

4）干净卫生

微波加热无明火、无油烟、无灰尘、不污染环境，不像传统炉灶烹饪时那样油烟熏人、雾气蒸腾，改善了周围的环境卫生。

5）使用安全方便

微波炉具有多种安全措施，以确保使用者安全。烹饪时，炉体本身不发热、不辐射热量，使用者不必守候，大大减轻了厨房劳动的难度和强度，是实现厨房现代化的重要保证。

4.1.1 相关知识：微波炉的类型与基本结构

1. 微波炉的类型

微波炉品种很多，一般可按下面几种方法分类。

1）按控制功能分类

微波炉按控制功能分类，可分为普通型（机械机电控制型）和电脑控制型两种。普通型具有定时选择、功率调节、温度控制等功能。电脑控制型有电脑记忆装置，可按预定程序完成解冻、加热、无级调节功率和保温等工作，自动化程度高。

2）按内在结构分类

微波炉按内在结构分类，可分为转盘式、功率可调式、复合式和传感式四大类。转盘式微波炉放食物的盘可自动转动，以均匀加热；功率可调式微波炉的输出功率可连续调节；复合式微波炉由电热烘烤与微波加热组合而成；传感式微波炉带有温度、湿度、重量等传感器。

3）按外形结构分类

微波炉按外形结构分类，可分为柜式和台式两种。柜式微波炉容量大，输出功率一般在1kW以上；台式微波炉容量小，输出功率一般为400~700W，可放在灶台上或嵌入柜中。

4）按频率分类

微波炉按频率分类，可分为915±25MHz、2450±50MHz、5800±75MHz和22500±125MHz四种。915MHz用于工业部门进行烘烤、干燥、消毒等，2450MHz多用于家庭炊具。

2. 微波炉的基本结构

微波炉的基本结构是围绕微波能量的产生、传输、控制，以及均匀化、自动化等方面来设置的。微波炉主要由金属外壳、炉腔、炉门、定时器、磁控管（微波发生器）、波导管（微波传输通道）、搅拌器、漏磁变压器、整流器、功率调节器、过热保护器等组成，其基本结构如图4-1所示。

1）炉腔

微波炉的炉腔是食物加热的场所，又称为加热室，它是用涂覆非磁性材料（如防锈烘漆等）的铝板或不锈钢板制成的。框架右边1/3处用薄钢板隔出，内置磁控管、漏磁变压器和风机等部件，右框架正面的控制面板上装有定时器和功率调节器等，如图4-2所示。

炉腔左框架内为微波加热室，从本质上讲它又是微波炉的谐振腔，经波导管送入炉腔的微波在炉壁间经来回反射后产生谐振现象，使微波形成均匀分布，同时金属板的炉壁又屏蔽了微波的外漏。为使加热均匀，有些微波炉的腔内还设有搅拌电磁波的金属搅拌器。在炉腔的侧面与顶部开有排湿孔，用来排出加热食物时所产生的水蒸气。炉腔内还设有转动的玻璃转盘，由3W永磁同步电动机驱动，经减速后以5~10rad/min的速度旋转，使食物的各个部位交替处于微波场中的不同位置，保证了食物各部位吸收的微波能量基本均匀一致，以获得最佳的烹饪效果。

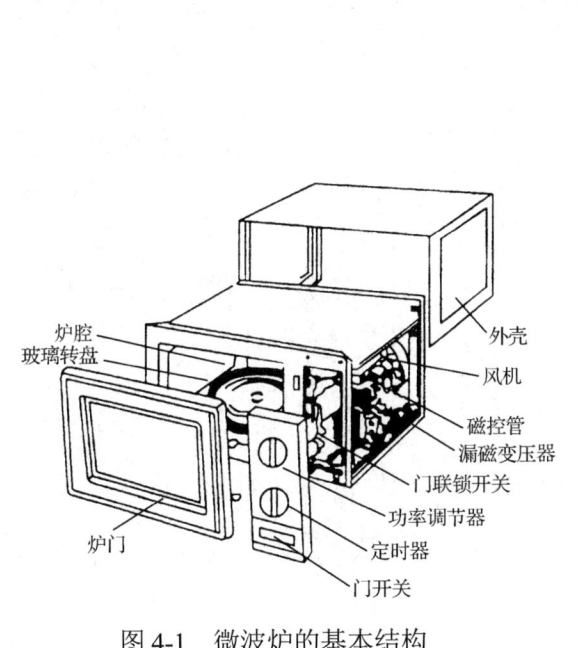

图4-1 微波炉的基本结构

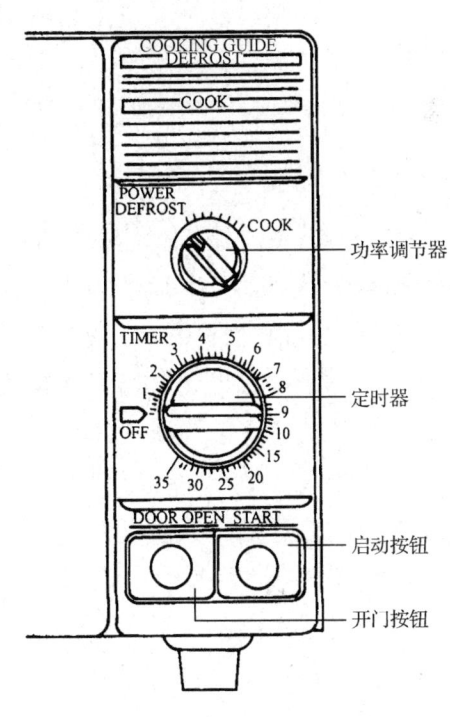

图4-2 微波炉控制面板

2）炉门

炉门由金属框架和玻璃观察窗两部分组成，它采用扼流结构以防微波泄漏。炉门用薄钢（或铝）板冲压成型，观察窗位于正面中心部位。观察窗一般是在双层玻璃之间特别夹装了一层极细的微孔金属丝网后制成的。网孔的大小设计得恰到好处，使它既能抑制微波外漏，又便于观察炉腔内的食物。炉门与腔体之间的缝隙很容易泄漏微波，因此炉门的密封性能成为衡量微波炉质量高低的一项重要指标。一般在炉门内壁贴有塑料压板，其表面有透明涤纶胶片，以保护炉门免受侵蚀并增加密封性能。炉门上还装有两道微动开关，如图4-3所示，通过炉门的把手加以控制，以便联锁保险。当炉门打开或关闭不严时，联锁开关断开电源，磁控管不工作。如果联锁开关出现问题，则还有监控开关保险。炉门和联锁开关结构图如图4-4所示。除初级联锁开关外，还有一个最终接通电源的副联锁开关。当炉门开启时，启动开关被锁住，使副联锁开关无法接通，只有当炉门关好后，启动开关才能按下，副联锁开关才能闭合。

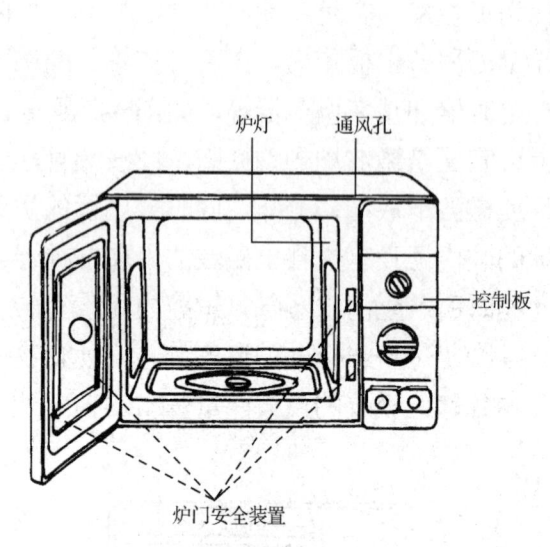

图4-3　炉门联锁开关位置示意图

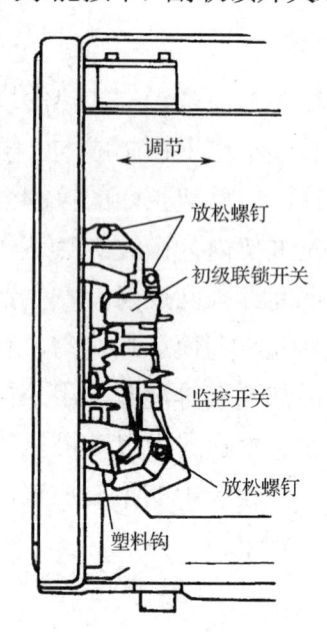

图4-4　炉门和联锁开关结构图

3）磁控管

磁控管（微波发生器）是微波炉的心脏，是一种真空器件，其结构图如图4-5所示。磁控管由管芯和磁铁两部分构成，管芯由阴极、灯丝、阳极、天线等构成，而磁铁在阳极与阴极之间的空间形成恒定的竖直方向的强磁场。阴极（分为直热式和间热式）被加热时能发射足够的电子，以维持磁控管工作时所需的电流。阳极用来接收发自阴极的电子，通常采用导电性能、气密性能良好的无氧铜制成。在阳极上一般有偶数个空腔，称为谐振腔，腔口对着阴极，每个谐振腔就是一个微波谐振器，其谐振频率取决于谐振腔的尺寸。当阴极发射的电子受电场力作用加速向阳极流动时，还受到垂直方向的磁场力作用。在这两个力的共同作用下，电子围绕着阴极的中轴线作高速旋转，同时沿着圆周轨迹飞向阳极。这些电子在通过扇形谐振腔时会发生振荡，且振荡频率不断升高。当频率达到2450MHz时，微波由天线耦合至射频输出口，通过波导管传输到加热室内。

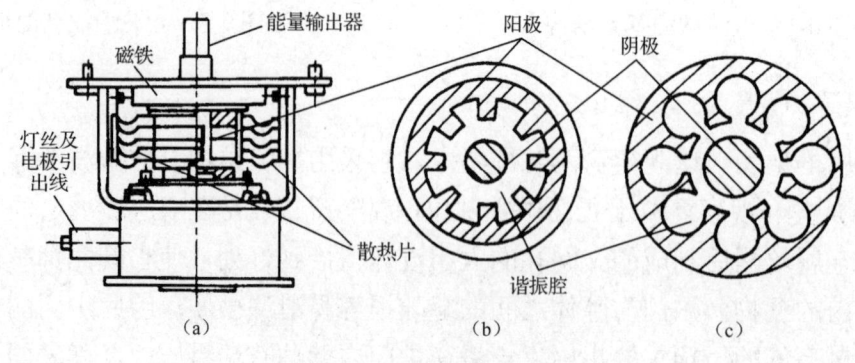

图4-5　磁控管结构图

磁控管的灯丝电压一般为3.2V左右，电流约为14A，阳极峰值电压在4000V以上，电流约为300mA。由于漏磁变压器和磁控管工作时发热量很大，因此除安装散热片外，还用转速为2500rad/min左右、功率为3W的罩极式电动机带动的风扇进行强制性风冷。磁控管表面还装有碟形双金属片温控器，当磁控管温度过高时，温控器自动切断电源进行超温保护，以免磁控管因温度过高而烧毁。

4）波导管

磁控管产生的微波只有被输送到炉腔，才能实现对食物加热的目的。用高导电金属做成的波导管就是用来定向传输微波的管状元件。它可以将被传送的微波限定在管子内部，使能量沿着管轴的方向传播，而不能向其他方向散射。家用微波炉所使用的波导管一般用截面呈矩形的空心高导电金属管（如黄铜管）制成，为降低微波在传输过程中的损耗，通常还在管子内壁镀一层导电率更高的金属（如银等）物质。波导管的几何尺寸对微波的传输有着直接的影响，如果尺寸设计不当，那么在传输过程中微波能量的损耗会很大，甚至传不出去。理论和实践都证明，波导管横截面长边 a 与微波波长 λ 之间满足 $\lambda/2<a<\lambda$ 时，波导管才能有效传输微波。实用中，当微波炉工作频率为 2450MHz 时，波导管的横截面尺寸大多设计为 86.35mm×43.18mm。

5）搅拌器

搅拌器又称为电磁场模式搅拌器，其主要作用是打乱炉腔内部的电磁场，使其分布均匀，以改善微波炉的加热效果。搅拌器形如一只电风扇，但叶片的形状不太规则，一般用导电性能好、强度高的金属（如镁铝合金等）制成。搅拌器一般安装在波导管的输出口处，由专用小电动机带动其叶片以每分钟几到几十转的低转速旋转。它在旋转运动中不断改变对微波的反射角度，将微波反射到炉腔内各个点上，使炉腔内食物受热均匀。有些微波炉中不设搅拌器，而靠承托食物的转盘旋转，达到既能改变电磁场的分布，又能使食物本身均匀加热的目的。

6）漏磁变压器和整流器

漏磁变压器又称为稳压变压器，它为磁控管提供2100V左右的阳极高压（阴极负高压）和3.3V左右的灯丝电压。漏磁变压器的显著特点是功率容量大、稳压范围宽、短路特性好。它与一般磁饱和稳压器类似，由磁分路插片将其初级和次级分开，初级工作在磁非饱和区，而次级工作在磁饱和区，当初级所接的市电电压在±10%范围内波动时，其次级电压波动仅为±（1～2）%。整流器是由高压电容和整流二极管组成的一个半波倍压整流电路，这种倍压整流供电方式使变压器初级线圈匝数减少了1/2。高压整流二极管通常用高压硅堆来代替，其耐压在10kV以上，额定电流为1A。高压电容容量为1μF左右，其内部（铝壳内）并联一个阻值为10MΩ的放电电阻，电容耐压要求在2100V以上。

7）定时器

普通型微波炉一般采用电动式定时器，定时范围有5min、10min、30min、60min和120min等。定时器开关与功率控制开关组合在一起，用一个微型永磁同步电动机驱动。设定时间后，定时器开关虽然闭合但并不立即工作，只有当主、副联锁开关接通后，微型永磁同步电动机才带动小模数齿轮传动机构运转，起计时作用。当设定时间结束时，定时器触点自动断开，切断微波炉的工作电源。在较高档的微波炉中，如今大多已改用电子数显式定时器，这种定时器主要利用电容充放电特性来准确定时，并通过数码管直观地显示定时时间。电子数显式定时器定时准确，不受电源电压与外界温度的影响，且使用寿命很长。

8) 功率调节器

普通型微波炉的功率调节不是调节磁控管供电电压的大小，而是通过控制磁控管的工作与间歇时间比来改变微波输出功率的，即调节磁控管的平均功率大小。磁控管工作与间歇时间比越大，功率输出越大，如果微波炉以最大功率输出时，则磁控管连续工作，没有间歇时间。比较先进的微波炉把功率调节器与定时器用一个电动机驱动，在定时器工作的同时，由传动机构带动凸轮转动，使功率调节器开关在不同的功率挡产生不同的通断时间比。功率调节采用"百分率定时"的方式，即在某一设定的时间内，控制电源接通的时间占设定时间的百分率，如保温、解冻、中温、中高温和高温时其百分率分别为 15%、30%、50%、70%和100%。

顺便指出，功率调节除上述方法外，还有可控硅控制方式、变压器抽头切换方式等。从成本与性能考虑，家用微波炉一般均采用百分率定时方式来实现功率调节。

9) 过热保护器

微波炉的过热保护器是一种热敏保护器件，它通常安装在磁控管上以防磁控管因过热而损坏。正常情况下，过热保护器呈闭合状态，但在散热电动机停转、散热气道受阻和微波炉空载或轻载等非正常状态下，磁控管所产生超过规定的高温将会使过热保护器动作，从而切断电源，停止微波炉的工作。

4.1.2 实践操作：普通型微波炉的拆装及主要零部件的检测

1. 普通型微波炉的拆装

（1）外壳的拆卸步骤如下。

① 拔去微波炉电源插头。

② 用十字螺丝刀松开微波炉背面的 4 个固定螺钉，如图 4-6 所示。

③ 将外壳向后拉，即可取下外壳，如图 4-7 所示。

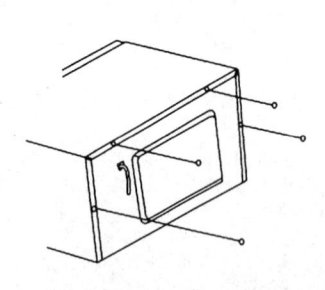

图 4-6 松开微波炉背面螺钉示意图　　图 4-7 取下外壳示意图

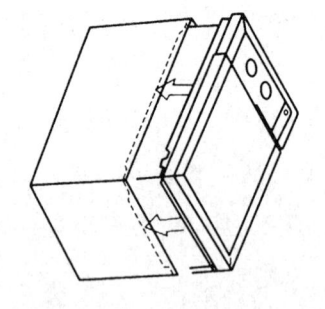

（2）控制面板及开门机构的拆卸步骤如下。

① 用十字螺丝刀将高压电容器一端与底板之间进行放电。

② 拔去定时器、功率调节器上的接线插头。

③ 用十字螺丝刀松下固定控制面板的 1 个螺钉，如图 4-8 所示，并取下控制面板。

④ 拆下定时器和功率调节器的 2 个旋钮，并松下固定定时器的 4 个螺钉，如图 4-9 所示。

⑤ 拆下开门按钮。
⑥ 用一字螺丝刀在如图 4-10 所示的 1 处向外侧顶压，取出撑杆。

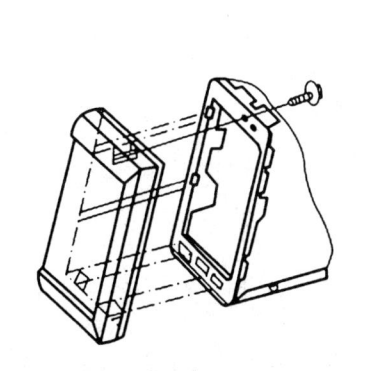

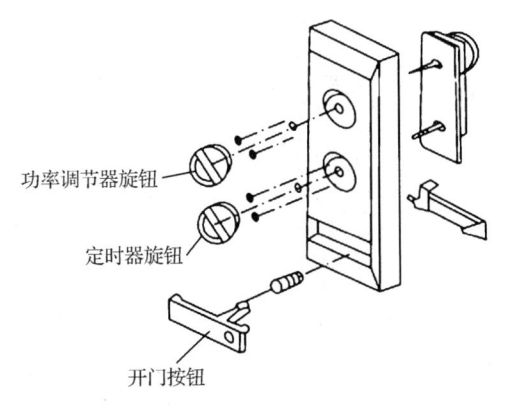

图 4-8　拆卸控制面板示意图（一）　　　图 4-9　拆卸控制面板示意图（二）

（3）磁控管的拆卸步骤如下。
① 拔去磁控管和过热保护器的两根接线，并拆去炉灯边的 1 个螺钉，如图 4-11 所示。
② 用套筒扳手拆去固定磁控管的 4 个螺钉，即可取下磁控管。

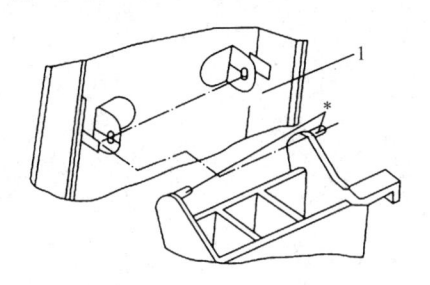

图 4-10　拆卸开门机构示意图　　　图 4-11　拆卸磁控管示意图

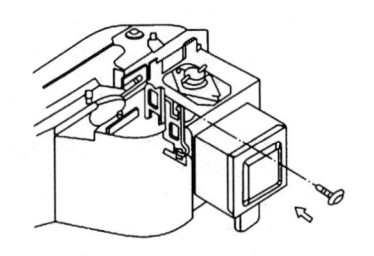

（4）变压器的拆卸步骤如下。
① 拆下变压器上各接线。
② 将微波炉倒转过来，拆下右底板固定在腔体上的 4 个螺钉，连同变压器一起取下。
③ 取出变压器与腔体中间的橡皮垫块。
（5）风扇电动机的拆卸步骤如下。
① 拆下风扇电动机上的两根引线。
② 用十字螺丝刀松下 2 个螺钉，取下风扇电动机组件。
③ 将转轴与风叶上的胶水刮去，取下弹簧夹。
④ 将扇叶从电动机轴上拔下，即可拆下风扇电动机。
（6）电容器与二极管的拆卸步骤如下。
拆下电容器或二极管上的接线，并松开固定它们的螺钉，即可取下。
（7）转盘组件的拆卸步骤如下。
① 取出微波炉中玻璃转盘、转盘支架环等。
② 将微波炉倒转过来，用十字螺丝刀松开固定转盘电动机的 2 个螺钉，将转盘电动机取出，并拆下两根连线。
（8）联锁装置的拆卸步骤如下。
① 拔掉联锁开关及监控开关上的接线插头。

② 用十字螺丝刀松开 2 个固定开关托架的螺钉，并取下开关托架。

③ 将联锁开关、监控开关从托架中取出。

④ 把开关托架中的开关联杆臂、动作杠杆取下。

2. 普通型微波炉整机拆装示意图

检修微波炉时，必须了解微波炉的构造及拆装步骤，下面给出国产微波炉拆装示意图，如图 4-12 所示。

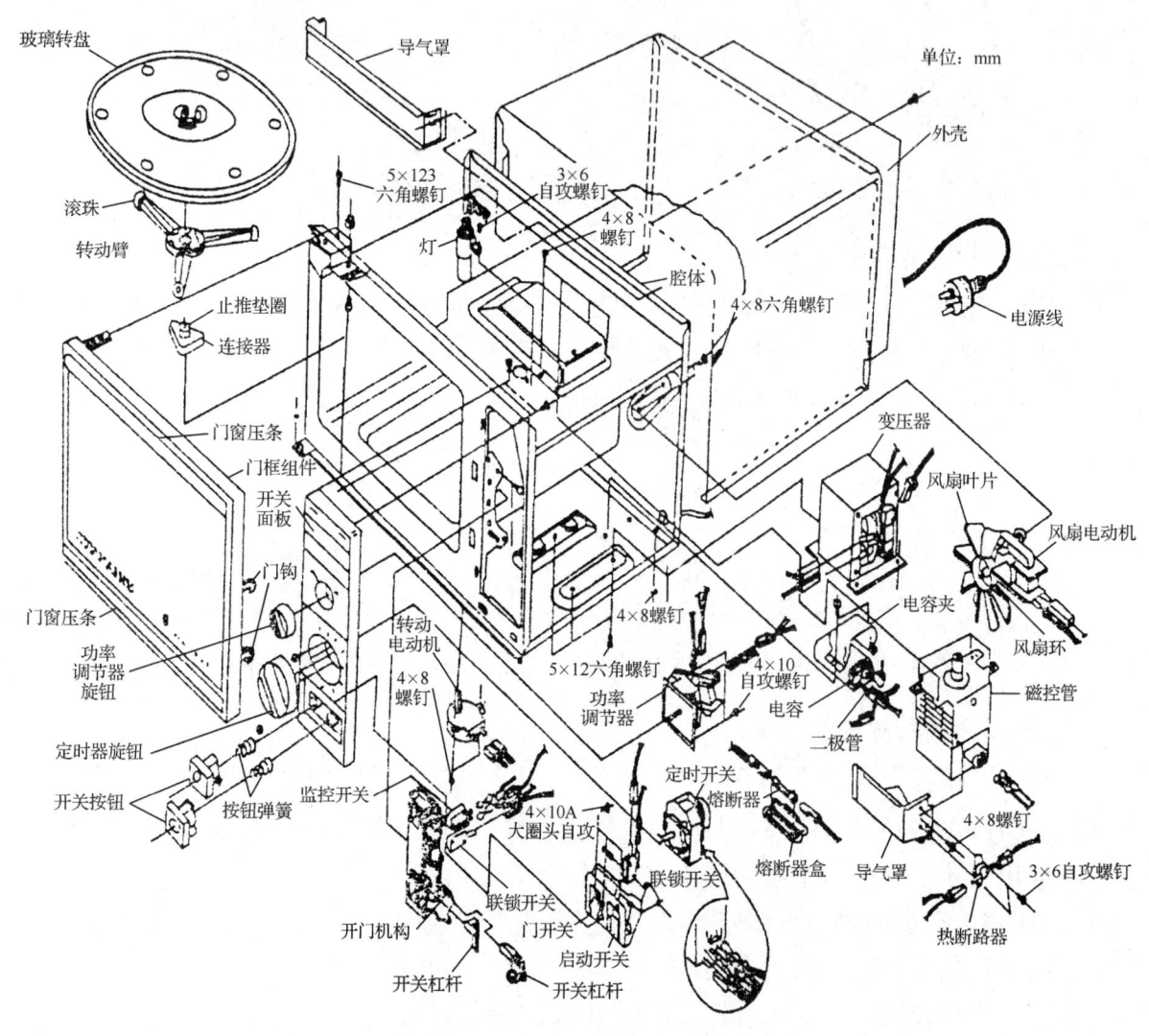

图 4-12　国产微波炉拆装示意图

3. 普通型微波炉主要零部件的检测

1）变压器

检测变压器好坏的方法有两种：一种是在微波炉工作的状态下进行检测，另一种是在微波炉不工作的状态下进行检测。前者主要通过检测变压器各绕组的电压来判断其好坏；后者用万用表测量各绕组的电阻阻值来判断变压器的好坏，一般选用后者。测量时，首先将变压器各连线断开，然后用万用表分别测量各组线圈的电阻阻值。正常情况下，变压器一次绕组的电阻阻值应很小，二次绕组的电阻阻值为一百多欧，否则为变压器损坏。

2）高压电容器

检测高压电容器的好坏，可用万用表的 R×1k 挡测量。首先将电容器两个电极短路放电，然后用万用表的两个表笔与高压电容器的两个引脚接触。如果发现指针会偏转一个角度又回到起点，则说明高压电容器是好的；如果表的读数为 0，则表明高压电容器短路；如果表的读数为∞，则表明高压电容器开路；如果指针偏转后不回到起点，则表明高压电容器漏电。三种情况都应更换高压电容器。

3）高压二极管

检测高压二极管的好坏可借助万用表，但有一点需要特别注意，就是万用表所用电池电压必须是 9V 或更高，所以一般用指针式万用表电阻挡 R×10k 来测量高压二极管的正、反向电阻阻值。正常时，正向电阻为几百千欧，反向电阻为∞。测量时，如果正、反向电阻阻值均为∞或 0，则高压二极管断路或短路，不能再用；如果正、反向电阻阻值偏离正常值较大，则该高压二极管性能变差，需要更换。

4）定时器

检测微波炉定时器的好坏可借助万用表和 220V 交流电源。检查时，先将定时器旋钮以顺时针方向转动，此时用万用表电阻挡测量定时器开关，阻值应为零（闭合）。再将 220V 交流电加在电动机上，电动机应旋转，定时器以逆时针方向转动，转到原位时断开电源，同时定时器开关也断开。如果与上述相符，则表明定时器是好的，否则予以更换。

5）过热保护器

用万用表电阻挡可以判断过热保护器的好坏。正常时，过热保护器的电阻阻值为 0。如果电阻阻值为∞，则说明过热保护器损坏，应予以更换。

6）磁控管

用万用表 R×1 挡测量灯丝的电阻阻值，正常时应很小。灯丝的每个端子与磁控管外壳之间的电阻阻值应为∞，如果不相符，则表明磁控管损坏。

7）风扇电动机

检测风扇电动机是否完好，可采用测量电动机绕组电阻阻值的方法。用万用表 R×100 挡测量电动机两个端子的电阻阻值，其值一般为几百欧左右，如果电阻阻值过大或过小，则需要更换风扇电动机。

转盘电动机的检测方法与风扇电动机的检测方法类似。

4.1.3 相关知识：普通型微波炉的工作原理

普通型微波炉的控制电路如图 4-13 所示。图中 SW_1 为电源开关，SW_2 为炉门联锁监控开关，SW_3 为炉门联锁开关，SW_4 为定时开关，SW_5 为功率调节开关，MG 为碟形双金属片构成的磁控管过热保护开关。当需要微波炉工作时，关上炉门，炉门联锁机构动作，联锁开关 SW_3 闭合，联锁监控开关 SW_2 断开，微波炉处于准备工作状态。

当设定烹饪时间后，定时开关 SW_4 闭合，炉灯 HL 亮。若功率调节器设定在最高挡位时，则功率调节开关 SW_5 也是闭合的。这时只需要按下启动按钮，SW_1 闭合，微波炉开始工作。220V/50Hz 电源接通初级回路，转盘电动机、风机、定时电动机和功率调节电动机均转动，定时器开始计时。此时，漏磁变压器次级高压绕组输出 2100V 的高压，经高压二极管（或高压硅堆）和高压电容 C 半波倍压整流后，转换为 4kV 左右的直流电压加在磁控管的两极，使磁控管的阳极与阴极之间形成一个高压电场区。漏磁变压器灯丝绕组输出 3.15V 的电压直接供给磁控管的阴极（灯丝），使其被加热而发射电子。在电场和磁场的共同作用下，电子在谐振腔内形成振荡，产生 2450MHz 的微波。微波经波导管传输耦合进入微波炉腔，经过炉腔内壁多次反射，对腔内放置的食物加热。放在转盘上的食物不断旋转，使食物被均匀加热。设定时间到时，定时器复位铃响，SW_4 断开，加热结束。

断开电源开关 SW_1，按下开门按钮，联锁开关动作，SW_3 断开，SW_2 闭合，炉门打开后，即可取出烹饪好的食物。

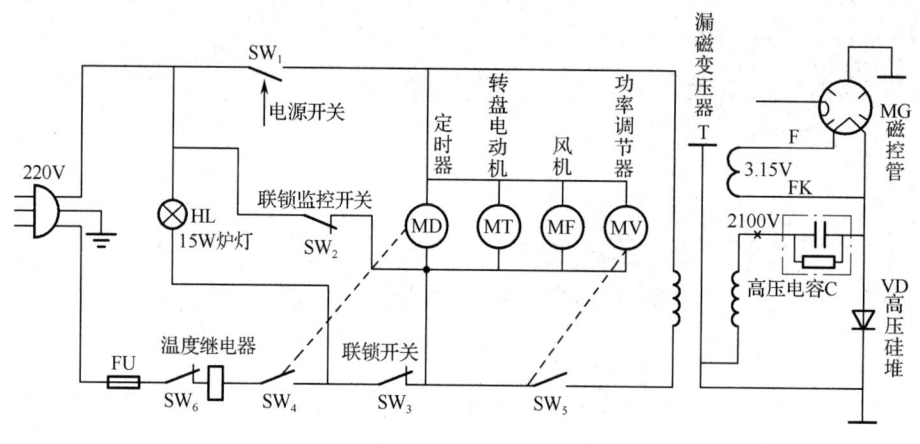

图 4-13 普通型微波炉的控制电路

4.1.4 相关知识：微型计算机控制微波炉简介

微型计算机控制微波炉利用微型计算机来对炉腔内食物的加热时间和加热功率进行自动调节，从而扩大了使用范围，使其对不同类食物进行解冻、保温和烹饪均能达到有效和准确的控制。

1. 微型计算机控制微波炉在使用中的优势

与普通微波炉相比，微型计算机控制微波炉通常还具有下述特有的功能。

（1）定时选择功能。

一般可在 10s～99min 范围内任意选择烹饪时间，由平面数码管显示，采用减计数方法，计数减至零时烹饪结束。

（2）功率选择功能。

一般分为 5～9 挡，最小功率为整机功率的 10%，而最高功率为整机功率的 100%。

（3）定时启动微波炉功能。

可在 9 小时 99 分范围内选择延时启动微波炉，到达选定的时刻微波炉自动开始烹饪。

（4）温度控制与烹饪操作程序兼容的功能。

（5）声音报警功能。

当烹饪时间或温度达到预定值或发生故障时，能自动发出声响，报知使用者。

2. 微型计算机控制微波炉的电路方框图

当微波炉按某一种烹饪功率与时间程序操作结束后，可以立即自动转入另一种烹饪功率与时间程序操作。微型计算机把预定的烹饪程序存储在 IC 芯片中，微波炉工作时就按存储的程序自动对食物进行烹饪。图 4-14 所示为微型计算机控制微波炉电路框图，清楚地表明了微型计算机控制微波炉的工作过程。

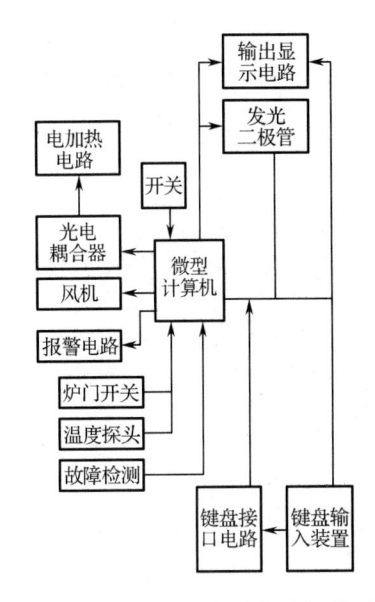

3. 微型计算机控制微波炉的电气原理图

图 4-15 所示为微型计算机控制微波炉的电气原理图。微型计算机控制微波炉的电路组成与普通型微波炉大致相同，它由磁控管供电电路、保护电路、炉灯和电动机（风扇电动机、转盘电动机）控制电路、功能控制电路和电热元件供电电路等组成。但微型计算机控制微波炉的智能化控制，是区别于普通型微波炉的显著特征。因为微型计算机控制微波炉，事先已把复杂的控制程序和大量的自动食谱存储于单片机的存储器内，工作时只需要先通过设置的温度、湿度和重量等传感器对食物温度、湿度和重量等物理量进行检测，再由单片机分析判断，得出微波炉加热功率的大小和时间的长短，从而使得微波炉的整个烹饪过程实现了智能化控制。

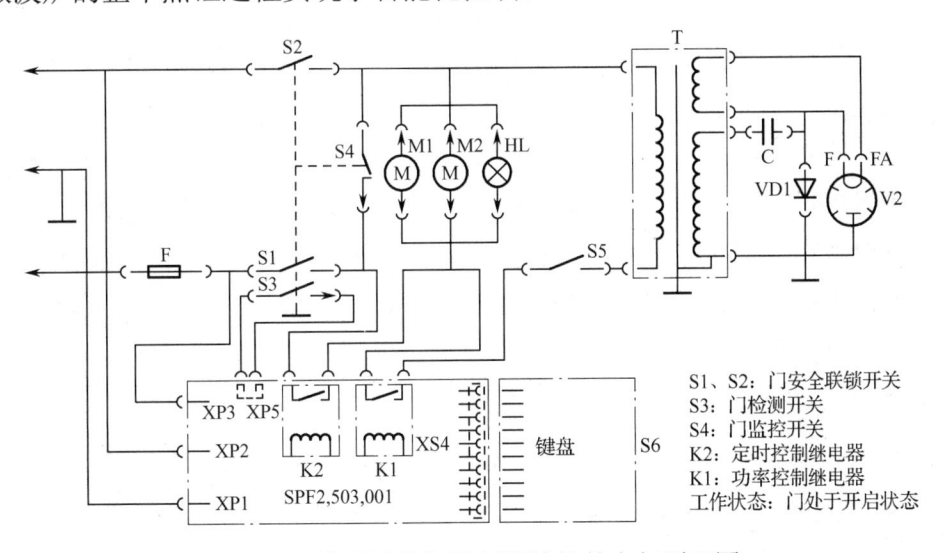

图 4-14　微型计算机控制微波炉电路框图

图 4-15　微型计算机控制微波炉的电气原理图

4. 微型计算机控制微波炉的控制原理

图 4-16 所示为微型计算机控制微波炉的控制器电路图，它主要由电源电路、振荡和复位电路、程序控制电路和保护电路等组成。

1）电源电路

微波炉工作时，220V 工频交流电经熔断器、电源变压器 T_1 降压，先在次级绕组输出 12V 左右的交流电压，再经二极管 V_6 和 V_7 全波整流，以及电容 C_4、C_5 的滤波获得 12V 电压，作为驱动继电器的电源;12V 电压经三端稳压器 7805 获得 5V 稳定电压,作为单片机 MC6805R3 和显示器的供电电源。图 4-16 中的电源变压器 T_1 初级并联的 RV_1 是为了防止浪涌电压而设置的压敏电阻。跨接在三端稳压器输出和输入之间的电阻 R_{24} 是为了防止其功耗过大、温升过高而设置的分流电阻。

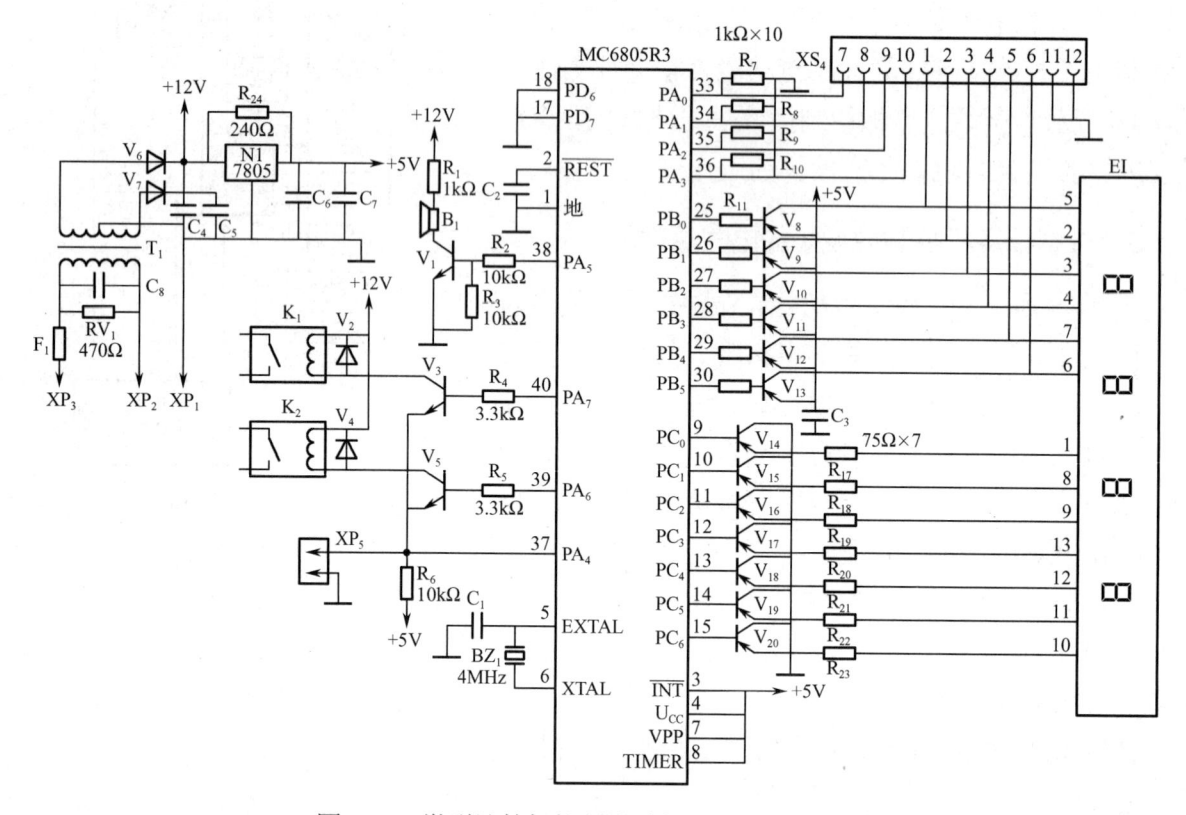

图 4-16 微型计算机控制微波炉的控制器电路图

2)振荡和复位电路

单片机 MC6805R3 内部电路与 5 脚(EXTAL)和 6 脚(XTAL)所接的晶振 BZ_1 和电容 C_1 等元件,共同构成 4MHz 的时钟振荡电路;单片机 MC6805R3 采用上电复位方式,它是在 2 脚($\overline{REST}$)内接一只 200kΩ 的上拉电阻,在 $\overline{REST}$ 端与地(1 脚)接有一只 1μF 的电容 C_2,构成上电复位电路。

3)程序控制电路

当设定烹饪程序时,每输入一个按键信号,单片机 MC6805R3 的 PA_5 端(38 脚)就输出一次高电平,蜂鸣器 B_1 就相应响一次,显示器就显示相应的内容。当烹饪程序输入完毕时,按下启动键,单片机就会按所设定程序要求,使定时器控制 PA_6 端(39 脚)和功率控制 PA_7 端(40 脚)输出高电平,定时控制继电器 K_2、功率控制继电器 K_1 得电吸合,触点接通,微波炉工作。在全功率输出挡(10 挡)时,K_1 始终保持吸合状态,磁控管一直工作;在其他功率挡(1~9 挡)时,K_1 以 22s 为一个工作周期间歇吸合。

4)保护电路

保护电路的主要作用是控制炉腔内联锁开关的通断。在微波炉工作过程中,若打开炉门,则单片机的炉门开关检测端 PA_4(37 脚)输出低电平,PA_6(39 脚)、PA_7(40 脚)也会随之输出低电平,迫使继电器 K_2、K_1 断电停止工作,起到了保护作用。

4.1.5 实践操作：微波炉的使用与保养

掌握微波炉的正确使用与保养方法，可大大延长微波炉的使用寿命及增大其安全可靠性。

1．微波炉的使用注意事项

（1）微波炉在使用前，必须认真阅读说明书，弄清楚需要使用的电压、额定功率和额定电流。微波炉消耗功率较大，最好能独立接一路具有可靠接地线的电源，单独供电，且电源接线、插头、插座应完整无损。

（2）微波炉应安放在平整、牢固的台面上，远离高温、潮湿或有阳光直射的环境，也不能靠近强磁性或带有磁场的家用电器。外壳上不能有遮盖物，通风孔不得堵塞，炉后、炉顶及左右两侧都应有 10cm 以上的间隙，以保证空气流通。每次使用前，都应仔细检查和观察是否有损坏现象，特别是炉门和门框更应细心检查，若有松脱、歪斜或损坏则不能使用。

（3）微波炉在使用过程中，炉门应轻关轻开，避免碰撞炉门。炉腔内未放置食物时，不得启动微波炉，以免空载运行而烧坏磁控管等元件。

（4）不得对密封食品（如袋装饮料、罐头、鸡蛋等）直接进行加热，以免发生爆裂。应尽可能使用微波专用器皿，严禁使用金属器皿（如搪瓷制品），以免损坏磁控管等元件。

（5）加热烹饪时间应适当，以免过度加热使食物烧焦或起火；万一炉腔内起火，应立即切断电源，让火自行熄灭，切不可打开炉门灭火，以免造成更大的火灾。

（6）微波炉应经常保持清洁（尤其是炉门和炉腔等部位），以免造成炉腔内冒烟或炉门密封不良泄漏微波。

（7）微型计算机控制微波炉的时间、火力和功能的设置，是通过薄膜键盘、微动轻触开关按键和编码旋钮来操作完成的，故对这些按键旋钮的操作应轻巧柔和，不宜用拙劲。在日常使用或清洗过程中，应防止液体流入键盘内；薄膜键盘或微动轻触开关应避免硬物割划；键盘表面应保持清洁，以免脏物堵塞而造成按键操作不灵。

（8）使用烧烤功能挡时，应防止烫伤；在日常使用中，应保持电热管表面的清洁，以免烧焦冒烟起火。对于远红外石英电热管，应避免硬物碰撞，以免造成石英电热管损坏。对于内藏式石英电热管，应保持隔离网罩的清洁。

（9）对于传感器，应保持清洁，避免移位；对于内藏式传感器，应保持隔离网罩的清洁；对于安装在排气通道内的湿度传感器的清洁工作，一般需要微波炉专门维修服务人员进行。

（10）微波炉在烹饪加热结束后，应敞开炉门一段时间，以保持炉腔的干燥。

2．微波炉的维护保养方法

微波炉的日常维护与保养主要有三个方面的内容，分述如下。

1）结构方面

应经常检查炉门、炉腔及外壳，勿受到重力或其他非正常外力的作用，务必保持各部分无变形、开关灵活无阻塞。门锁及联锁装置应灵活自如，关闭炉门时，门缝中勿夹带布条、纸片、食物残渣，进出风孔不得阻塞。绝对不许自行拆装或调整炉门和联锁装置。

2）电气方面

勿使任何物体进入炉体内部，以免损坏内部元件或触电。经常检查电源线及插头绝缘，应完好无破裂、无烧焦熔化，微波炉工作中无漏电、打火现象。严禁用水冲洗微波炉，及时擦干微波炉各处的水珠和液体。严禁自行拆开外壳，更不可对内部的元件、布线等进行改动、移位。

3）清洁方面

原则上每次使用完微波炉之后，均应进行擦洗清洁工作。因为水汽、尘垢等不仅会腐蚀炉体，使元件污染受潮，而且炉腔污垢会吸收微波能量，引起过热烧焦或起火。转盘支架及其转动沟道脏污，还会使转盘转动不灵，影响加热均匀性并产生噪声。清洁工作应注意以下事项。

① 清洗前应拔掉插头，切断电源。

② 清洗时一定要用柔软的抹布蘸中性洗涤剂擦洗，切勿使用强洗涤性溶剂、汽油或其他化学试剂，也不得使用磨损性材料，如金属刷、刀、铲、沙粉等，以免造成机体表面的漆层或数字符号脱落、金属或塑料部件变形。

③ 清洗包括炉门玻璃、金属和塑料部位，炉体外部控制面板和功能按键，炉腔内部和波导管罩，以及玻璃转盘和转轴。其中，玻璃转盘和转轴首先可取到炉腔外清洗，并清洁转动沟道，然后复位。

④ 清洁中避免清洗液进入炉腔内部。清洗后应将炉门敞开一段时间，使炉腔内部干燥后，在炉腔内部放进一个盛满水的玻璃杯，再关闭炉门，以免误开开关使微波炉空载运行。先用杯或碗盛满清水，再加入几滴柠檬汁或醋，放入炉腔内部加热煮沸片刻，不仅可以清除炉腔内部异味，还可以使污垢变软，易于清洁。

4.1.6　实践操作：微波炉的常见故障分析及维修方法

1．普通型微波炉常见故障分析及维修方法

微波炉结构复杂，工作原理与一般电热器具迥然不同，因此维修的难度较大。此外，微波炉工作时产生的高电压、大电流及强烈的微波辐射使维修工作具有一定的危险性。因此，应在对微波炉的工作原理、工作过程和元件特性等透彻了解的基础上，分析微波炉常见故障产生的原因，掌握常用的维修方法，以便准确地判断故障，保证安全检修。普通型微波炉的常见故障及维修方法如表4-1所示。

表4-1　普通型微波炉的常见故障及维修方法

常见故障	产生原因	维修方法
指示灯不亮，也不能加热	① 停电 ② 电源插头与插座接触不良或断线 ③ 熔丝烧断 ④ 炉门未关严 ⑤ 炉门开关接触不良或损坏 ⑥ 热断路器动作 ⑦ 电源变压器绕组开路 ⑧ 热继电器电路断路	① 待供电后再使用 ② 检查修理插头与插座，并将二者插紧，必要时更换 ③ 查明原因后，更换同型号同规格的熔丝 ④ 检查是否有异物阻碍门的正常关闭，并将炉门关严 ⑤ 用"00号砂纸"擦磨触点使其接触良好，若严重损坏，则应予以更换 ⑥ 检查风道是否被异物堵塞，风机是否损坏，查明后排除 ⑦ 修理或更换变压器 ⑧ 按原规格重绕或更换

续表

常 见 故 障	产 生 原 因	维 修 方 法
指示灯亮，不能加热	① 温度旋钮处于停止位置 ② 定时器旋钮处于停止位置 ③ 变压器次级绕组开路 ④ 倍压整流二极管损坏 ⑤ 整流器与磁控管之间的高压线路开路或短路 ⑥ 高压电容漏电或击穿 ⑦ 炉门安全开关损坏 ⑧ 磁控管损坏 ⑨ 功率调节器工作不正常	① 调整温度旋钮 ② 调整定时器旋钮 ③ 修理或更换变压器 ④ 更换同型号二极管 ⑤ 逐一检查并排除故障 ⑥ 更换同型号或更高耐压同容量的电容器 ⑦ 修理或更换炉门安全开关 ⑧ 按原规格更换磁控管 ⑨ 检查功率调节器的电动机与开关是否损坏，更换相应的损坏件
指示灯不亮，加热正常	① 指示灯损坏 ② 灯泡与灯座之间接触不良（油污、氧化或松动） ③ 降压电阻断路 ④ 指示灯的供电回路断路	① 更换指示灯 ② 去除油污、氧化物，重新紧固 ③ 更换同规格降压电阻 ④ 接好断线
磁控管损坏	① 炉腔内放置金属器皿加热 ② 炉腔内无食物加热 ③ 冷却风扇不转 ④ 波导管连接不良 ⑤ 灯丝电压不正常 ⑥ 市电电压过高 ⑦ 磁控管长期不用，内含气体 ⑧ 阴极与阳极之间绝缘程度降低出现"打火"现象	① 严禁用金属器皿盛食物在炉腔内加热，改用微波炉专用器皿 ② 严禁在炉腔内无食物时通电工作 ③ 排除风扇不转的故障 ④ 接好波导管或更换波导管 ⑤ 排除电压不正常的故障 ⑥ 在电压正常情况下使用微波炉，最好采用稳压器 ⑦ 先加灯丝电压不加高压对其进行测试，再试用 ⑧ 先降低高压试工作，若正常则再加大高压，若又出现"打火"，则应更换磁控管
冷却电扇不转	① 电动机断路 ② 风扇与主轴打滑 ③ 电动机损坏 ④ 风扇旋转受阻 ⑤ 启动机构松动 ⑥ 定时开关失灵 ⑦ 有金属器皿放入炉腔 ⑧ 炉壁积污过多	① 找出断路处，接好连线 ② 重新紧固固定螺钉 ③ 修理或更换电动机 ④ 排除阻碍原因 ⑤ 调紧联锁开关装置 ⑥ 修复或更换定时开关 ⑦ 拿出并严禁放入 ⑧ 清擦炉壁、炉腔
转盘不转	① 电动机接线断路 ② 驱动电动机损坏 ③ 转盘连接机构打滑 ④ 传送皮带脱落或断裂	① 查出断路处并连接好 ② 修理或更换电动机 ③ 紧固固定螺钉 ④ 重新装好或更换断裂皮带
壳体带电	① 严重受潮 ② 带电元件与壳体相碰撞或引线绝缘损坏 ③ 地线接地不良 ④ 电气系统进水或带电物进入	① 日晒或用电吹风热风进行干燥处理 ② 分离接触部分，重新包上绝缘材料 ③ 重新接好地线 ④ 干燥处理或排除异物
接通电源后即烧断熔丝	① 变压器初级绕组匝间短路 ② 压敏电阻短路	① 修理或更换变压器 ② 更换压敏电阻
食物加热正常，但定时器不起作用	① 定时器开关触点氧化 ② 定时器线路断路 ③ 定时器电动机损坏	① 用细砂纸擦掉氧化膜并打磨光滑 ② 重新连接好断路点 ③ 修理或更换定时器电动机

续表

常见故障	产生原因	维修方法
烹饪出的食物生熟不均	① 食物过多或过厚 ② 未解冻食物直接烹饪 ③ 转盘不转 ④ 炉腔内壁、反射板上的污垢太多 ⑤ 搅拌器电动机停转	① 按规定放入食物，且食物切片厚度不超过50mm ② 烹饪未解冻食物前，应先解冻 ③ 修理或更换转盘电动机 ④ 除去污垢 ⑤ 修理或更换搅拌器电动机
磁控管加不上高压	① 阴极和阳极短路或接触不良 ② 漏气或真空度不够 ③ 带有励磁线圈的磁控管励磁电流没有加上	① 更换新管子 ② 稍加高压，若磁控管阳极气流很大，则是漏气或真空度不够，应更换新管子 ③ 检查无励磁电流的原因并排除
功率调节器失灵	① 调节器触点接触不良 ② 调节器本身已损坏	① 修磨触点，保持良好接触 ② 更换同型号调节器
炉腔有电弧	① 加热室有焦化的尘粒 ② 局部电路接触不良	① 检查排气板上尘粒并清理掉 ② 找出故障点，重新连接好
炉门开启、闭合不灵	① 铰链损坏 ② 铰链螺钉松动、脱落	① 更换铰链 ② 调紧或更换
食物加热正常，搅拌器叶片不转	① 搅拌器电动机损坏 ② 搅拌器供电回路存在断路 ③ 搅拌器叶片与轴间打滑	① 修理或更换电动机 ② 连接好断路点 ③ 紧固固定螺钉

2．微型计算机控制微波炉的常见故障分析及维修方法

微型计算机控制微波炉的常见故障一部分与普通型微波炉相同，不再叙述。另一部分则与微型计算机控制电路有关，是其特别的地方。表4-2列出了微型计算机控制微波炉常见故障及维修方法。

表4-2 微型计算机控制微波炉的常见故障及维修方法

常见故障	产生原因	维修方法
接通电源，熔断器即断	① 炉门监控开关触点烧结 ② 熔断器不良 ③ 接线受热短路 ④ 误操作引起	① 修复或更换炉门开关 ② 更换同规格熔断器 ③ 修复或更换短路处 ④ 按操作程序正确使用
接通电源，显示器不亮，各按键操作失灵	① 控制器电源电路工作不良 ② 单片机振荡电路故障 ③ 单片机复位电路工作失灵	① 检查原因，更换损坏元件 ② 检查BC1、C1等，更换损坏元件 ③ 检查复位电容C2等，若损坏则更换新件
触摸"暂停/清除"键时，显示器显示不正常	① 停止开关有故障 ② 触摸控制板有故障 ③ 按键单元电路不良 ④ 接线断路 ⑤ 执行了错误操作程序	① 检查使之接触良好 ② 清除污物，更换损坏元件 ③ 检修相应部位 ④ 修复断路处 ⑤ 按程序正确操作
接通电源，显示器显示正常，但触摸部分按键无反应	① 键盘输入电路中的S6、XS4等工作不良 ② 单片机或输入端口故障	① 检查原因，修复或更换损坏元件 ② 检查原因，修复或更换损坏元件
炉门打开，炉灯不亮，但显示器能显示	① 停止开关故障 ② 触摸控制板故障 ③ 输出继电器故障 ④ 接线断路 ⑤ 炉灯或插座损坏	① 检修使停止开关接触良好 ② 清除污物更换损坏元件 ③ 修复或更换输出继电器 ④ 接好断路处 ⑤ 修复或更换炉灯或插座

续表

常见故障	产生原因	维修方法
加热正常，但显示缺位	① 位控制线上的元件损坏 ② 连接线路与单片机端口开路或脱焊 ③ 显示器损坏	① 查明原因，更换新件 ② 查明原因并修复 ③ 更换显示器
风扇电动机不工作	① 炉门联锁开关接触不良或损坏 ② 风扇电动机损坏 ③ 输出继电器损坏 ④ 接线断路 ⑤ 操作有误 ⑥ 风扇损坏	① 修复或更换炉门联锁开关 ② 更换电动机 ③ 修复或更换输出继电器 ④ 重新接好 ⑤ 正确操作和使用 ⑥ 更换风扇
接通电源，炉灯暗，风扇不工作，也不加热	① 电源电路故障 ② 定时控制继电器 KA2 接触不良或损坏	① 检查相应电路，更换损坏元件 ② 修复或更换定时控制继电器 KA2
功率设置在最高挡时，不能加热	① 磁控管损坏 ② 电源放大器损坏 ③ 漏磁变压器损坏 ④ 高压硅堆损坏 ⑤ 高压电容损坏 ⑥ 炉门联锁开关损坏 ⑦ 触摸控制板故障 ⑧ 输出继电器损坏 ⑨ 引线断路 ⑩ 操作有误	① 更换同型号的磁控管 ② 更换电源放大器 ③ 更换漏磁变压器 ④ 更换高压硅堆 ⑤ 更换高压电容 ⑥ 修复或更换炉门联锁开关 ⑦ 查明原因并修复触摸控制板 ⑧ 更换输出继电器 ⑨ 重新接好线路 ⑩ 正确操作和使用
烹饪过程中停止工作	① 热继电器损坏 ② 风扇电动机损坏 ③ 风扇变形或严重损坏 ④ 触摸控制板不良 ⑤ 通风孔道堵塞	① 更换热继电器 ② 修复或更换风扇电动机 ③ 修复或更换风扇 ④ 检查并修复触摸控制板 ⑤ 清理异物使通风孔道畅通

任务 4.2　电饭锅的拆装与维修

电饭锅又称电饭煲，是一种能够自动把米饭煮熟并具有保温性能的电热炊具。除煮饭外，电饭锅还具有蒸、炖、煮和烧开水等用途。

4.2.1　相关知识：电饭锅的类型与基本结构

1. 电饭锅的类型

按照电饭锅的功能（自动化程度）可以分为普通型、自动保温型、定时启动保温型、电子自动保温型及微型计算机控制型等。电饭锅的规格一般是以额定功率来划分的。

2. 自动保温型电饭锅的基本结构

不同类型的电饭锅内部结构也不相同，本节仅介绍常用的自动保温型电饭锅的基本结构。自动保温型电饭锅主要由电热板、磁钢限温器、保温控制系统、外壳、内锅（内胆）等构成，如图 4-17 所示。

1）电热板

电热板又称发热板、电热盘等。电热板是电饭锅的核心部件之一，是电饭锅的热能源。一般有电热管、PTC 和电热膜等类型的电热板，其中电热管的电热板结构图如图 4-18 所示。电热管的电热板是将环形电热管浇铸在铝合金板体内制成的，使之具有足够的机械强度与良好的导热性能，在其中心部位安装有磁钢限温器。

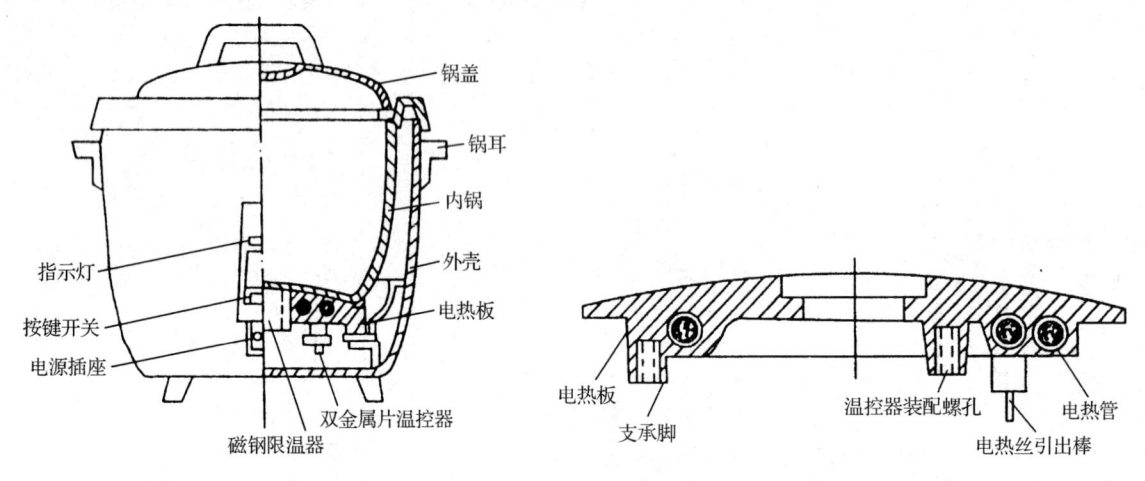

图 4-17 电饭锅的结构　　　　图 4-18 电热管的电热板结构图

2）磁钢限温器

磁钢限温器又称磁性限温器，它是煮饭自动断电装置，一般由永磁体、弹簧、杠杆和开关按钮等组成，如图 4-19 所示。启动时按下开关，通过连杆使永磁体向上运动，直至与软磁铁吸合，此时动触点与静触点也闭合，电路接通，电热板开始发热。常温下，感温软磁铁是顺磁性物质，具有磁性。在电饭锅内米饭煮熟以前因锅内有水，温度不会达到 100℃。当水被蒸发和吸收后，温度升高达到居里点（103℃±2℃）时，感温磁钢内由于磁性分子热运动加剧，磁性下降而变成抗磁物质，感温磁钢失磁。这时永磁体在自身重力和弹簧的弹力作用下与感温磁钢脱离，通过杠杆的作用把两触点分离使电饭锅断电，当然这时米饭已基本煮熟。此后，随着温度下降，软磁铁虽然也逐渐恢复磁性，但因软磁铁和硬磁铁相距较远且有弹力和重力的作用，两磁铁间的吸引力不足以使它们恢复到吸合状态，因此，两触点在未按开关之前将一直保持分离状态。这时电饭锅的限温作用是靠与触点并联的另一组低温接通开关来完成的。电饭锅的限温作用主要利用感温软磁铁的特性来完成，永久磁钢的设置只是为了改善限温器的工作性能。

3）保温控制系统

电饭锅的保温控制系统是由双金属片温控器来完成的，图 4-20 所示为双金属片温控器（又称保温器、恒温器）结构图。电饭锅中温控器设定保温温度一般为 65℃±5℃，当温度偏离此值后，双金属片的形状变化控制两触点的通断，即控制电热板通电或断电，从而实现保温，调节温度调整螺钉可微调其保温范围。

4）外壳

电饭锅外壳通常用 1.8mm 厚的薄钢板经拉伸成型，外面喷涂装饰漆层，也有用不锈钢等材料制作外壳的，以达到整洁、美观和坚固耐用的目的。外壳的内外夹层之间留有一定的间隙，以形成保温层起保温作用。外壳也是安装开关、电热板和温度控制装置的支承体。

图 4-19 磁钢限温器的结构图

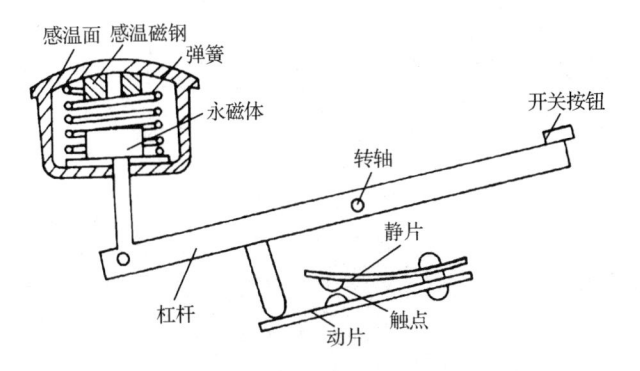

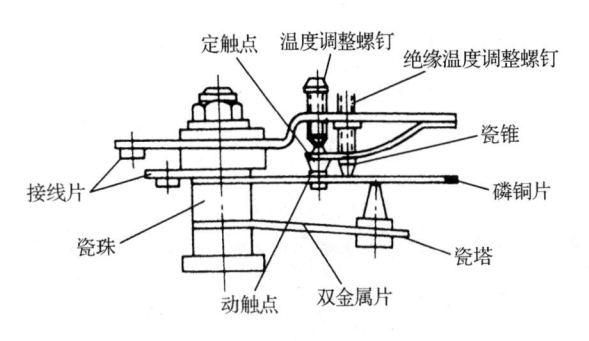

图 4-20 双金属片温控器结构图

5）内锅

内锅多用铝板拉伸成型并经电化和喷砂处理。由于电热板直接对内锅加热，因此内锅底部的曲面应与电热板表面非常吻合以便提高热效率。内锅的内壁上标有刻度，用来指示放米量和放水量。

4.2.2 实践操作：自动保温型电饭锅的拆装及主要零部件的检测

1．自动保温型电饭锅的拆装

（1）取出内锅，把电饭锅翻转，旋下三个底脚螺钉，取下底板。
（2）对照电路图上各零部件之间的连接方法，将各接点分离。
（3）拆下固定在电热板上的双金属片温控器和热熔式超温保护器。
（4）用尖嘴钳将磁性温控器连杆端部与杠杆分离。
（5）拆下固定在电热板中间的磁钢限温器。
（6）拆下固定在电饭锅外壳上的控制板。
（7）按与（1）～（6）相反的步骤组装好电饭锅。

2．主要零部件的检测

1）电热板

电热板是电饭锅的发热元件，可用万用表电阻挡测量。一般用 R×10 挡测量两个引出线之间的电阻阻值，正常值为几十欧。SDW 系列电热板的直流电阻阻值如表 4-3 所示。用 500V 兆欧表测量电热板引出线与外壳之间的绝缘电阻，正常时应大于 $1M\Omega$。

表 4-3 SDW 系列电热板的直流电阻阻值

型　　号	SDW-100	SDW-90	SDW-85	SDW-70	SDW-65	SDW-45
电阻 R/Ω	48.4	53.8	56.9	69.1	74.5	107.6

2）双金属片温控器

双金属片温控器类似于开关，所以可用万用表电阻挡检测。触点闭合时电阻阻值为 0。用手轻轻扳双金属片，检查动、触点能否分离。同时观察触点有无烧焦、氧化的痕迹，如果有则可用细砂纸轻轻磨去。断开时电阻阻值应为∞。要检测双金属片温控器是否会随温度的变化而动作,可对它进行加热后观察,如将它放在倒置的电熨斗底板上加热。正常时,当温度升高到70℃左右时,因双金属片变形而使它的触点断开。如果温度升得很高后,仍不能断开,则表明该双金属片温控器已损坏,应予以更换。

3）磁钢限温器

用万用表电阻挡测量磁钢限温器的触点。闭合时电阻阻值为0,断开时电阻阻值应为∞。用手使永久磁钢与感温软磁铁接触,检查是否能可靠地吸住,稍用力拉后是否能分离,检查磁钢限温器内的弹簧弹性是否良好。要检测磁钢限温器是否会随温度的变化而动作,也可参照检测双金属片温控器的方法进行。如果加热温度升高到103℃以上后,磁钢限温器无动作,则表明该限温器已失效,只能更换。

4.2.3 相关知识:自动保温型电饭锅的工作原理

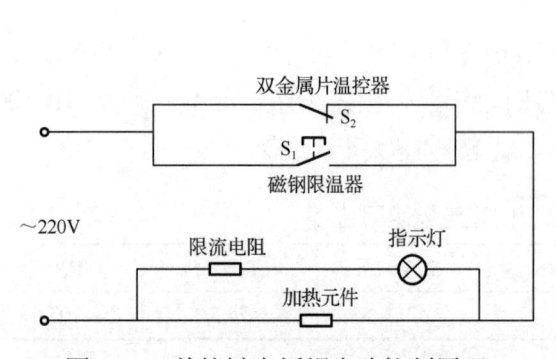

1. 单按键电饭锅电路控制原理

单按键电饭锅电路控制原理如图4-21所示。当接通电源时,指示灯亮,加热元件通电开始工作。当锅内温度上升到65℃±2℃时,双金属片温控器S_2断开,但S_1仍导通,使锅内温度继续升高。当锅内温度上升至居里点103℃±2℃时,感温磁钢失磁使S_1自动断开,指示灯灭,加热器因断电而停止工作。此后,当内胆温度降至65℃±5℃时,电饭锅进入自动保温状态,依靠双金属片温控器的反复通断,使锅内温度保持在65℃左右。若不需要保温时,则只需要断开电源。

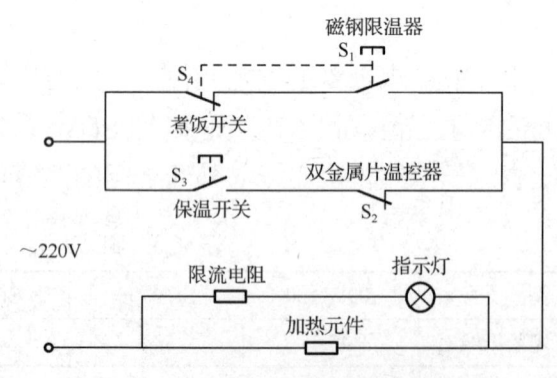

2. 双按键电饭锅电路控制原理

双按键电饭锅电路控制原理如图4-22所示。有两个按键,一个用于控制煮饭,一个用于保温。电路中,S_4和S_1是联动开关。煮饭时插好电源插头,按下煮饭开关S_4,指示灯亮,电饭锅通电升温。当温度上升至居里点温度时,磁钢限温器S_1动作,将电源切断。若需要自动保温,则可在开始煮饭时把保温开关S_3同时按下,靠双金属片温控器S_2自动通断,达到保温的目的。

图4-21 单按键电饭锅电路控制原理

图4-22 双按键电饭锅电路控制原理

4.2.4 相关知识：电子自动保温型电饭锅简介

1. 电子自动保温型电饭锅的结构特点

电子自动保温型电饭锅主要由锅外盖、内盖、内锅、电热板、锅体发热绕组、锅盖发热绕组、磁钢限温器、保温指示灯和开关等元件组成，如图 4-23 所示。

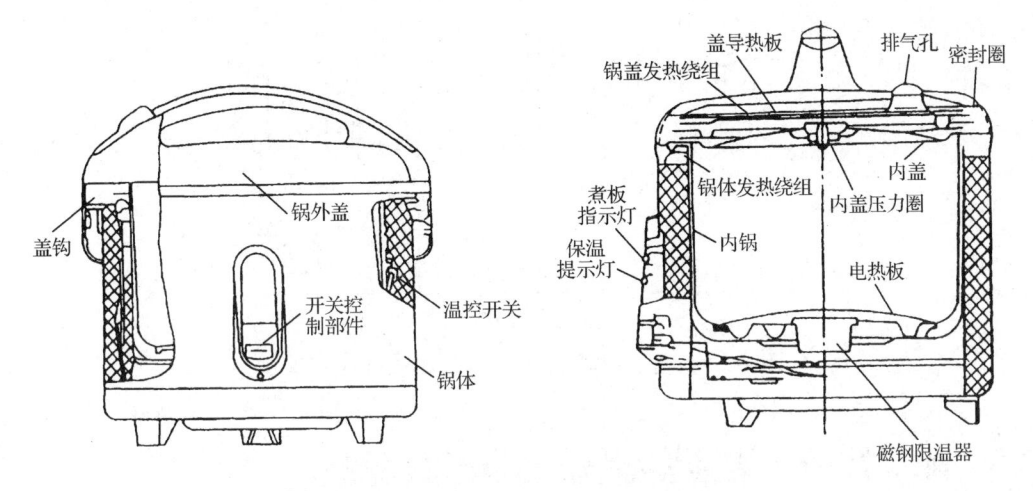

图 4-23 电子自动保温型电饭锅结构图

电子自动保温型电饭锅的锅盖一般由塑料外壳、盖导热板、盖加热器和内盖等组成。借助盖钩的扣接，内盖压力圈与盖边的密封圈将两层盖子压紧在内锅上，形成具有一定压力作用的防溢锅盖。当煮饭开锅时，水蒸气泡沫经内盖上设有的六个小孔时大部分被小孔挤破，泡沫破裂的米汤溅落在锅盖夹层内，而水蒸气则由盖顶的排气孔冒出，避免了普通电饭锅开锅时米汤容易外溢的弊端。

电子自动保温型电饭锅除在底部设有主加热板外，在锅盖、锅体周围都设有加热器，构成了一个立体加热环境。通过电子控温电路的控制，形成一个低功率几乎恒温的系统，使米饭受热均匀。由于其密封性很好，热量散失很小，室温下，饭熟切断磁钢限温器后长达 6 小时左右饭温才降至 80℃，而普通电饭锅仅 2 小时饭温就会降至 80℃。此外，由于具有双层锅盖，蒸发的水蒸气冷凝于盖导热板上而被内盖接收，避免水回落而使米饭变味，同时盖导热板上的加热器又能使这些水分再次被蒸发，在锅内保持足够的湿度，使米饭长时间保温而不至于变硬。

2. 电子自动保温型电饭锅的工作原理

电子自动保温型电饭锅比普通自动保温型电饭锅增设了锅体发热绕组、锅盖发热绕组、温控开关、双向晶闸管和微动开关等元件，其控制电路图如图 4-24 所示。

煮饭时按下煮饭按键，微动开关的触点 C－A 接通，煮饭灯亮，锅底电热板通电工作。此时，由于微动开关触点 C－B 断开，保温系统断电而不工作。当锅内温度升高到 72℃ 左右时，温控开关断开（常温下是接通的），电热板继续工作使锅内沸腾至饭熟水干。当锅底温度达 103℃ 左右时，磁钢限温器动作，使微动开关触点 C－A 断开，电热板断电，煮饭指示灯熄灭。与此同时，触点 C－B 接通，保温灯亮。由于此时锅内温度较高（高于 72℃），温控开关仍处于断开状态，双向晶闸管因其控制极无触发电压也处于关断状态，锅体和锅盖加热器仍不能工作。当锅内温度降至72℃以下时，温控开关接通，双向晶闸管因其控制极上加有触发电压而导通，电热板发热绕组、锅体发热绕组及锅盖发热绕组通电而加热。当锅内温度升高到72℃以上时，温控开关再次断开，双向晶闸管关断，锅内温度下降，使锅内温度维持在72℃左右。在保温过程中，电热板发热绕组中流过的电流很小，因此煮饭指示灯也因电热板发热绕组两端电压很低而不会被点亮。

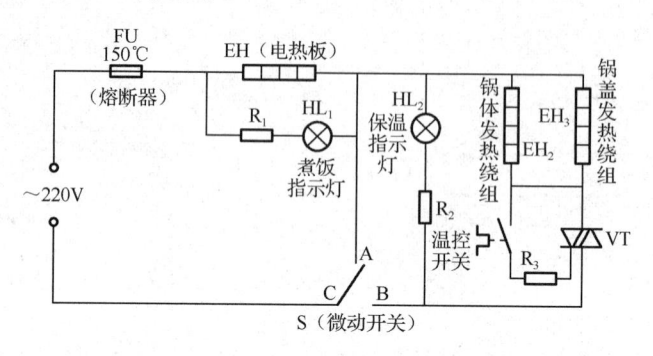

图4-24 电子自动保温型电饭锅的控制电路图

4.2.5 相关知识：智能型模糊控制电饭锅简介

1. 智能型模糊控制电饭锅的性能特点

电饭锅要煮出高质量的米饭，有三个决定性因素，即大米、水量和温度。其中温度控制是煮出高质量米饭的关键因素。智能型模糊控制电饭锅，正是根据"模糊专家"工艺技术，采用模糊推理控制器来控制吸水、加热、保持沸腾、焖饭保温四道煮饭工序，同时恰当控制各道工序的温度和时间，使电饭锅处于最佳工作状态，从而能煮出色、香、味、质俱佳的米饭。

2. 智能型模糊控制电饭锅的基本结构

图4-25所示为智能型模糊控制电饭锅的基本结构示意图。由图4-25可见，智能型模糊控制电饭锅的结构与电子自动保温型电饭锅的结构大同小异，它主要由外壳、外锅、内锅、锅盖、加热器和传感器等部件组成。锅底传感器能够检测室温、水温的初始值、水温在加热过程的随机值和内锅的温度变化率等，锅盖传感器主要用于检测室温和水蒸气的温度，它可以判别米饭所处的工序阶段和温度。锅底传感器、锅侧传感器和锅盖传感器等为煮饭建立了一个立体的加热环境，使米饭受热均匀。

3. 智能型模糊控制电饭锅的控制电路

图4-26所示为智能型模糊控制电饭锅的模糊控制电气原理框图。图4-27所示为智能型模糊控制电饭锅的模糊控制电气原理图。该电路只设置了锅底传感器（热敏电阻），温度传感器检测到的温度直接送入单片机的A/D转换器中，转换为8位数据。单片机根据温度传感器检测的结果，采用模糊推理对锅内米饭量进行识别，依据"模糊专家"工艺对煮饭工序进行控制。

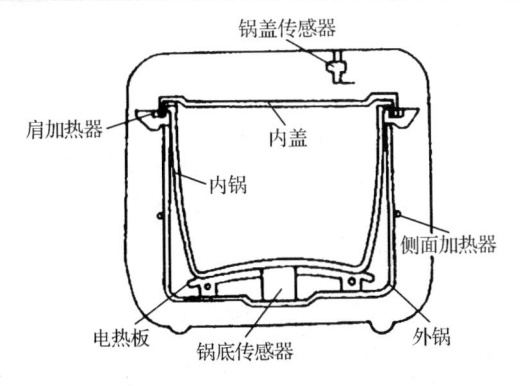

图 4-25 智能型模糊控制电饭锅
的基本结构示意图

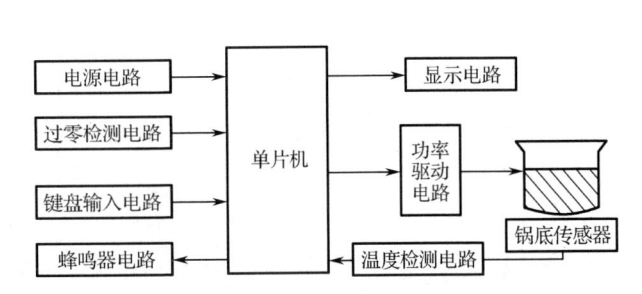

图 4-26 智能型模糊控制电饭锅
的模糊控制电气原理框图

智能型模糊控制电饭锅的模糊控制电路由单片机、电源电路、过零检测电路、键盘输入电路、蜂鸣器电路、显示电路、温度检测电路和功率驱动电路组成。

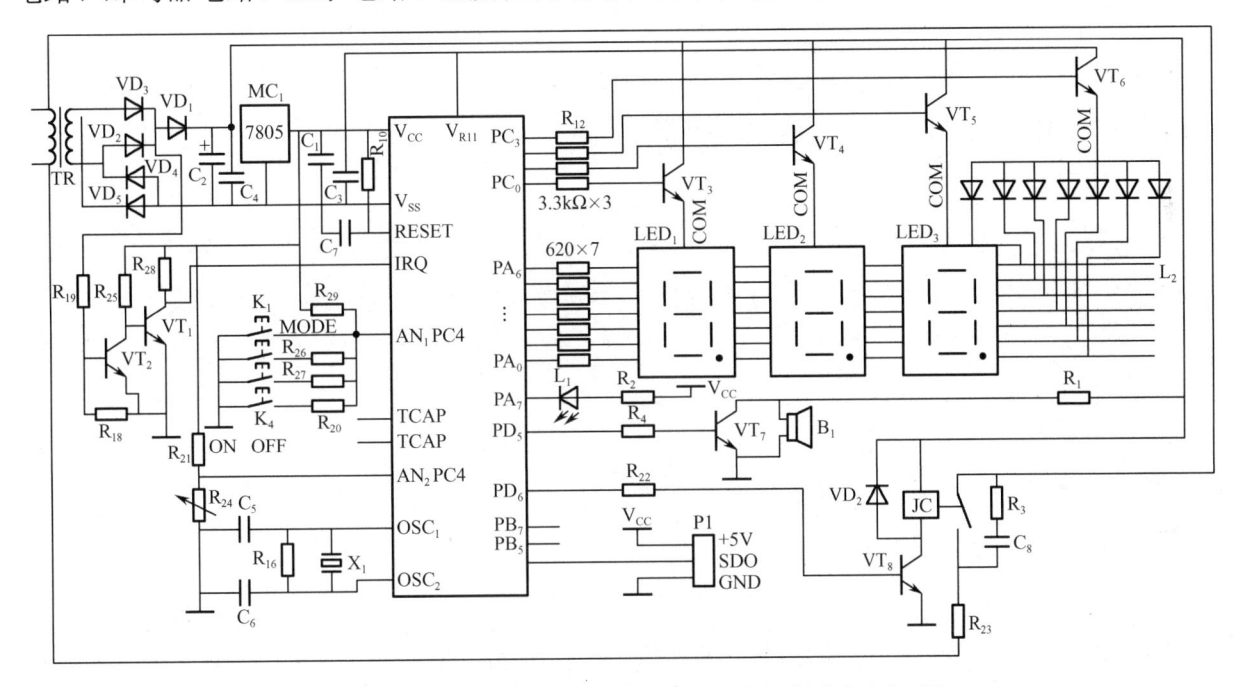

图 4-27 智能型模糊控制电饭锅的模糊控制电气原理图

1）单片机

单片机采用 MC68HC05P9，其中 ROM 有 2KB 以上，而且 I/O（21 个端口）功能强，内含 8 位 A/D 转换器，它可以满足电饭锅控制的需求。

2）电源电路

电源电路由电源变压器、整流滤波电路和 7805 三端稳压器等元件组成。220V 交流电经电源变压器 TR 变换为 9V 交流电压，再经二极管 $VD_2 \sim VD_5$ 的整流变为全波脉动电压。该脉动电压一路被送到过零检测电路；另一路经二极管 VD_1 整流，经电容 C_2、C_4 滤波，再经 7805 三端稳压器稳压后，获得 +5V 的直流电压，作为单片机及其控制电路的供电电源。

3）过零检测电路

过零检测电路由晶体管 VT_1、VT_2 和电阻 R_{18}、R_{19}、R_{25}、R_{28} 等元件组成。全波脉动电压经电阻 R_{19}、R_{18} 分压后，加至晶体管 VT_2 的基极，使 VT_2 导通，VT_1 截止，输出高电平加至单片机的外部中断输入端 IRQ。

4）键盘输入电路

键盘输入电路由按键 $K_1 \sim K_4$ 和电阻 R_{29}、R_{26}、R_{27}、R_{20} 等元件组成，它从单片机的 A/D 输入端输入键盘信号。当按下 K_1 时，在 A/D 输入端 AN_1 输入 0 电平（VK_1）；当按下 K_2 时，在 AN_1 端输入的电平是电阻 R_{29} 和 R_{26} 的分压值（VK_2）；同样，按下 K_3 为 R_{29} 与 R_{27} 的分压值（VK_3）；按下 K_4 为 R_{29} 与 R_{20} 的分压值（VK_4）。只要满足 $0<R_{26}<R_{27}<R_{20}$，就会有 $VK_1<VK_2<VK_3<VK_4$。A/D 转换之后，由于它们所对应的数值不同，因此单片机可以区分按键 K_1、K_2、K_3 和 K_4。

在键盘输入电路中，K_1 为工作方式选择键（MODE 键），可选择煮饭、快速煮饭、煮粥、煮汤和保温 5 种功能；K_2 为增加预置的定时时间键（UP 键）；K_3 为减少预置的定时时间键（DOWN 键），其预置的定时时间可达 6h；K_4 为启动/暂停键（ON/OFF 键）。

5）蜂鸣器电路

蜂鸣器电路由晶体管 VT_7、蜂鸣器 B_1、电阻 R_4 和电阻 R_1 等元件组成。从单片机 PD_5 端输出的 2kHz 脉冲信号经 VT_7 加至压电陶瓷蜂鸣器 B_1，使其发出蜂鸣声。

6）显示电路

显示电路由 7 段 LED 数码管和发光二极管（LED）两部分组成。其中 7 段 LED 数码管共有 3 位，用于显示预置的定时时间，而发光二极管（LED）共有 7 个，其中的 5 个用于显示煮饭、快速煮饭、煮粥、煮汤和保温 5 种功能，一个用于和蜂鸣器配合产生声光报警，还有一个用于显示系统启动/停止状态。

在显示电路中，除 1 个 LED 是采用 I/O 端口直接控制外，其余 6 个 LED 和 3 个 7 段 LED 数码管都采用扫描方式显示。扫描显示时，显示数码信号由 PA 端口输出，位选信号由 $PC_0 \sim PC_3$ 输出。

7）温度检测电路

温度检测电路由电阻 R_{21} 和半导体热敏电阻 R_{24} 组成。半导体热敏电阻 R_{24} 具有 NTC 特性，安装在锅底，用于感知锅内温度。R_{24} 与 R_{21} 分压得到 U_t，加至 A/D 转换输入端 AN_2 上，由单片机转换为数字信号。

8）功率驱动电路

功率驱动电路由晶体管 VT_8 和继电器 JC 组成。

4. 智能型模糊控制电饭锅的工作原理

电饭锅工作时，接通 220V 电源并按下煮饭按键，单片机控制继电器工作，使加热器接通电源进行加热。当锅内温度升高到 35℃ 左右时，加热器停止加热，电饭锅进入吸水工序。在此阶段，温度检测电路将测量锅底温度，计算锅底温度变化率，单片机根据锅底温差和变化率来推断电饭锅的煮饭量。吸水工序大约持续 10min，电饭锅即进入加热工序，单片机对加热温度进行模糊控制。此后，电饭锅将依次进入保持沸腾、焖饭保温工序。

4.2.6 实践操作：电饭锅的使用与保养

1. 使用方法

（1）用专用的量杯取米之后倒入其他容器内淘洗，不要直接在内锅中洗米，以免造成内锅保护层的磨损。

（2）按内锅中的刻度线加水到与米量相应的水位，可根据个人的口味（软或硬）稍微增/减水量。

（3）将内锅外表擦干再放入外锅内，并左右转动几下内锅，使内锅与电热板充分接触。一般在转动内锅感到阻力较大时，说明接触紧密良好。此外，应使内锅中的米均匀分布，勿堆积一侧。

（4）将电源插头插到固定的插座上，按下煮饭按钮（必须按下煮饭按钮，否则仅处于保温状态），电饭锅开始煮饭。

（5）当锅内水煮干后，按键开关自动跳起复位，煮饭指示灯熄灭，保温指示灯亮，进入自动保温状态。此时不宜立即食用，一般应保温 10~15min，待米饭焖透后再断开电源，食用米饭。

2. 注意事项

（1）必须使用接地的墙式插座，切勿用万用插座与其他电器同时使用。

（2）内锅不能放在其他炉子上加热，否则容易变形。

（3）当不使用电饭锅或内锅未放入锅体时，不要接通电源，因为空载通电加热会很快烧坏电热板等元件。

（4）电饭锅只有在煮米饭或烘烤食物时磁钢限温器才能起作用，在煮好米饭或烤好食物时自动切断电源。煮稀饭、烧开水、炖汤、煮饺子等过程中温度不会超过 100℃，磁钢限温器不能自动切断电源（除非煮干后温度达到居里点），因此做这些食物时，需要掌握好时间，煮好后人工切断电源。切不可在无人看管时煮粥和煲汤，以免汤水外溢而损坏电气元件。

（5）内锅和电热板均不能碰撞变形且要保持清洁。在内锅放入外锅前要仔细检查内锅底部与电热板表面有无水珠、米粒、米壳等杂物，应保持内锅底与电热板面的干净、干燥，否则将影响煮饭效果甚至烧坏发热元件。

（6）清洗内锅时应将其从外锅中取出，用软布清洗，切忌用金属刷或其他粗硬的洗具擦洗，以免损伤内锅镀层或不粘涂层。

（7）煲体及电热板严禁用水冲洗或浸入水中，以免破坏其电器绝缘性能，发生危险。

（8）电饭锅不要放在不稳定、潮湿或靠近其他火源、热源的地方，以免受到损伤或发生故障。

4.2.7 实践操作：自动保温型电饭锅的常见故障分析及维修方法

1）检查电源指示部分

将内锅中装入少量的水（20g 左右），接通电源，若指示灯亮，则说明电源指示灯、开关、电源线等工作正常，否则说明此部分有故障。

2）检查电热板

在第 1）步检查正常的基础上，若内锅中水温上升，则说明电热板工作正常，否则说明电热板有故障。

3）检查保温系统

如果水温上升到水中有小气泡冒出时（此时水温为 65℃左右），则把限温开关拔起，此后若指示灯交替亮灭，则表明保温系统正常；若一直亮或灭，则表明保温系统有故障。

4）检查磁钢限温器

如果保温系统正常，则重新按下限温开关，水温上升至水沸腾，将水蒸发后稍许，限温开关若自动跳起（此时温度为103℃±2℃），则表明限温部分正常。若水干后约 1 分钟限温开关仍不动作，则表明磁钢限温器有故障。注意，此时应尽快切断电源，否则易烧坏电热板。

自动保温型电饭锅的常见故障及维修方法如表 4-4 所示。

表 4-4 自动保温型电饭锅的常见故障及维修方法

常 见 故 障	产 生 原 因	维 修 方 法
通电即烧断电源熔断丝	① 熔断丝容量过小 ② 电源插头绝缘被击穿 ③ 电源线内部短路 ④ 电源插座中两铜柱之间电木绝缘板烧焦碳化后导电短路 ⑤ 电热板内部短路	① 按电饭锅的功率选用相应的新熔断丝 ② 按原规格更换插头（连同电源线） ③ 更换电源线 ④ 碳化不严重时，可用小刀刮除碳积物，碳化严重时需要换用新件 ⑤ 用欧姆表 R×10 挡检查电热板，引出线间阻值正常为 50～90Ω，若阻值明显偏小，则说明其内部有短路故障，必须按原规格更换电热板
指示灯不亮，锅底不热	① 电源引线断路 ② 电热板中电热丝断路 ③ 双金属片温控器触点接触不良或弹簧片失灵	① 更换电源线 ② 更换电热板 ③ 清理触点氧化层，使其接触良好，如果仍接触不良，则逆时针旋转直至听到"啪"的一声后再旋约 40°即可
指示灯不亮，电热板正常发热	① 指示灯损坏 ② 限流电阻开路 ③ 指示灯回路接触不良、断路	① 更换指示灯（氖泡） ② 更换同规格限流电阻 ③ 检查并排除故障
指示灯亮，电热板不发热	① 电热板内电热丝断路 ② 保温开关触点无法闭合或接触不良 ③ 限温开关接触不良或失灵 ④ 电热板引出线端部严重氧化或脱落	① 无法维修，只能更换 ② 调整或更换保温开关 ③ 清理触点氧化层或更换限温开关 ④ 去除线端氧化层，重新接好引出线
煮饭时间比正常时间长	① 内锅底与电热板间有异物 ② 内锅底变形	① 清除异物 ② 轻微变形可修复，严重时应更换内锅
指示灯亮，煮不熟饭	① 磁钢限温器的触点接触不紧 ② 磁钢限温器永久磁钢退磁	① 用钳子扳动变形的触点臂，使动、静触点完全接触且保持一定的压力。如果触点氧化，则应清除氧化层 ② 更换同规格的永久磁钢或磁钢限温器
形成焦饭	① 磁钢限温器失灵 ② 限温器与内锅接触不良 ③ 恒温或限温器动作的温度严重异常 ④ 恒温器或限温器触点中某一组发生黏连 ⑤ 联杆动作不灵	① 如果弹簧弹性不足，则可将弹簧拆下拉长点再装上使用，如果已经失去了弹性，则应更换弹簧 ② 清除内锅与限温器间的异物，或将限温器弹簧拆下后按逆绕行方向拧过一定角度，使其有足够弹性再装上 ③ 调整调温螺钉或调整限温器，最好更换新件 ④ 沿黏合面切开触点，再打磨光亮。若触点已烧死在一起，则应更换新件 ⑤ 清除联杆上的毛刺等障碍，使其灵活自如

续表

常见故障	产生原因	维修方法
饭熟后不能自动保温	① 双金属片温控器疲劳变形 ② 热双金属片上调节螺钉松动移位 ③ 热双金属片动、静触点氧化而不能导电	① 更换双金属片温控器 ② 按顺时针方向旋紧温度调节螺钉，使保温温度升高到65℃左右后，用油漆固定调节螺钉 ③ 用细砂纸打磨去除氧化层
外壳带电	① 没有接地线或地线接触不良 ② 电源插塞、温控器按键开关被磨蚀后不绝缘 ③ 内部电气部件受潮或浸水 ④ 内部器件、导线绝缘皮破损 ⑤ 管状电热器件封口处材料熔化，电热丝搭接在管壳上	① 接上可靠地线 ② 更换新件 ③ 日晒或用电吹风热风进行干燥处理 ④ 用电工胶带包扎处理或更换新件 ⑤ 在电热丝与电热管间垫上耐热绝缘材料，最好更换电热板
煮出的饭生熟不均	① 内锅底部变形 ② 电热板严重变形或其内部短路 ③ 内锅底与电热板间有异物	① 不严重时可用木锤仔细修理，严重变形时更换同型号内锅 ② 更换电热板 ③ 清除异物，使二者接触良好
饭未熟，按键开关跳起	① 限温器内软磁体失效或双金属片触点接触不良 ② 限温器拉杆与杠杆位置变形 ③ 内锅底变形，传热不良使局部过热	① 更换限温器或将双金属片上调温螺钉向下旋半周至一圈 ② 用小钳子重新校正，增加松动感 ③ 更换变形的内锅
煮饭按键按不下	① 联杆顶住磁钢 ② 内锅没放好	① 检查并排除 ② 将内锅左右转几下放稳

任务 4.3　电磁灶的拆装与维修

电磁灶是利用电磁感应加热原理制成的一种电热器具，主要由励磁线圈（感应线圈）、铁磁材料锅底的炊具与电路控制系统等构成。电磁灶利用电磁感应原理，在锅底中形成涡流加热。当励磁线圈通过交变电流时，在线圈周围产生交变磁场，将电能转变为磁能。该交变磁场的磁感应线经过铁磁材料的锅底形成回路，从而在锅底产生感应电流——涡流，将磁能转变为电能。涡流通过锅底本身材料电阻产生焦耳热，最终实现了电热之间的转换，达到用产生的热能加热炊具中食物的目的。

4.3.1　相关知识：电磁灶的类型与基本结构

1. 电磁灶的类型

按照励磁线圈中工作电流（称为励磁电流或感应电流）的频率分类，电磁灶有工频（频率为50Hz，又称低频）电磁灶和高频（频率在15kHz以上）电磁灶两大类。

工频电磁灶是在工业电感炉的基础上发展而成的，它直接使用工频（50Hz）交流电，通过有铁芯的励磁线圈建立交变磁场，对烹饪锅加热。工频电磁灶的优点是直接使用工频交流电，不需要频率转换、结构简单、性能可靠、成本低、寿命长、功率大；缺点是效率较低、体积较大、重量较重、振动与噪声也较大。

高频电磁灶采用电子电路将工频交流电先经整流滤波后转换成直流电,再经转换调节电路和输入控制电路把直流电变换成 20kHz 以上的超音频电流供给感应线圈,对锅底加热。高频电磁灶的优点是发热效率高、振动小、噪声低、体积小、重量轻;其缺点是线路比较复杂,成本较高。

目前高频电磁灶在电磁灶中占主导地位。

2. 高频电磁灶的基本结构

高频电磁灶的结构图如图 4-28 所示。烹饪锅置于灶面板上,操作与显示部件位于正前方,便于操作与监视,底部有 4 个支撑脚,使电磁灶不贴台面,有利于通风散热。

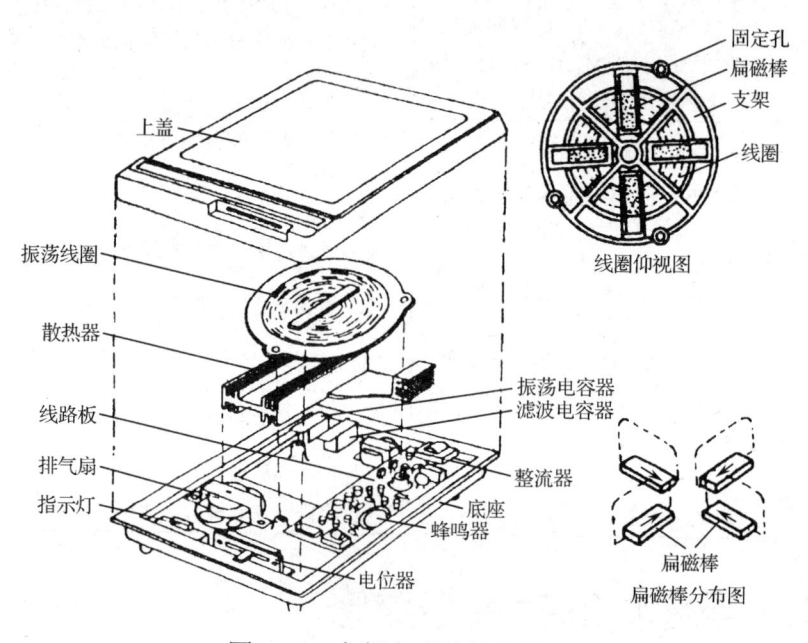

图 4-28 高频电磁灶的结构图

高频电磁灶通常采用 4mm 厚的结晶陶瓷玻璃(又称微晶玻璃)制成灶面板,其作用是支撑烹饪锅。结晶陶瓷玻璃具有良好的绝缘性能、较好的机械硬度、良好的耐热性、良好的抗热冲击和抗机械冲击性能,以及耐水、耐腐蚀和良好的导热性能。灶面板位于高频电磁灶上盖的中央,四周用金属围框封闭。金属围框可形成磁封闭,减少漏磁外溢,同时能防止水和灰尘从缝隙中侵入电磁灶内部。

感应加热线圈通常为直径约 180mm 的平板状碟形线圈,固封在塑料架上。线圈一般采用 16~20 股 ϕ0.5mm 的漆包线绕制,其功率大、电感大、电阻阻值小。在加热线圈底部常固定 4 根按磁感应线方向排列的铁氧体扁磁棒(或在线圈座内掺入铁粉末),以避免加热线圈对电磁灶电路的磁干扰,并防止灶体自身发热。高频电磁灶流过加热线圈电流的频率应高达 20kHz 以上,因此必须具备将 50Hz 市电变换成高频电流的高频转换电路,这是其与工频电磁灶的本质区别。高频电磁灶完成频率转换的主电路形式有很多,设计与制造技术也在不断改进和发展中,但其基本原理一般是先把市电工频电流变换成脉动直流电,再变换成高频交流电。

高频电磁灶内部空间较小,因此除操作、指示部件、大功率和大尺寸部件外,其余元件都集中安装在一块经精心设计的印刷线路板上,以免工作中相互干扰。作为主开关管使用的大功率管是电磁灶的关键元件,它电流大、耗散功率大,因此大功率管均配有散热器,且散热器上常装有作为过热保护的热继电器。电磁灶除主开关管外,整流管、加热线圈等工作时耗散功率也较大,发热量大,通常采用转速较低、噪声较小的直流电动机带动电扇来达到通风降温的目的。高频电磁灶中的滤波电容器与谐振电容器常常要通过很大的电流和承受较高的电压,因此一般采用高频特性好的聚丙烯金属化薄膜电容器。

4.3.2 实践操作:高频电磁灶的拆装及主要零部件的检测

1. 高频电磁灶的拆装

高频电磁灶的结构图如图 4-28 所示。

(1) 旋下上盖与底座的紧固螺钉,取下上盖。

(2) 用螺丝刀旋下振荡线圈支架与底座紧固螺钉,拆开连接线,取下振荡线圈,从底座上卸下散热器。

(3) 旋下排气扇固定螺钉,拆开连接导线,取出排气扇。印制电路板、操作及指示部分等,除修理更换外,不宜拆卸。

(4) 按与拆卸相反的顺序组装好电磁灶。

2. 主要零部件的检测

1) 加热线圈

加热线圈的测量一般先采用直观检查法,即先看一下是否有断线或烧焦的痕迹,再用万用表 R×1 挡测量它的直流电阻阻值。加热线圈的阻值一般较小(接近于 0),如果测得结果很大,则说明加热线圈损坏。

2) 整流器

高频电磁灶的桥式整流器由四个二极管组成。可用万用表 R×100 或 R×1k 挡测每一个整流二极管的正、反向电阻阻值。正向电阻阻值应很小,反向电阻阻值应为∞。如果某个二极管的正、反向电阻阻值都很小,则说明 PN 结已击穿;如果正、反向电阻阻值都为∞,则该 PN 结已断路。这两种情况都只能更换该二极管。如果整流电路是桥堆,则应更换该桥堆。

3) 大功率输出器

高频电磁灶的大功率输出器一般都为大功率三极管,可用测量大功率三极管的方法来检测。先用万用表电阻挡测量集电结和发射结的正、反向电阻阻值。正常时正向电阻阻值为几到十几欧(R×1 或 R×10 挡),反向电阻阻值为∞(R×1k 或 R×10k 挡)。如果这两个 PN 结正常,则再用万用电表 R×10k 挡测 c—e 极间的电阻阻值,阻值很大为正常。如果不相符,则表明它已损坏,应更换同一型号的三极管。

4) 滤波电容器

高频电磁灶的滤波电容器容量较大,所以应选用万用表 R×1 或 R×10 挡来判断滤波电容器的好坏。先将电容器的两个电极短接,使之放电,再用万用表的两个表笔与电容器的两个引脚接触,如果指针向右偏转一个角度逐渐返回到起点,则说明该电容器完好。否则,表明电容器损坏,只能更换。

4.3.3 相关知识：工频电磁灶的简介

1. 工频电磁灶的结构

工频电磁灶由励磁线圈、励磁铁芯、灶台面板、烹饪锅与控制元件等构成，如图 4-29 所示。

为增强涡流效应，提高热效率，烹饪锅采用复合板锅，即以 2.6mm 以上厚的强磁性铁板和 0.7mm 左右厚的非磁性良导体铝板为基材。从耐腐蚀、卫生、美观等方面考虑，采用不锈钢包覆，形成不锈钢、铁、不锈钢、铝四层复合锅体。

电磁炉对灶台面板有特殊的要求，要求其具有 300℃ 以上的良好耐热性，有较好的机械硬度，有一定的热冲击强度和机械冲击强度，有良好的绝缘性能及耐水腐蚀性能等。一般选用 4mm 厚的绝缘结晶陶瓷玻璃（又称微晶玻璃）作为电磁灶台面板。

电磁灶对锅的结构和材料有特定的要求。目前的研究表明无论何种单一材料都不适合于制造电磁灶的锅体，如铜、铝本身电阻率低，涡流热效应差；不锈钢导磁性差；铁的导磁性好，电阻率高，但太易锈蚀，因此一般采用几种金属的复合板制作锅体。

图 4-30 所示为复合板锅体的典型结构示意图。

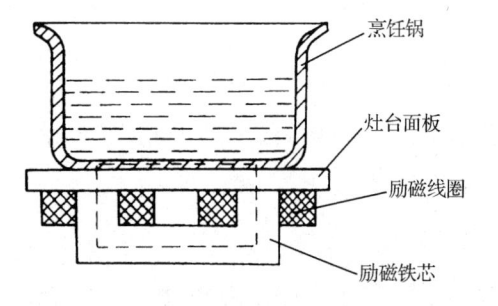

图 4-29 工频电磁灶的结构图 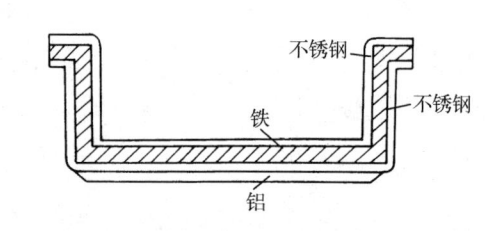　　图 4-30 复合板锅体的典型结构示意图

电磁灶的面板一般采用高强度、耐高温的绝缘结晶陶瓷玻璃，其技术要求是，当温度升至 600℃ 时，用冷激法试验不破裂。

2. 工频电磁灶的控制电路

工频电磁灶的控制电路主要包括对励磁装置供电、控制、保护三部分，其电气线路多种多样，但大同小异，主要由整流滤波器、通断控制器、励磁、检测器、防护器等部分构成，图 4-31 所示为工频电磁灶控制电路框图。

交流电源（50Hz 市电）经过由继电器及其触点等组成的通断控制部分，直接对 A、B 两组励磁装置供电。由电感、电容、二极管电桥等组成的检测器，检测励磁线圈 B 的电流变化，通过比较将电流转化为电压输送给由单结晶体管、晶闸管、继电器等组成的防护器。如果检测器检测到异常电流，则转化为异常电压送至防护器，防护器发出信号送至通断控制器，使其触点断开，切断励磁装置电路的电流，以免过热烧毁。整流滤波器的作用是为检测器、防护器提供正常工作所需要的直流电源。

3. 工频电磁灶的电气线路及工作原理

在图 4-32 虚线框中，"1" 为整流滤波电路，"2" 为通断控制电路，"3" 为励磁电路，"4"

为检测电路,"5"为安全防护电路。当插上电源插头合上电源开关 S 后,220V、50Hz 的交流电源经开关 S、继电器 K_1 的常闭触点 K_{11},对励磁装置供电。励磁线圈 A 由 L_1 与 L_2 组成,B 由 L_3 与 L_4 组成,电容 C_1 起移相作用,使线圈 A 与线圈 B 中的电流具有 90°左右的相位差。检测器检测励磁装置 B 中的电流,并将其转化为直流电压的变化,该直流电压经电阻 R_1、R_2 分压后送给单结晶体管(PVC 管)。当电压超过某一数值时,单结晶体管导通,触发晶闸管 VS,晶闸管导通使继电器 K_2 通电动作,其常开触点 K_{21} 闭合,使继电器 K_1 通电动作,其常开触点 K_{12} 闭合、常闭触点 K_{11} 断开,从而切断了励磁装置的电流,起到了安全防护作用。

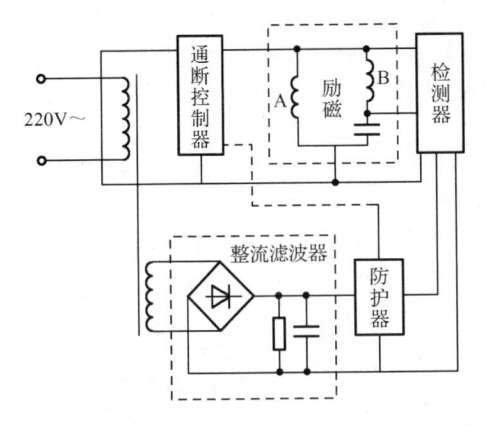

图 4-31 工频电磁灶控制电路框图 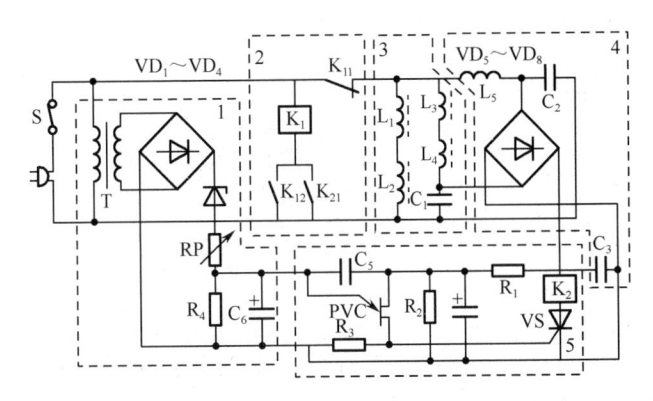　　图 4-32 工频电磁灶电气线路图

4.3.4 实践操作:电磁灶的使用与保养

正确使用电磁灶可获得最佳的使用效果和延长其使用寿命,一般应注意以下几点。

(1)使用电磁灶前应仔细阅读使用说明书,按说明书的要求操作使用,并检查电度表和电源线的容量是否足够。

(2)电磁灶工作时会发出较强的电磁场,故使用时应远离电视机、收录机等家用电器(一般距离应大于 3m),或错开它们的使用时间,以防电磁干扰。

(3)电磁灶应远离水气源和湿气源而放在空气流通的地方,以免损坏电气元件。

(4)电磁灶专用锅体由多层金属复合材料制成,严禁使用非导磁材料制成的锅。使用的锅应与电磁灶型号相配,一般不宜交换或借用。在确需更换锅时,应在锅底放一块磁性不锈钢板,作为热传导过渡。

(5)不得用铁器等硬物削刮灶台面板和锅底,并随时注意灶台是否有裂缝或损伤,以防汤水等漏入灶内而引起电气元件受潮或损坏。

(6)灶台上不能放置导磁材料制品,严禁锅体空烧或干烧,以免灶台面板过热干裂损坏。

(7)用完之后应将功率开关置于"关"位置,并将电源线及时拔出。清洁灶台时,勿使用酸碱等腐蚀性的清洗液。

4.3.5 实践操作:高频电磁灶的常见故障分析及维修方法

高频电磁灶的常见故障及维修方法如表 4-5 所示。

表 4-5 高频电磁灶的常见故障及维修方法

常 见 故 障	产 生 原 因	维 修 方 法
指示灯不亮，锅也不热	① 电源插头与插座接触不良或电源线断路 ② 熔丝熔断 ③ 定时器触点开路或接触不良	① 检修插头、插座使其接触良好，或更换插头、插座，更换电源线 ② 查明原因，确定无短路等故障时再更换同型号熔断丝 ③ 仔细修磨触点使其接触良好，或换用同型号元件
指示灯亮，锅不热	① 温度调节旋钮处于空位 ② 锅体材料非导磁材料 ③ 电源整流桥堆损坏 ④ 励磁线圈断路 ⑤ 低频扼流圈损坏 ⑥ 谐振电容器或消振移相电容器损坏 ⑦ 启振电容器损坏 ⑧ 控制器失灵	① 将温度调节旋钮调到适当位置 ② 可在锅下放磁性金属板作为热传导过渡，最好换用专用合金锅 ③ 用欧姆表 R×100Ω 或 R×1kΩ 挡测桥堆两脚的正、反向电阻阻值，若相差不大，则该整流桥堆失效，更换同型号新桥堆 ④ 更换同型号线圈 ⑤ 重新绕制或更换同型号线圈 ⑥ 更换同规格（质地、容量、耐压均相同）的电容器 ⑦ 更换同规格电容器 ⑧ 修理或更换同型号的控制器
温度太低，使加热时间延长	① 市电电压过低 ② 锅不合适（锅体材料选择不当、锅底面积太小、锅底与灶台面板不吻合等） ③ 功率选择旋钮失灵 ④ 电气元件效率过低 ⑤ 灶台面板有裂缝 ⑥ 灶台面板上尘垢太厚或有大颗粒杂物 ⑦ 锅未放正 ⑧ 锅底不平	① 待市电电压正常时使用或加稳压器 ② 选择电磁灶专配锅 ③ 修理或更换同型号元件 ④ 逐一检查，必要时更换元件 ⑤ 修补或更换 ⑥ 清除尘垢或杂物 ⑦ 重新放正 ⑧ 校正锅底或更换新锅
食物生熟不均	① 锅内食物过多 ② 锅底严重变形 ③ 感应加热线圈位置移动	① 按规定保证合理放入量 ② 校正锅底，必要时更换 ③ 校正线圈位置
整流元件过热	① 市电电压过高 ② 冷却风扇不转 ③ 冷却通道受阻 ④ 连续使用时间过长 ⑤ 整流元件损坏	① 待市电电压正常时使用或加稳压器 ② 查出原因（如直流电动机损坏、直流供电电路故障等）并排除 ③ 找出阻塞原因并及时排除 ④ 进行间歇工作制 ⑤ 更换同规格整流元件
温度不能调整	① 调整电路不良 ② 调整电位器失灵	① 检修调整电路 ② 修理或更换电位器
工作噪声太大	① 锅体材料选择不当 ② 感应加热线圈固定不牢 ③ 其他紧固件松动	① 使用电磁灶专配锅体 ② 将线圈重新固定牢靠 ③ 检查各紧固件，对松动者重新紧固牢靠
壳体带电	① 带电体进入电气部分 ② 带电元件与壳体相接触 ③ 地线未接或接触不良 ④ 电气元件受潮	① 找出故障发生处，进行绝缘封闭 ② 找出接触点，重新进行绝缘 ③ 接好地线，使其接触良好 ④ 日晒或用电吹风热风进行干燥处理

小结

（1）波长在 1mm～1m 范围内的超高频电磁波称为微波。微波加热是通过食物的有机分子在电磁场作用下高速转向时相互碰撞、摩擦产生热量来实现电能转化为热能的。微波烹饪具有加热迅速、易于控制加热、干净卫生、使用安全方便和烹饪食物质量好等特点。

（2）普通型微波炉主要由金属外壳、炉腔、炉门、定时器、磁控管（微波发生器）、波导管（微波传输通道）、漏磁变压器和过热保护器等组成。

（3）磁控管由管芯和磁铁两大部分组成，其管芯由阴极、灯丝、阳极与天线等构成。阴极发射的电子在电场和磁场力的共同作用下高速旋转并在谐振腔中发生振荡，当振荡频率达到 2450MHz 时便形成微波。

（4）微波炉功率调节一般采用"百分率定时"的方式，除此之外，还有可控硅控制方式、变压器抽头切换方式等来实现功率调节。

（5）普通型微波炉的工作过程主要由功率调节、半波倍压整流、微波产生、微波传输、微波加热等过程组成。与普通型微波炉相比，微型计算机控制微波炉的最大特点是由微型计算机控制装置完成各种控制功能，从而扩大了使用范围，使其对不同类食物进行解冻、保温和烹饪均能达到有效、准确的控制。

（6）掌握微波炉正确的使用方法，对于高质量地烹饪食物和延长微波炉的使用寿命是至关重要的。

（7）自动保温型电饭锅由双金属片温控器来实现其保温，温控器使电饭锅内温度保持在 65℃±5℃。

（8）自动保温型电饭锅的温控系统是用软、硬磁性材料制成的磁钢限温器，它利用感温磁钢的磁性特征，将电饭锅的温度控制在 103℃±2℃（居里点）以下。

（9）电子自动保温型电饭锅在锅盖、锅体周围连同锅底电热板一起构成一个立体加热环境，通过电子温控电路的控制，形成一个低功率的恒温系统，可使米饭长时间保温且不会变硬。

（10）智能型模糊控制电饭锅主要由外壳、外锅、内锅、锅盖、加热器和传感器等部件组成。

（11）电磁灶主要有工频电磁灶和高频电磁灶两大类，高频电磁灶是将工频交流电变换成 20kHz 以上的超音频电流供给感应线圈对锅底加热，这是其与工频电磁灶的本质区别。

思考与练习题

1. 填空题

（1）微波炉中一般设有转动的玻璃转盘，它是由_____驱动的，其作用是保证食物_____。

（2）与普通型微波炉相比，微型计算机控制微波炉还具有_____、_____、_____、_____和_____等功能。

（3）不能把_____、_____等密封的食物直接放入微波炉内加热，以免发生爆裂。

（4）微波炉指示灯不亮，但加热正常的原因可能是_____、_____、_____或_____等。

（5）自动保温型电饭锅主要由_____、_____、_____、_____和_____等构成。

（6）电饭锅的保温是由_____温控器来完成的，其设定的保温温度一般为_____℃。

（7）电饭锅只有在_____或_____时磁钢限温器才能起作用，在_____、_____、_____、

_____等过程中，磁钢限温器不能自动切断电源，因此不可在无人看管时使用电饭锅_____和_____等。

（8）造成电饭锅通电后指示灯不亮，但电热板正常发热的原因可能为_____、_____或_____等。

（9）电子自动保温型电饭锅的锅盖一般由_____、_____、_____和_____等组成。

（10）智能型模糊控制电饭锅主要由_____、_____、_____、_____和_____等部件组成。

（11）电磁灶是利用_____原理制成的一种电热器具，主要由_____、_____与_____等构成。

（12）电磁灶工作时会发出较强的电磁场，使用时应远离_____和_____等家用电器或错开它们的_____。

2．简答题

（1）什么是微波？其主要特点有哪些？

（2）试述微波加热的原理。

（3）与传统的烹饪方式相比，微波炉加热的主要特点有哪些？

（4）试述微波炉的主要结构和部件。

（5）试述磁控管的构造和工作特性。

（6）微波炉的炉门采取什么措施防止微波泄漏？

（7）波导管一般由什么材料制成？对其截面尺寸有何要求？

（8）如何正确使用微波炉？

（9）普通型微波炉磁控管损坏是什么原因？

（10）微型计算机控制微波炉与普通型微波炉相比具有哪些特有的功能？

（11）常用的电饭锅有哪些类型？

（12）磁钢限温器有何特点？其控温原理是什么？

（13）试述自动保温型电饭锅的工作原理。

（14）双金属片温控器的保温原理是什么？

（15）电子自动保温型电饭锅有何特点？

（16）电饭锅指示灯亮而电热板不热可能是什么原因？

（17）电磁灶主要有哪些类型？各有什么特点？

（18）工频电磁灶由哪些主要部分组成？高频电磁灶与工频电磁灶的本质区别是什么？

（19）高频电磁灶的结构特点是什么？

项目 5

电热水器的拆装与维修

学习目标
1. 理解电热水器的类型和结构。
2. 学会电热水器的拆装及主要零部件的检测。
3. 掌握电热水器的工作原理、常见故障分析及维修方法。
4. 加强社会主义核心价值观和职业道德教育，培育劳模精神、劳动精神、工匠精神。

在日常生活中，常用的电热水器主要有电热开水瓶、电热饮水机及电热淋浴器等。本项目将在介绍这些电热水器的结构特点、基本电路和工作原理的基础上，着重叙述其在使用中常见故障的原因分析、维修方法与排除故障的措施。

任务 5.1　电热淋浴器的拆装与维修

电热淋浴器通常称为洗用储水式电热水器，它是为人们提供淋浴、盥洗、洗衣、刷碗等所需热水的电热类电器产品。电热淋浴器具有结构简单、热效率高、使用方便和无污染等特点，因此普及率很高。

5.1.1　相关知识：电热淋浴器的类型与基本结构

1．电热淋浴器的类型

电热淋浴器主要分为储水式和快速流水（即热）式两大类。快速流水式电热淋浴器结构更为简单、体积小、价格低、热得快，几乎没有加热间歇，一般接通电源 15s 后即可源源不断地供应 40～60℃ 的热水，使用非常方便。

2．储水式电热淋浴器的基本结构

储水式电热淋浴器虽然供应热水没有快速流水式电热淋浴器快捷迅速（一般通电 10min 后才能供出热水），结构和安装也复杂一些，但它的水容量大，即时功率较小。尤其它具有安全性能好、水温调节方便等优点，使其备受用户青睐。

储水式电热淋浴器一般由储水箱（内胆）、外壳、电热元件、恒温控制器、压力安全阀、冷热水混合调温阀、进/出水管和喷淋器等构成，如图5-1所示。外壳正面控制板设有调温旋钮、指示灯，底部设有水路系统。

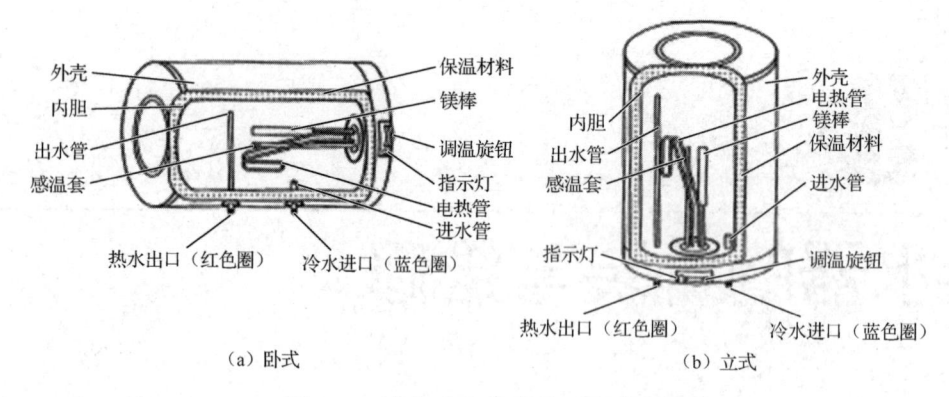

图5-1 储水式电热淋浴器结构图

5.1.2 实践操作：储水式电热淋浴器的拆装及主要零部件的检测

1. 储水式电热淋浴器的拆装

图5-2所示为储水式电热淋浴器结构分解图，储水式电热淋浴器的拆装步骤如下。

（1）先拆下储水式电热淋浴器外壳的左、右端盖，再拆下右端盖上的小盖，将端盖与桶身分离。

（2）拆下温控器、拉紧架、支架，取出垫圈和电加热器。

（3）取出保温层。

（4）取出内胆。

（5）按拆卸相反的顺序组装好储水式电热淋浴器。

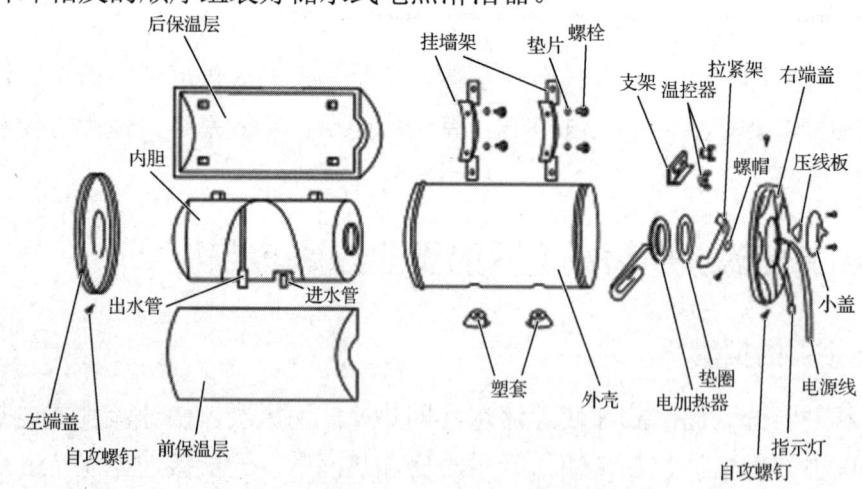

图5-2 储水式电热淋浴器结构分解图

2. 主要零部件的检测

1）调温型温控器

用万用表R×1挡测量，在关断位置时温控器电阻阻值为∞；在不同温度控制点有不同电阻阻值与之对应；温控器在未动作时，触点为闭合状态，电阻阻值近似为 0。否则，说明温控器损坏，应更换。

2）电加热器

用万用表 R×1 挡检测电加热器，电阻阻值一般为几十欧，若测量的结果为很大或∞，则表明电加热器断路；若测量结果为 0，则表明电加热器短路，应更换。

3）漏电保护器

检查漏电保护器，将漏电保护器打到合闸位置，灯亮，水温升高，说明漏电保护器为正常。有时漏电保护器误动作，应注意观察，找出误动作原因。若漏电保护器合不上闸，则应用万用表 R×100 挡依次检测超温管、温控器和电加热器的对地电阻。表针指向∞位置为正常，表针指向 0 位置为漏电，找出漏电元件进行更换。若无漏电元件，则说明漏电保护器已损坏，应更换。

5.1.3 相关知识：储水式电热淋浴器的工作原理

储水式电热淋浴器的典型电路如图 5-3 所示。当接通电源时，若工作电流正常，则电源通过漏电保护器供给加热器工作，同时指示灯亮，当箱内水温达到所设定的温度时，由温控器控制断开加热电路，储水式电热淋浴器进入保温状态。若使用热水，则只需要开启混合阀，在热水流出的同时，自来水在压差的作用下会自动流入箱内补充储水量。当箱内水温低于设定温度时，温控器自动接通电路，加热器又开始工作。

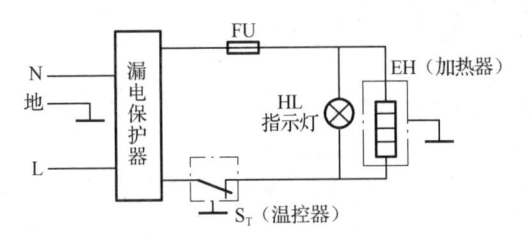

图 5-3 储水式电热淋浴器的典型电路

5.1.4 实践操作：储水式电热淋浴器的安全使用

（1）储水式电热淋浴器一般采用挂吊方式安装，因此要求墙壁有足够大的支撑力。一般用电锤钻孔，用膨胀螺栓固定，以确保足够的负载能力。

（2）供水系统宜采用永久性管路，在进水管路中应设置供水阀门，以便储水式电热淋浴器的拆卸维修。

（3）储水式电热淋浴器安装完毕后应进行通水、通电检查。开启出水阀门和进水阀门，待淋浴喷头有水连续流出时表明储水箱已注满水，此时关闭出水阀门，仔细检查各管路连接处有无漏水、渗水等现象，最后接通电源，在储水式电热淋浴器指示灯、安全阀等均正常工作后，方可使用。

（4）储水式电热淋浴器储水箱注满水后，即可设定水温并通电加热，当水温达到设定温度，储水式电热淋浴器进入自动保温状态后，就可开启热水阀取用热水，同时可用混合阀调节出水水温。

（5）储水式电热淋浴器使用完毕，应拔掉电源插头。处于寒冷环境下，储水式电热淋浴器长时间不用时，应排空储水，以防内部结冰损坏储水箱。

5.1.5 实践操作：储水式电热淋浴器的常见故障分析及维修方法

储水式电热淋浴器的常见故障分析及维修方法如表5-1所示。

表5-1 储水式电热淋浴器的常见故障分析及维修方法

常见故障	产生原因	维修方法
指示灯不亮，水也不热	① 电源插头与插座接触不良或电源线断路 ② 保险丝熔断	① 修理使其接触良好或更换电源线 ② 查明原因，更换保险器
指示灯亮，但水不热	① 冷热水阀调节不当 ② 加热器损坏 ③ 温控器触点接触不良或温控器损坏	① 适当调节冷热水阀 ② 用万用表Ω挡测量加热器的直流电阻阻值，正常值为1kW电热元件约50Ω，3kW电热元件约16Ω，若电阻阻值无穷大或接近零，则说明其内部断路或短路，应更换新品 ③ 修理或更换温控器
水太热或含有蒸汽	① 温控器失调 ② 双金属片温控器触点烧结在一起 ③ 电热元件的温控开关损坏 ④ 电子温控器电路故障或元件损坏	① 调整或修理温控器 ② 用小刀切开并用细砂纸打磨触点，如果已烧死，则更换新品 ③ 更换温控开关 ④ 排除电路故障，更换损坏元件
漏电	① 地线接地失效 ② 加热元件绝缘损坏或失效 ③ 热水器内部导线线头脱落或绝缘层破损造成裸线碰壳等 ④ 漏电保护插头严重受潮	① 接好地线，确保接地电阻阻值小于0.1Ω ② 更换加热元件 ③ 认真检修并进行绝缘处理 ④ 进行驱潮干燥处理
漏水	① 连接管接头破裂 ② 密封件断裂、变形、老化等造成密封作用丧失 ③ 发热管装配不良、压盖变形、螺丝松动或用力不均等	① 修理或更换损坏接头 ② 更换损坏密封件 ③ 松开螺丝，重新装配

任务5.2 台式温热饮水机的拆装与维修

饮水机是一种对水加热的饮水电器，具有无污染、饮水卫生、美观、耐用等特点。注入纯净水、矿泉水或蒸馏水后，接通电源可获得85～95℃的热水，供人们直接饮用。饮水机种类很多，制式各异，按出水温度可分为温热饮水机、冷热饮水机和冷热温三温型饮水机；按制冷方式可分为半导体制冷（电子制冷）饮水机和压缩式制冷饮水机；按外形可分为台式饮水机和立式饮水机等。本任务介绍一种常用的台式温热饮水机。

5.2.1 相关知识：台式温热饮水机的基本结构

台式温热饮水机是一种提供常温水和热水的饮水机。常温水直接由水箱经常温水龙头提供，而热水则由热罐制热后经热水龙头提供，热水温度为85～95℃。台式温热饮水机主要由箱体、常温水龙头、热水龙头、接水盘和加热器等部件构成，如图5-4所示。

台式温热饮水机加热部件的结构图如图 5-5 所示，主要由热罐、电热管、保温壳、温控器、进水管和排水管等组成。热罐一般由薄不锈钢板制成，内装卧式 500W 左右的不锈钢电热管，热罐外壁装有自动复位和手动复位温控器。台式温热饮水机的加热部件一般均安装在其左方底板上。

图 5-4　台式温热饮水机的基本结构

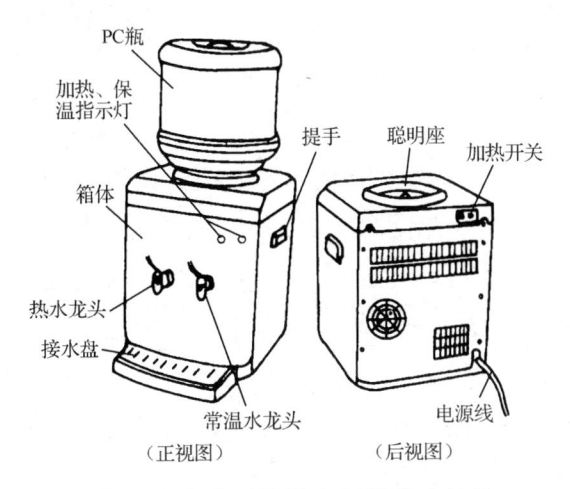

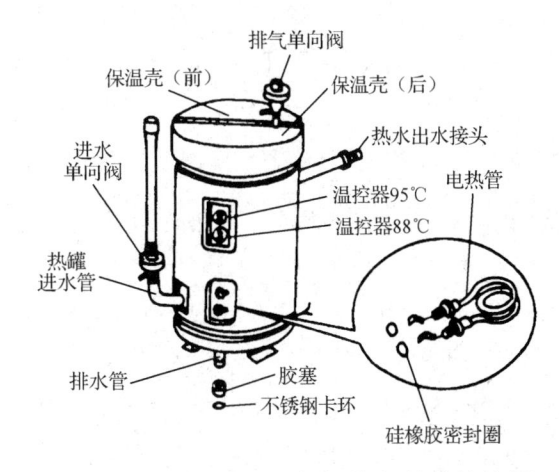

图 5-5　台式温热饮水机加热部件的结构图

5.2.2　实践操作：台式温热饮水机的拆装

（1）将台式温热饮水机置于工作台上，用手取下 PC 瓶、聪明座和接水盘。

（2）用尖嘴钳取下底座下面的排水管上的不锈钢卡环，取下胶塞，放净热罐中的存水。

（3）用十字螺丝刀旋出后盖板的紧固螺钉，取下后盖板。

（4）用尖嘴钳去除水箱下端两只排水管和排气管的扎线，拔下两只排水管和排气管。

（5）用十字螺丝刀旋出饮水机上盖与箱体紧固螺钉，用电烙铁焊开加热开关的电源线，取下上盖和水箱，再用一字螺丝刀轻轻拨开加热开关的内卡，取下加热开关。

（6）用十字螺丝刀旋出螺钉，取下两侧盖板。

（7）用尖嘴钳去除热罐热水出水管上的扎线，拔出热管，分开与热水龙头的连接。

（8）用扳手旋出热水龙头和常温水龙头紧固在箱体内侧的紧固塑料螺母，取下热水龙头和常温水龙头。

（9）先用电烙铁焊开两只温控器上的电源连线，在连线上做上标记，以免安装时接错，再用十字螺丝刀旋出紧固螺钉，取下两只温控器。

（10）用十字螺丝刀旋出热罐固定在底座上的紧固螺钉，用电烙铁焊开电热管上的电源连线，取下热罐，再去除热罐外层保温套上的扎线，拆下保温套。

（11）用电烙铁焊开电源指示板上的电源连线，用十字螺丝刀旋出紧固螺钉，取下电源指示板。

（12）台式温热饮水机的安装步骤与上述拆卸步骤相反，注意安装时的扎线必须全部更新，热水管、常温水管的接头处一定要扎紧，防止漏水。

5.2.3　相关知识：台式温热饮水机的工作原理

台式温热饮水机基本电路主要由加热电路和指示电路两大部分组成，如图 5-6 所示。使用时，按下加热开关 SA，市电经 FU、SA、VD_1、R_1 半波整流后为 VD_2 提供电源，使 VD_2

亮（绿），作为通电指示。

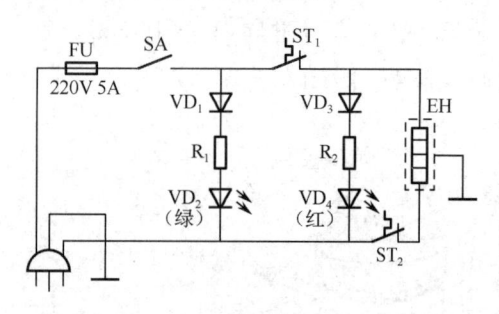

图 5-6 台式温热饮水机基本电路图

此外，电源通往 FU、SA、ST₁ 后，一路经 EH、ST₂ 构成加热回路，电热管 EH 通电加热使水升温；另一路经 VD₃、R₂ 半波整流后为 VD₄ 提供电压作为加热指示（红）。当热罐中的水被加热至设定温度（95℃）时，温控器 ST₁ 触点断开，切断加热器及加热指示回路电源，EH 停止加热，VD₄ 熄灭。当水温下降到设定温度（85℃）时，温控器 ST₁ 触点接通加热回路，EH 重新加热，VD₄ 再度点亮，当水再度加热至设定温度（95℃）时，温控器 ST₁ 触点又一次断开，切断加热回路电源。温控器如此反复地使加热电路接通或断开，将热罐中水温保持在 85～95℃。

电路中超温保险器 FU 和手动复位温控器 ST₂ 为双重保护元件。当饮水机超温或发生短路故障时，FU 自动熔断或 ST₂ 自动断开加热回路电源。FU 是一次性热保护元件，不可复原，因此在排除故障后需要按原规格更换新的超温保险器，而对手动复位温控器只需要用手按下复位按钮，即可使其闭合触点重新工作了。

5.2.4 实践操作：台式温热饮水机的常见故障分析及维修方法

台式温热饮水机常见故障分析及维修方法如表 5-2 所示。

表 5-2 台式温热饮水器常见故障分析及维修方法

常见故障	产生原因	维修方法
加热指示灯不亮，也不能加热	① 停电 ② 保险丝熔断 ③ 电源插头与插座接触不良或电源线断路	① 供电时再使用 ② 查明原因后更换合适容量的保险丝 ③ 修理或更换插头、插座及电源线
加热指示灯亮，但不能加热	① 手动复位温控器未复位 ② 电热管接线脱落或接触不良 ③ 电热管已烧断	① 按下手动复位温控器的复位按钮 ② 检查并使其接触良好 ③ 更换同规格电热管
加热指示灯不亮，但能加热	① 指示灯引线、插座与插头松动、氧化；接口虚焊或脱落 ② 发光二极管损坏 ③ 限流电阻变值、断路	① 修理插座、插头或焊牢接口 ② 更换发光二极管 ③ 更换限流电阻
加热指示灯频繁亮熄	加热温控器复位温度与动作温度较接近	更换加热温控器
水温过高或过低	① 加热温控器动作温度过高或过低 ② 温控器安装不良或安装腔有异物造成传热不好，影响动作温度	① 调整或更换加热温控器 ② 先拆下温控器，清理安装腔内毛刺、异物后，再在安装腔和温控器面上涂抹一层薄硅脂装好
按下热水龙头，热水出水慢或不出水	① PC 瓶中水已用尽 ② 聪明座入水口被标签等堵塞 ③ 热罐进水口有异物堵塞 ④ 热罐进水管或热水出水管扭曲，进出水不畅 ⑤ 进水单向阀内部有异物堵塞，阀芯顶住阀盖，不能自由下沉或上升 ⑥ 排气单向阀的阀芯和阀盖被油污粘死，不能自由下沉上升，空气不能进入热罐	① 换上另一瓶水 ② 清除聪明座上异物后，再装上水瓶 ③ 清除异物 ④ 检查修理，正确安装好进水管、出水管 ⑤ 检查并清除异物 ⑥ 拆除排气单向阀，清洗油污，装好后用手摇动单向阀芯能上下移动，再将单向阀装回原处

续表

常见故障	产生原因	维修方法
漏电	① 进水接头、进水管、进水单向阀漏水，导致电热管、温控器、带电导线接头受潮 ② 电热管引脚封口严重积污或氧化，使爬电距离缩短到 1mm 以下 ③ 热罐漏水 ④ 带电导线外露，与金属件、热罐、侧板等碰触 ⑤ 电热管密封圈损坏 ⑥ 电热管被击穿短路，管壁有裂纹，水渗进内部	① 首先接好橡胶管，更换破裂件，然后进行干燥驱潮处理 ② 先清理积污或氧化物，再进行干燥处理，使绝缘电阻阻值在 2MΩ 以上 ③ 修理或更换热罐 ④ 处理外露接头，外加绝缘保护套 ⑤ 更换密封圈 ⑥ 更换电热管
漏水	① 水龙头漏水、渗水 ② 聪明座漏水 ③ 单向阀漏水 ④ 排水管漏水 ⑤ 硅谷橡胶管漏水 ⑥ 热罐漏水	① 修理或更换水龙头 ② 修理或更换聪明座 ③ 修理或更换单向阀 ④ 修理或更换排水管 ⑤ 选用松紧度合适的管子按要求捆扎好 ⑥ 修理或更换热罐

任务 5.3　电热开水瓶的检测与维修

电热开水瓶又称电气压水瓶，是集电热水壶和气压保温瓶于一体的电热器具。电热开水瓶主要用来烧开水和保温开水，具有加热迅速、清洁卫生、无污染和安全方便等优点。

目前使用的电热开水瓶品种繁多、设计各异，但必备的加热和保温等功能基本相似：水未开之前，主加热器（或主、副加热器同时）进行加热；水开之后，自动转入副加热器加热保温；当水温下降到一定温度时，能自动转入主加热器工作，如此反复地进行加热与保温状态的自动转换。实际上，保温状态中电热开水瓶胆内的水温并非恒定不变，而在一定范围内波动（一般为 82～100℃）。

5.3.1　相关知识：电热开水瓶的基本结构

电热开水瓶主要由外壳、瓶盖、内胆、底盘、温控器、加热器、显示系统、气压出水装置或电动出水装置等出水控制系统组成，如图 5-7 所示。

电热开水瓶的外壳一般多用工程塑料或在马口铁板上喷涂防锈漆制成。瓶盖由压盖、锁紧装置和气囊等构成。加热器包括主加热器和副加热器，它装在内胆下部，并紧贴内胆安装。主加热器用来加热升温使水沸腾，因而功率较大；副加热器用于保温，一般功率较小，有些电热开水瓶中采用 PTC 恒温发热元件作为副加热器。电热开水瓶的内胆一般采用薄不锈钢板制成，底部开有小孔与出水导管连接，在内胆下部装有温控系统。电热开水瓶的温控系统包括温控器和超温保险器，一般采用可调式双金属片温控器和常闭型突跳式碟形双金属片温控器。电热开水瓶的显示系统主要包括水位、温度、加热、保温和重新加热显示等。计算机型电热开水瓶还具有胆内无水或水位低于规定下限时的报警功能。当按下电动气压电热开水瓶出水按钮时，可使压杆压住接口片座的气口，使内胆形成密封腔体，同时微动开关使电磁泵启动产生气压，水在气压的作用下从出水管流出。手动气压电热开水瓶可直接按下压盖加压使水流出。

(a) 手动气压电热开水瓶结构

(b) 电动气压电热开水瓶结构

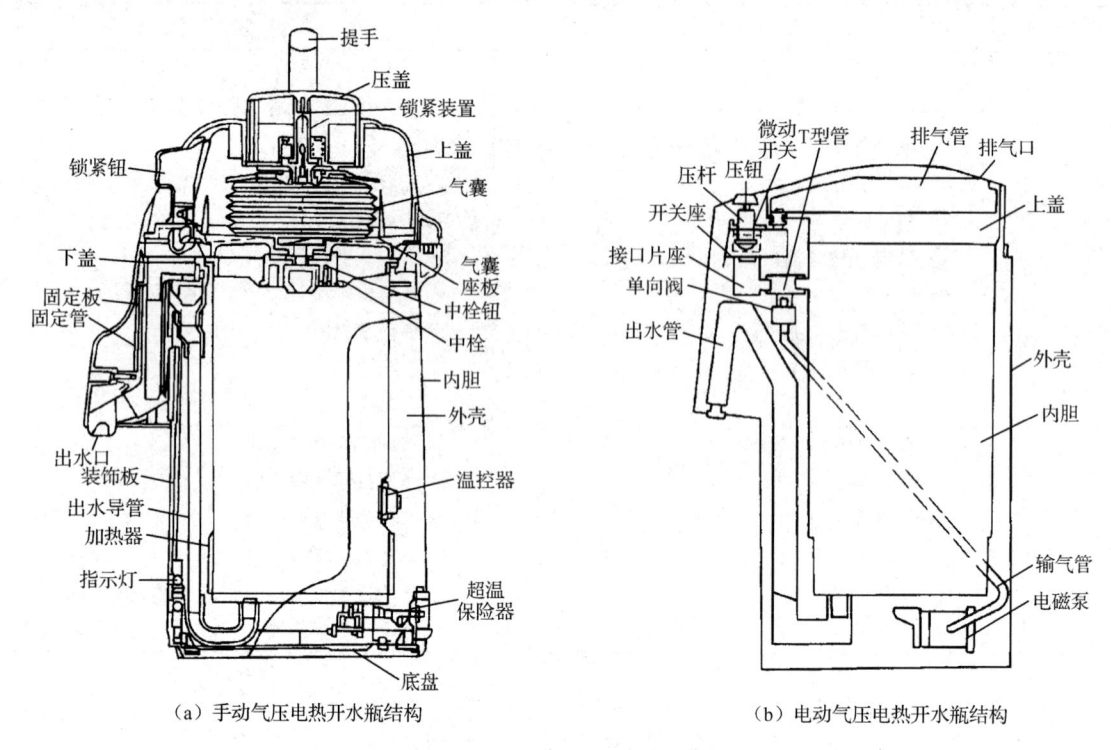

图 5-7 电热开水瓶结构图

5.3.2 相关知识：电热开水瓶的工作原理

1. 普通型电热开水瓶的工作原理

图 5-8 所示为普通型电热开水瓶的电气原理图。

当加水通电后，煮水指示灯 H_2（红）亮，主加热器加热经 25min 左右将水烧开，稍后双金属片温控器 ST 的触点动作断开，切断主加热器的电源，H_2 灭，保温指示灯 H_1（绿）亮，电热开水瓶进入保温状态，副加热器（图 5-8 中为 PTC 恒温发热体）通电加热，提供约 25W 保温功率。当水温下降到 82℃ 左右时，双金属片温控器 ST 重新接通主加热器的工作电路，电热开水瓶再次进入加热状态。如此周而复始地运转，使胆内水温保持在 82～100℃。

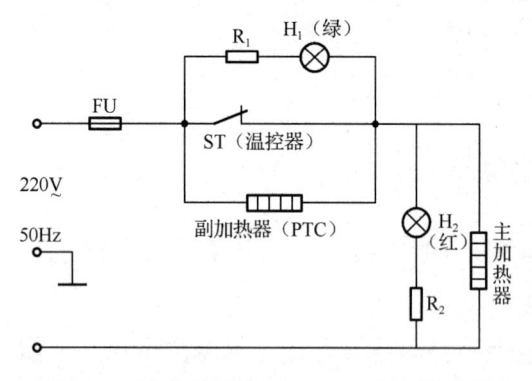

图 5-8 普通型电热开水瓶的电气原理图

2. 电动气压电热开水瓶的工作原理

图 5-9 所示为常见的一种电动气压电热开水瓶电气原理图。向内胆注入水至标志线后，接通电源，此时煮水指示灯亮（保温指示灯灭），主、副加热器同时工作，经过 20min 左右水沸腾。水持续沸腾 1～2min 后，温控器动作使触点分离，切断主加热器电路（煮水指示灯灭），此时，保温指示灯亮，副加热器继续工作，电热开水瓶进入保温状态。当需要取水饮用时，按下微动开关，电磁泵接通电源工作产生气压，开水在压力作用下经出水管流出；释放

微动开关，电磁泵停止工作，压力减小，水停止流出。当瓶内开水减少到一定量时，需要再注入冷水，瓶内水温下降使温控器动作触点闭合，主加热器通电加热使水沸腾，如此循环。

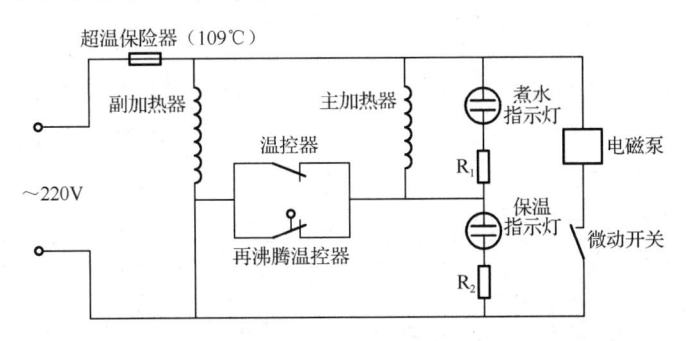

图 5-9 电动气压电热开水瓶电气原理图

电动气压电热开水瓶一般还设有重煮（再沸腾）开关。当瓶内开水温度下降到 95℃ 以下不适宜于冲茶等用途时，按下再沸腾温控器按钮，强行接通主加热器将水加热至沸腾，此时再沸腾温控器动作触点分离，自动切断主加热器，进入保温状态。电路中超温保险器是为了在温升异常时能迅速切断电源而设置的。

5.3.3 实践操作：电热开水瓶使用注意事项

电热开水瓶使用比较方便，注意掌握正确的使用方法，可延长其使用寿命和保证使用中的安全，一般在使用中应注意以下几点。

（1）加水要适量，不得超过"满水"标记。
（2）取水中应保持胆内水位在最低水位线以上，以免烧干和空烧。
（3）不能用电热开水瓶直接烧煮任何饮料和食物。
（4）电热开水瓶应定时清洗，以免胆内结垢而影响发热效率。
（5）注意瓶盖排气孔不能被堵塞。
（6）电热开水瓶必须连接可靠的地线，以确保用电安全。

5.3.4 实践操作：电热开水瓶的常见故障分析及维修方法

电热开水瓶结构并不复杂，维修难度不大，现将其常见故障原因及维修方法列表说明，如表 5-3 所示。

表 5-3 电热开水瓶常见故障原因及维修方法

常见故障	产生原因	维修方法
指示灯不亮，也不发热	① 停电 ② 保险丝熔断 ③ 电源插头与插座松动，接触不良 ④ 加热器开路或损坏 ⑤ 自动开关温度调节器损坏	① 待供电正常时使用 ② 查明原因后，再换保险丝 ③ 检查相应部件，损坏需要更换 ④ 加热器损坏一般无法修理，只能更换，若开路则接好即可 ⑤ 检查、修理或更换
指示灯不亮，但能发热	① 指示灯线路接触不良 ② 指示灯的限流电阻损坏 ③ 指示灯损坏	① 检修线路，使其接触良好 ② 按原规格更换 ③ 更换指示灯

续表

常见故障	产生原因	维修方法
转入保温状态后不发热	① 超温保险器与保温加热器之间连接导线脱落，保温电源不通 ② 保温电路的接线器相关螺钉松动，保温加热器无电源 ③ 整流二极管开路或损坏 ④ 保温加热器断路或损坏	① 检查并重新接牢脱落导线 ② 拧紧螺钉，接好导线 ③ 接好或更换同型号整流二极管 ④ 修理或更换新品
热水不易流出	① 安全钮处于"关闭"（CLOSE）挡，按压盖不动作 ② 瓶盖锁扣未锁紧，造成漏气 ③ 密封胶圈上有异物，造成漏气 ④ 密封胶圈老化龟裂、漏气 ⑤ 活塞压簧锈断 ⑥ 进气接头或出水管接头松动或脱落 ⑦ 电磁泵电路有故障或损坏	① 先将安全钮拨向"开启"（OPEN）挡，再按出水压盖 ② 放好瓶盖，锁紧锁扣 ③ 清除异物 ④ 更换同规格胶圈 ⑤ 更换压簧 ⑥ 重新接牢，如损坏需要换新件 ⑦ 检修或更换同型号电磁泵
加热器正常，但总不加热，转不到加热指示灯亮	① 水位未低于注水位置而注入冷水 ② 加入温度较高的热水，使电热开水瓶处于恒温状态	① 水位低于注水位置才能注入冷水 ② 一般不应加入温度在55℃以上的热水
热水随时溢出	① 装水超过了"满水"标记 ② 瓶盖排气孔被异物堵塞	① 按规定注入冷水，不要超过"满水"标记位置，超过时应断电排出 ② 清除异物
过量蒸汽溢出	① 温控器触点熔结在一起，无法自行断开，开水一直沸腾，产生大量蒸汽 ② 保温加热器短路，功率增大，致使保温状态下水一直沸腾	① 用小刀切开触点并用细砂纸打磨光滑，若触点已烧死在一起则更换新件 ② 更换保温加热器
按下微动开关，电磁泵不工作	① 微动开关支架固定轴折断，开关位移、触点不闭合 ② 微动开关触点接触不良或损坏 ③ 电磁泵线圈烧断	① 更换支架，装好微动开关 ② 修理或更换微动开关 ③ 重绕线圈或更换电磁泵组件
电磁泵气量不足	① 电磁泵皮碗龟裂、漏气 ② 输气管接头脱落或接头处开裂	① 修补或更换电磁泵 ② 接牢或更换输气管
漏电	① 电热开水瓶浸水或过度受潮 ② 磁力插头受潮或倒水时水流入其内 ③ 电气部分连接导线接头脱落，与内胆或金属件接触 ④ 加热器封口绝缘变差或失效 ⑤ 加热器引出插销绝缘垫损坏或受潮 ⑥ 加热器击穿，电热带（或丝）与镀锌铁（或铝）板接触	① 实施干燥处理 ② 抹干水分，晾干使用，必要时用电吹风机热风驱潮 ③ 找出脱落导线重新接牢 ④ 重新封口或更换 ⑤ 更换绝缘垫或干燥处理 ⑥ 修理或更换加热器
漏水	① 加水过满，超过"满水"位置 ② 水位尺底部接头破裂、渗水 ③ 出水管接头松动或破裂、渗水 ④ 容器有裂缝或针孔 ⑤ 加热器与容器接触不良，太松或有间隙	① 可通电将其压出 ② 更换新品 ③ 更换出水管 ④ 更换容器 ⑤ 重新紧固或更换橡胶垫圈

小结

（1）储水式电热淋浴器一般由储水箱（内胆）、外壳、电热元件、恒温控制器、压力安全阀、冷热水混合调温阀、进/出水管和喷淋器等构成。

（2）储水式电热淋浴器通电后，加热器使箱内水温达到设定温度时，温控器断开加热电路，进入保温状态；当箱内水温低于设定温度时温控器又自动接通电路，加热器重新工作。

（3）应重点掌握储水式电热淋浴器"指示灯亮，但水不热"、"水太热或含有蒸汽"及"漏电"等故障的维修方法。

（4）台式温热饮水机的加热部件主要由热罐、电热管、保温壳、温控器、进水管和排水管等组成，热罐外壁装有自动复位和手动复位温控器。当饮水机超温或发生短路故障时，手动复位温控器会自动断开加热电源，排除故障后需要按其复位按钮方可闭合触点。

（5）台式温热饮水机接通电源时电热管通电加热使水温上升到设定温度（一般为95℃）时，温控器切断加热电路；当水温下降到设定温度（85℃）时，温控器自动复位接通加热电路，如此周而复始地工作，使热罐中水温保持在85～95℃。

（6）着重掌握台式温热饮水机"加热指示灯亮，但不能加热"、"加热指示灯不亮，但能加热"和"漏电"等故障的维修方法。

（7）电热开水瓶一般分为手动气压电热开水瓶和电动气压电热开水瓶两大类，主要由外壳、瓶盖、内胆、底盘、温控器、加热器、显示系统、气压出水装置或电动出水装置等出水控制系统组成。

思考与练习题

1. 填空题

（1）储水式电热淋浴器因其_____、_____等优点而备受用户的青睐。

（2）造成储水式电热淋浴器漏电的原因主要有_____、_____、_____或_____等。

（3）台式温热饮水机加热指示灯不亮，也不能加热的原因为_____、_____或_____等。

（4）电热开水瓶具有_____、_____、_____和_____等优点。

（5）电热开水瓶热水随时溢出的原因为_____或_____等。

2. 简答题

（1）储水式电热淋浴器的加热指示灯亮，但水不热，可能是哪些原因引起的？如何进行维修？

（2）排除储水式电热淋浴器出水太热的措施有哪些？

（3）使用储水式电热淋浴器时主要有哪些注意事项？

（4）台式温热饮水机由哪些主要部件构成？
（5）台式温热饮水机中是如何实现超温或短路的双重保护的？
（6）保温状态中电热开水瓶胆内的水温是否恒定不变？
（7）衡量电热开水瓶保温和节能性能的主要依据是什么？
（8）试述电动气压电热开水瓶的工作原理。

项目 6 电热取暖器的拆装与维修

学习目标

1. 理解电热取暖器的类型和结构。
2. 学会电热取暖器的拆装及主要零部件的检测。
3. 掌握电热取暖器的工作原理、常见故障分析及维修方法。
4. 树立把小我融入大我、奉献家国、服务人民的情怀，争做德技并修、堪当民族复兴重任的时代新人。

电热取暖器是把电能转化为热能供取暖御寒的电热器具，与采用燃料御寒的器具相比，电热取暖器具有使用方便、发热迅速、温控准确、安全可靠、清洁卫生、热效率高、无污染等优点。随着人们生活水平的不断提高，各种现代化的电热取暖器得到了越来越普遍的使用。

按照电热取暖器传递热量的方式可分为两大类：间接取暖器和直接取暖器。间接取暖器将电能转换为热能后，通过其他介质向人体传递热量，人体不与之直接接触，所以又称为空间取暖器，如石英管式取暖器、暖风机、电热油汀等。直接取暖器将电能转换为热能后，人体与之直接接触取暖，常用的直接取暖器有电热褥、电热被、电热睡袋、电热衣裤、电热鞋和电热手套等。

本项目将重点介绍石英管式取暖器、电热油汀、暖风机和电热褥等电热取暖器的结构特点、工作原理及常见故障的维修方法。

任务 6.1 石英管式取暖器的拆装与维修

石英管式取暖器是采用石英管（卤素管）远红外电热元件，通过机内的反射装置使远红外线向周围空间辐射来完成传热功能的。研究表明，人体（含衣服）对可见光（0.40～0.76μm）的吸收能力较弱，对近红外光（0.76～2.5μm）的吸收能力也不强，但对远红外光（2.5～15μm）有较强的吸收能力，且能立即转化为热能。因此，石英管式等远红外光取暖器在工作时均以辐射远红外线为主，尽可能不发射或少发射可见光和近红外光。

石英管式取暖器具有安全可靠、加热迅速、节省电能等优点，其辐射传热不受中间空气层的影响而直接照射人体,即使在室内保温条件不好时,也能给辐射距离范围(3m)内的人体加热。一般小型石英管式取暖器只能加热某一方向的人体,不能加热整个室内空间,如果要求将室内空间的整个温度提高时,则必须选用大功率的全空间辐射式远红外取暖器。

6.1.1 相关知识:石英管式取暖器的分类与基本结构

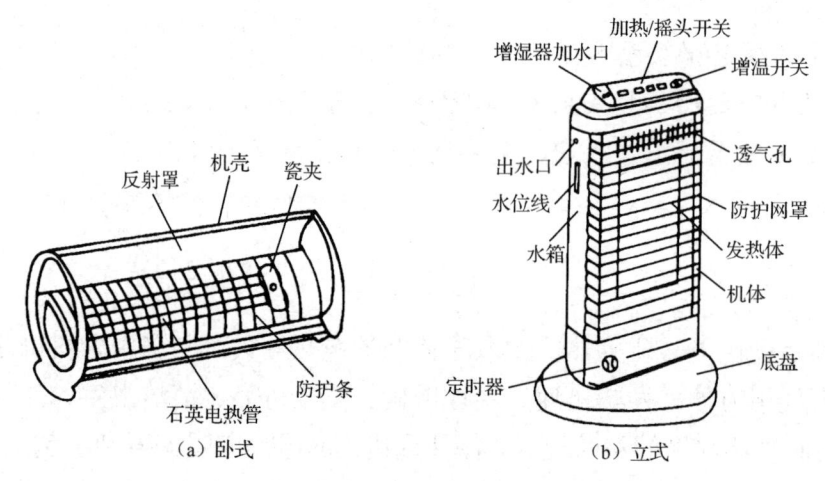

1. 石英管式取暖器的分类

石英管式取暖器按石英管的安放形式可分为卧式和立式两大类;按石英管的数量可分为单管、双管和三管等。

2. 石英管式取暖器的基本结构

石英管式取暖器一般由石英管电热元件、石英电热管、反射罩和机壳等组成,如图6-1所示。

图 6-1 石英管式取暖器结构图

1)石英管电热元件

石英管电热元件是在直径为12～18mm的石英管内装置带有引出端的螺旋合金电热丝制成的。电热丝绕成的螺旋的外径与石英管内径吻合,石英管两端用耐热绝缘材料密封。由于石英不导电,因此管内不需要填充绝缘材料。

2)石英电热管

石英电热管一般采用乳白色透明石英材料并采用特殊工艺制造,使管壁中形成大量直径为0.03～0.06mm的小气泡,其面密度高达2000～8000 个/cm^2。这样的石英电热管几乎将电热丝发射的可见光和近红外光全部吸收转化为石英晶体中的晶格振动,从而产生较强的远红外辐射。

3)反射罩

石英管式取暖器的反射罩一般由抛光的不锈钢板制成,并将其设计成抛物面状,以加强热辐射(可提高辐射效率30%左右)。

立式石英管式取暖器一般都配有旋转装置,可在70°～90°范围内左右旋转。有的立式石英管式取暖器还装有温控器和倾倒自动断电装置,当万一石英管式取暖器倾倒时,立即切断电源，以免电热元件与地板或地毯接触引起火灾。有些功率较大的石英管式取暖器还装有风扇，取暖器工作时风扇转动送出热风，这样既有辐射又有强制对流传热，效果更佳。

6.1.2 实践操作：石英管式取暖器的拆装及主要零部件的检测

1. 石英管式取暖器的拆装

（1）旋下底盘与主体的固定螺钉，卸下底盘。
（2）旋松固定防护网罩的螺钉，卸下防护网罩。
（3）拆开主体下端的面板，旋下风扇电动机紧固螺钉，拆开电动机的连接点（注意记下接线位置），拆下风扇电动机。
（4）旋下摇头风扇紧固螺钉，拆开电动机的连接点（注意记下接线位置），拆开摇头电动机。
（5）拆开主体上端的面板，卸下摇头开关及定时器。
（6）拆下石英管的连接线，卸下石英管。
（7）按拆卸相反顺序组装石英器式取暖器。

2. 主要零部件的检测

1）石英电热管

先观察石英电热管外表是否有损坏的痕迹，再用万用表电阻挡测量石英电热管各引出线之间的直流电阻阻值，正常值应为几十欧，且电功率越大直流电阻阻值越小。如果测得结果很大或∞，则说明电热丝断路，应予以更换。

2）风扇电动机

用万用表电阻挡测量风扇电动机两根引出线之间的直流电阻阻值。如果测得电阻阻值在几百欧之间，则说明它是好的；如果测得电阻阻值为0或∞，则表明它为短路或断路，应予以更换。

3）摇头电动机

用万用表电阻挡测量摇头电动机两端引出线之间的直流电阻阻值，正常时应为几千欧，判别方法同风扇电动机。

6.1.3 相关知识：石英管式取暖器的工作原理

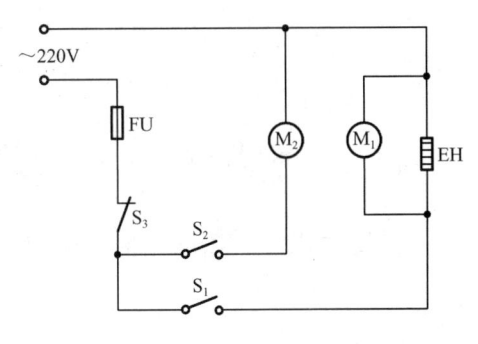

1）立式单管石英取暖器

立式单管石英取暖器电路如图 6-2 所示。当加热开关 S_1 合上时，石英管 EH 和送风管 M_1 同时工作；当旋转开关 S_2 合上时，旋转电动机 M_2 工作可使取暖器进行 70°~90°旋转，以增加辐射面积。若取暖器不慎倾倒，则底座下面的防倾倒开关 S_3 断开，整机断电停止工作。若取暖器由于某种原因产生过电流或过热，则温升保护

图 6-2 立式单管石英取暖器电路

器 FU 动作切断电路。温升保护器可为温度熔丝，也可采用双金属片温控器。

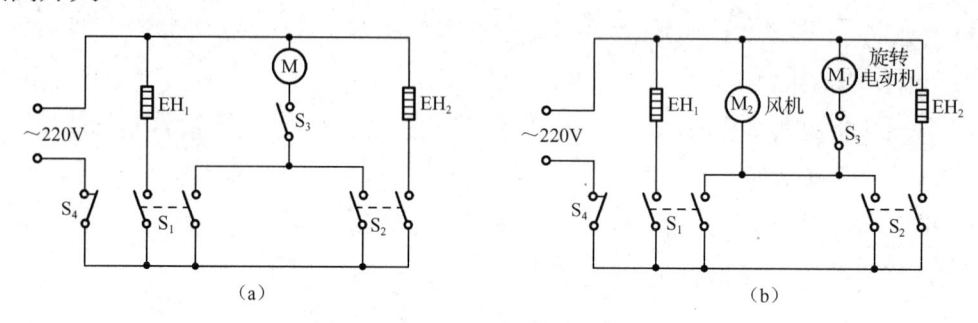

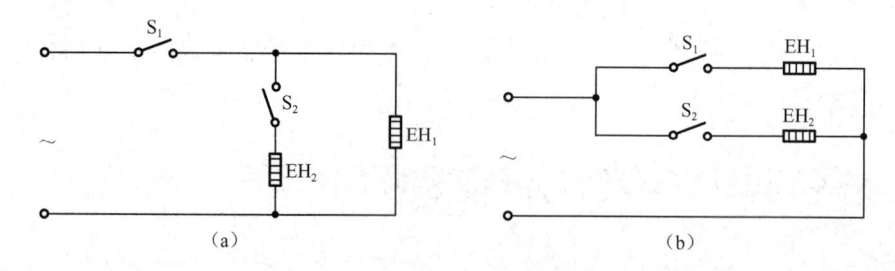

2）立式双管石英取暖器

立式双管石英取暖器电路如图 6-3 所示。图 6-3（a）的电路中 $S_1 \sim S_3$ 多采用按钮开关。使用时接通电源，合上加热开关 S_1，石英管 EH_1 发热；合上 S_1 和旋转开关 S_3，取暖器在旋转电动机 M 的带动下既旋转又发热；合上加热开关 S_2，石英管 EH_2 发热；合上 S_2 和旋转开关 S_3，取暖器在旋转电动机 M 的带动下既旋转又发热；同时合上 S_1 和 S_2，两石英管同时发热；合上 S_1、S_2、S_3 时，两石英管同时发热，当取暖器也随之在旋转电动机 M 的带动下旋转。S_4 为防倾倒开关。

图 6-3 立式双管石英取暖器电路

图 6-3（b）中的电路既有旋转电动机，又有风机。当接通电源后，合上 S_1，石英管 EH_1 发热并送风；合上 S_2，石英管 EH_2 发热并送风；同时合上 S_1 和 S_2，两石英管同时发热并送风；合上 S_1、S_2、S_3 时，两石英管发热送风，取暖器在旋转电动机 M_1 带动下进行 70°～90° 旋转，增大了辐射面积。S_4 为防倾倒开关，当取暖器直立时，其自行闭合，一旦倾倒，S_4 立即切断电源，确保安全。

3）卧式双管石英取暖器

卧式双管石英取暖器电路如图 6-4 所示。图 6-4（a）中的电路在使用时，当加热开关 S_1 合上时，石英管 EH_1 通电发热；当 S_1 和 S_2 都合上时，石英管 EH_1 和 EH_2 同时发热。

由图 6-4（b）可知，加热开关 S_1 和 S_2 各控制一只石英管。使用时，若合上 S_1 或 S_2，则石英管 EH_1 或 EH_2 发热；若同时合上 S_1 和 S_2，则两石英管同时发热。

图 6-4 卧式双管石英取暖器电路

6.1.4 实践操作：石英管式取暖器的常见故障分析及维修方法

石英管式取暖器的常见故障分析及维修方法如表 6-1 所示。

表6-1 石英管式取暖器的常见故障分析及维修方法

常见故障	产生原因	维修方法
发热管不亮或风扇不转	① 电源插头与插座接触不良或电源线断路 ② 相应开关接触不良或电路断开 ③ 保险丝熔断 ④ 电热丝烧断	① 修理电源插座、插头或更换电源线 ② 检修相应开关或将电路接牢 ③ 查明原因后更换保险丝 ④ 更换电热丝或更换石英管
辐射效率降低	① 反射罩有尘垢 ② 线路因潮湿漏电 ③ 市电电压偏低 ④ 电热丝的阻值增大	① 清理干净 ② 检修或更换新线 ③ 用调压器升压 ④ 更换电热丝或石英管
辐射光忽强忽弱	① 插座或开关松动 ② 保险丝接触不良 ③ 电热丝接头松动	① 插紧或加固开关 ② 调整保险盒的导电金属片使其接触良好或更换新品 ③ 重新紧固接牢
石英管亮度不均	① 局部螺旋电热丝节距变小 ② 螺旋电热丝下垂 ③ 卧式取暖器倾斜角过大	① 重新调整或更换电热丝 ② 重新校正或更换电热丝 ③ 调整角度（一般倾斜应小于30°），按说明书要求正确使用
石英管不亮，但风扇转	① 石英管内电热丝烧断 ② 石英管两端引出线套或线夹因氧化接触不良	① 将石英管拆下，用万用表检测，若开路则更换电热丝或石英管 ② 用细砂纸修磨氧化膜，重新上好套或线夹
石英管亮，但风扇不转	① 电动机引线脱落 ② 电动机轴与风叶间打滑 ③ 电动机绕组损坏 ④ 电动机主轴缺油卡死	① 重新接牢 ② 上紧固定螺钉 ③ 按原线圈径数重新绕制 ④ 拆除主轴清除污垢，加润滑油后重新安装好
温控器失灵	① 双金属片变形 ② 温控器移位 ③ 温控器调节螺钉松动或失调 ④ 触点粘连	① 更换温控器 ② 重新安装固定温控器 ③ 重新紧固和调整 ④ 修理触点或更换温控器
漏电	① 取暖器受潮 ② 取暖器中排线过近且绝缘强度降低	① 进行干燥处理 ② 重新合理排线并进行加强绝缘处理
电热取暖器自身过热	① 出口堵塞 ② 反射板污垢过多 ③ 电热丝局部短路 ④ 温控器失调 ⑤ 电网电压严重偏高	① 排除堵塞或改变放置位置 ② 清除污垢 ③ 更换电热丝或石英管 ④ 修整温控器触点或更换温控器 ⑤ 暂停使用，待电压正常时再用，或者安装交流调压器、稳压器

任务6.2 电热油汀的检测与维修

电热油汀是充油式取暖器的俗称，是一种使用安全、可靠的空间取暖器。电热油汀的最大优点是散热面积大、表面温度不高、热安全性好、机械强度大，即使在人多拥挤的地方，或者浴室、暗房等潮湿的环境中也能使用；其缺点是热惯性大，升温和降温均较慢，使用场所的保温条件要好。尽管如此，由于电热油汀独特的优越性，因此近年来得到了人们广泛的使用。

6.2.1 相关知识：电热油汀的基本结构

电热油汀的外形与普通取暖器很相似，主要由电热元件、金属散热片、导热油、温控器、功率转换开关、指示灯及万向转动小轮等组成，如图6-5所示。

电热油汀以金属电热管为加热元件，用点焊或套压的方法把金属管状电热元件固定在有许多散热片的腔体中。腔体内充有 YD 系列导热油（或变压器油等）。这种油由长碳链的饱和烃组成，其主要优点是价格低廉且温度容易控制。由于电热油汀的体积较大、重量较重，其底部均装有四只万向转动小轮，以便随意改变摆放的位置。

电热油汀一般采用双金属片温控器来控制温度，其温度调节控制开关结构图如图 6-6 所示。它是一种手动（通过调节杆）和自动（双金属片的动作）相结合的温度控制装置，由支杆、热金属片、压板和调节杆等组成。通过旋转调节杆改变压板对热金属片的压力来设定温度，显然压力越大，相应的设定温度越高（最高不超过 100℃）。当达到设定温度时，双金属片发热变形使动、静触点分开，从而切断加热元件的电源，达到控制温度的目的。

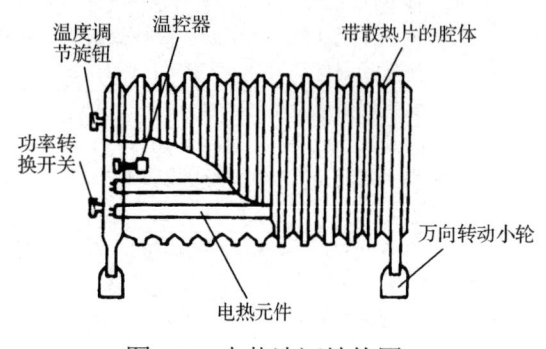

图 6-5 电热油汀结构图

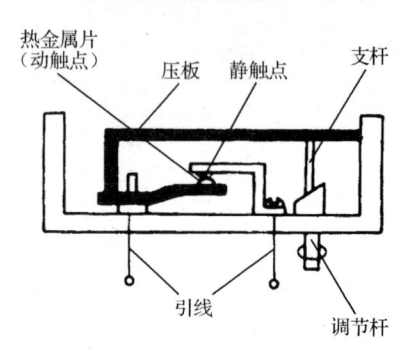

图 6-6 温度调节控制开关结构图

6.2.2 相关知识：电热油汀的工作原理

电热油汀的典型电路图如图 6-7 所示。

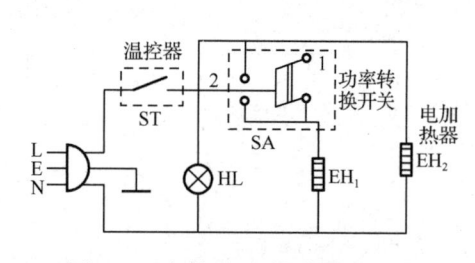

图 6-7 电热油汀的典型电路图

通电前先将温度调节旋钮旋至最高温挡，并将电热油汀的功率转换开关置于图中"2"位置，通电时使两只电加热器 EH_1 和 EH_2 同时发热，指示灯 HL 发光，处于高功率加热状态，电热管周围的导热油较快被加热后，沿散热腔体内的管道循环，通过腔体的表面将热量辐射出去。热量散发后冷却的导热油沿导管返回电热管周围再次被加热，从而不断地循环传递热量。

当电热油汀温度较高后，可将功率开关调至"1"位置，使 EH_2 断电，指示灯熄灭，但 EH_1 仍然通电发热，此时可根据需要调节温度调节旋钮，以使其在所调定的温度附近实现自动保温。

当温度超过所设定的温度时，温控开关的动、静触点因热金属片受热变形而分开，切断了电热管的电源。经过一段时间，温度降低到设定温度以下时，热金属片又恢复原状使两触点接通，从而电热管又通电工作，继续加热。顺便指出，使用电热油汀，开机时将温度调节旋钮旋至最高温挡，半小时后再回旋至中温挡或关掉电热油汀的一个电热管，可使其功耗减小 2/3 左右。

6.2.3 实践操作：电热油汀的常见故障分析及维修方法

电热油汀的结构比较简单且外壳机械强度较大，一般不易发生故障，其常见故障的维修方法也不复杂，如表 6-2 所示。

表 6-2 电热油汀的常见故障及维修方法

故 障 现 象	产 生 原 因	排 除 措 施
通电后不发热	① 停电 ② 电源插头与插座接触不良或电源线断路 ③ 温控器触点烧坏或热金属片疲劳变形造成动、静触点无法接触 ④ 电热元件烧毁	① 待供电时使用 ② 检修或更换电源线 ③ 检修或更换温控器 ④ 更换同型号电热元件
通电后无指示，但发热	① 指示灯接头松动或接触不良 ② 指示灯损坏	① 检修使其接触良好 ② 更换同型号指示灯
仅一个功率挡工作	① 功率转换开关接触不良或损坏 ② 另一个电热管接头接触不良	① 检修或更换功率转换开关 ② 检修或更换电热管
温度过高	① 市电电网电压过高 ② 热金属片移位 ③ 热金属片两触点粘连 ④ 热金属片严重疲劳变形，使动、静触点不能及时分离	① 待电压正常时使用或加交流调压器 ② 重新固定到原位 ③ 用小刀切开并用细砂纸打磨光滑，如果已烧死在一起，则更换同型号热金属片 ④ 更换同型号热金属片
温度过低	① 市电电网电压过低 ② 电热管引出端接触不良 ③ 温控器动、静触点因氧化而接触不良 ④ 热金属片移位或变形	① 待电压正常时使用或使用交流调压器 ② 清除氧化层再重新紧固，使其接触良好 ③ 整修触点使其接触良好，如果损坏严重则需要更换新品 ④ 检修或更换新品

任务 6.3 暖风机的拆装与维修

暖风机又称为热风机或吹风式电暖器，是一种强制对流式取暖器，它利用送风机通过强制对流的方式把被电热元件加热的暖空气送到周围空间，从而达到向周围供暖的目的。

6.3.1 相关知识：暖风机的分类与基本结构

暖风机的种类很多，按照其结构的不同，可分为离心式、轴流式、储热式及风扇式等类型，但一般均由扇叶、电热元件、电动机、控制开关、温控器、防护罩和外壳等组成。图 6-8 所示为常见的一种轴流式暖风机的基本结构图。

暖风机的电热元件一般为裸露的螺旋形电热丝或管状电热元件。目前，新一代的暖风机大多采用 PTC 发热器来代替电热丝作为电热元件，并设有自然风和具有二级热源转换功能。离心式暖风机一般小巧美观，而轴流式暖风机的风力比较柔和。有的暖风机还装有反射板，可以把热量反射出去，以提高供暖效果。

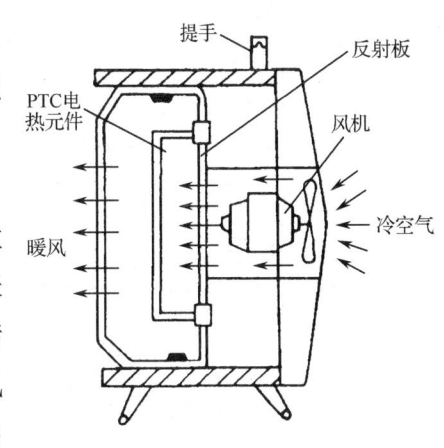

图 6-8 常见的一种轴流式暖风机的基本结构图

6.3.2 实践操作：暖风机的拆装

（1）把暖风机置于工作台上，用十字螺丝刀旋出送风扇外罩的紧固螺钉，取下送风扇外罩。

（2）用十字螺丝刀旋出防护罩的紧固螺钉，取下防护罩。

（3）用十字螺丝刀旋出发热管支架的紧固螺钉，用电烙铁焊开发热管的电源连线，先取下发热管支架和发热管，再分开发热管和支架。注意不要碰损发热管和支架。

（4）用十字螺丝刀旋出送风扇的紧固螺钉，用电烙铁焊开送风扇的电源连线，先取下送风扇，再用尖嘴钳取下扇叶固定片，取下风扇扇叶。

（5）用电烙铁焊开电热开关、风扇开关、电容器的电源连线，用十字螺丝刀旋出紧固螺钉，取下电热开关、风扇开关和电容器。

（6）用电烙铁焊开温控器和热熔断器的电源连线，用十字螺丝刀旋出紧固螺钉，取下温控器和热熔断器。

（7）暖风机的安装步骤和上述过程相反。

6.3.3 相关知识：暖风机的工作原理

暖风机的构造虽然不尽相同，但它们的工作原理基本一致。当暖风机接通电源后，电热元件即开始发热，使其周围空气升温，与电热元件同时启动的送风机，一面把被加热的暖空气吹出，一面又从后面的进风口抽入冷空气，经过这样的强制对流，使室内气温较快升高，以起到供暖的作用。

图 6-9 中两种暖风机的工作原理大体相同，图 6-9（a）中设有 2 挡温度调节，而图 6-9（b）中设有 3 挡温度调节。当开关置于低热挡（或 1 挡）时，扇叶吸入的空气只经一组电热器加热后由出风口吹出；当开关置于高热挡（2 挡或 3 挡）时，两组（或三组）电热器同时发热，显然吹出的热风温度更高，供热效果更好；当开关置于冷风挡时，电热器不发热，只吹出冷风，相当于一个电风扇。图 6-9（a）中装有温控器（一般采用双金属片温控器），若因出风口被堵塞等造成热量不能散出时，温控器会自动切断电源，以防暖风机可能出现过热事故。

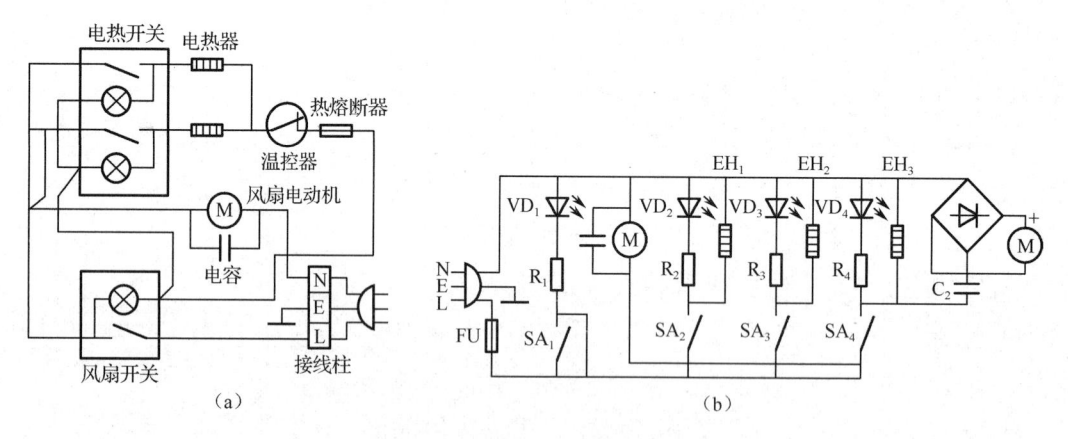

图 6-9 两种暖风机的电路图

6.3.4 实践操作：暖风机的常见故障分析及维修方法

暖风机结构比较简单，故障判断和维修也不困难，按如表 6-3 所示内容，即使是初学者也能迅速查明故障原因和排除故障。

表 6-3 暖风机的常见故障及维修方法

常 见 故 障	产 生 原 因	维 修 方 法
通电后不发热，也无风送出	① 电源插头与插座接触不良或电源线断路 ② 保险丝熔断 ③ 定时器损坏 ④ 电源接线器接触不良或损坏	① 检修插头、插座或更换电源线 ② 查明原因后更换同规格的保险丝 ③ 更换定时器 ④ 修理或更换电源接线器
通电后发热，但无风送出	① 风机开关触点接触不良或损坏 ② 电动机轴承因缺油使转轴卡死 ③ 风叶与电动机轴间打滑 ④ 电动机启动电容器容量变小或损坏 ⑤ 电动机绕组烧坏	① 修理或更换风机开关 ② 清除积垢后，在电动机轴承中加注适量润滑油 ③ 紧固风叶，固定螺钉 ④ 更换启动电容器 ⑤ 修理或更换电动机
有风送出，但风不热	① 转换开关未置于热风挡 ② 加热开关接触不良或损坏 ③ 电热元件两端引线松脱或氧化 ④ 电热元件损坏	① 将转换开关置于热风挡 ② 修理或更换加热开关 ③ 重新接牢，使其接触良好 ④ 更换电热元件
某加热挡工作指示灯不亮，但能加热	① 相应指示灯接线器氧化或松脱 ② 指示灯限流电阻变值或开路 ③ 指示灯损坏	① 打磨掉氧化层使其接触良好，接好接线或更换指示灯接线器 ② 更换限流电阻 ③ 更换同规格指示灯
周围温升太慢	① 电网电压过低 ② 叶片松动或严重变形	① 待电压正常时使用或加装交流调压器 ② 紧固、修理或更换叶片

任务 6.4　电热褥的检测与维修

电热褥是直接取暖器中最常用的一种，它直接与人体接触，因此取暖效果显著，耗电量小，且清洁卫生无污染。电热褥使用时铺于整个床面，发热面积大且温度均匀适中，容易实现调温、恒温。电热褥配上适当的温控器和附件，还可用来孵化家禽、育苗催芽等。正是由于电热褥这些独特的功能，使其得到广泛使用。随着新材料、新技术的发展，电热褥的功能和应用领域将进一步被开发和扩大。

6.4.1　相关知识：电热褥的分类与基本结构

电热褥的类型较多，其控制电路也不相同，主要有普通型、二极管整流调温型，以及电热线串、并联换接调温型等。但其基本结构大致相同，一般分为电热线、褥体和控制电路三部分，如图 6-10 所示。

1) 电热线

电热线是电热褥的发热体。老式电热褥中直接将镍铬（康铜或铁铬铝）合金丝的裸线（或漆包线）作为电热线缝在粗布上，其安全性能很差，大多已被淘汰。现在的电热褥一般都采用比较结实的聚酯漆包镍

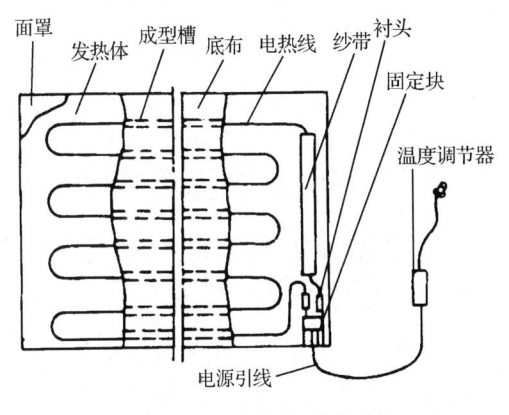

图 6-10　电热褥结构图

铬丝为电热线,采用螺丝缠绕工艺均匀地缠绕在玻璃纤维芯(或石棉绝缘线芯)上,再套一层耐热的尼龙纺织层,层外再涂敷耐热聚乙烯树脂,如图6-11(a)所示。还有与电子控制相配合的更安全的电热线目前已被广泛采用,如图6-11(b)所示。它是在细石棉绝缘线芯上绕上电热线,其外包一层低温熔融层,外面缠有第一检测线,再包上具有负感温特性的负感温层,其外再缠有第二检测线,再包一层耐热塑料(也有只设一层检测线的)。这种电热线的最大特点是安全性、可靠性很高。

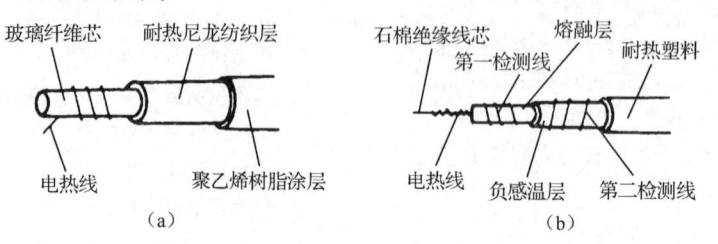

图 6-11 电热褥电热元件结构图

2)褥体

电热褥的褥体一般由底料、面料复合而成,电热线在底料上的布置为波纹迂回方式,不能采用直线迂回方式,以防电热褥受外力作用时拉断电热线。较高档次的电热褥,其电热线的绝缘和褥体均采用阻燃型材料。

3)控制电路

电热褥的控制电路详见电热褥的工作原理叙述。

6.4.2 实践操作:电热褥的检测

(1)取出电热褥置于工作台上,用万用表 R×1k 挡检测电热褥电源的线端,这时表头应有摆动:双人床电阻阻值为500Ω左右,单人床电阻阻值为800Ω左右。若表针不动,则为断路,应仔细找出断头处,将断头缠接焊好,并用绝缘套包好。

(2)在电热褥上放置导体板,用兆欧表测量其绝缘电阻阻值,冷态时绝缘电阻阻值应大于或等于10MΩ,方可视为安全,热态时测得的绝缘电阻阻值应大于或等于7MΩ,方可视为安全。

6.4.3 相关知识:电热褥的工作原理

1. 普通型电热褥的工作原理

普通型电热褥的控制电路比较简单,如图6-12所示,电源经开关S、保险丝FU与电热线R_L串联,当开关S闭合后,电热线通电发热,其温度不能调节。保险丝FU起保护作用。

2. 二极管整流调温型电热褥工作原理

二极管整流调温型电热褥的控制电路是在普通型电热褥的控制电路上串接一只二极管与一只三挡位转换开关组成的,如图6-13所示。当转换开关S位于"1"时,电热线处于断电状态,不发热;当转换开关S位于"3"时,电热线直接与电源相接,电热褥以设计的额定功率发热,此为高温挡;当转换开关S位于"2"时,电源经二极管VD半波整流后供给电热线,电热褥的发热功率仅为额定功率的1/2,此为低温挡,从而达到了调温的目的。

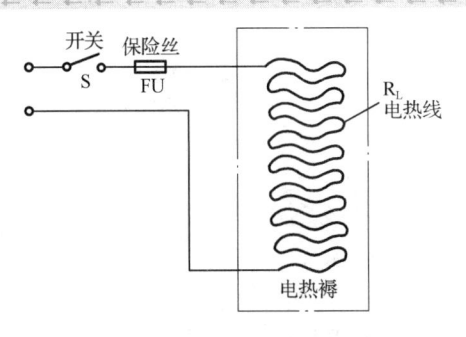

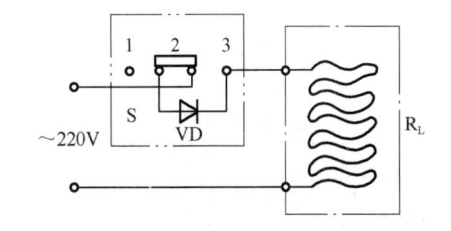

图 6-12 普通型电热褥的控制电路　　　　图 6-13 二极管整流调温型电热褥的控制电路

3．电热线串、并联换接调温型电热褥工作原理

电热线串、并联换接调温型电热褥利用转换开关控制两组规格相同的电热线串联、并联，或只接通一组电热线来实现调温，如图 6-14 所示。图中，当转换开关 S 位于"1"或"5"时，电热线未接电源，不发热，当转换开关 S 位于"2"时，两组电热线（R_{L1} 和 R_{L2}）并联接入电路，这时电热线发热功率最大，为高温挡；当转换开关 S 位于"3"时，只有 R_{L2} 接入电路工作，功率为高温挡的 1/2，为中温挡；当转换开关 S 位于"4"时，R_{L1} 和 R_{L2} 串联接入电路工作，功率仅为高温挡的 1/4，为低温挡。

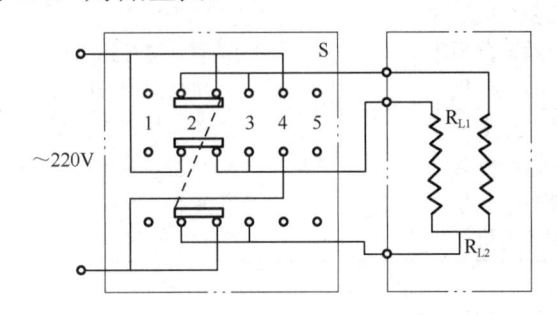

图 6-14 电热线串、并联换接调温型电热褥电路图

6.4.4　实践操作：电热褥的常见故障分析及维修方法

电热褥的常见故障分析及维修方法如表 6-4 所示。

表 6-4　电热褥的常见故障分析及维修方法

常见故障	产 生 原 因	维 修 方 法
通电后不发热	① 电源插头与插座接触不良或电源线断路 ② 电源开关接触不良或损坏 ③ 电热线断路 ④ 转换开关接触不良 ⑤ 二极管断路 ⑥ 保险丝熔断	① 修理插头与插座使其接触良好或更换插头、插座、电源线 ② 修理微型床头开关使其接触良好，严重损坏时应换用新件 ③ 用万用表 R×1KΩ 挡检测电热线两端一般应为 500～800Ω，若指针不动，则为断路，仔细找出断头处，缠结焊好后，并进行绝缘处理 ④ 修复或更换转换开关 ⑤ 更换同型号二极管 ⑥ 查明原因并排除后更换保险丝
指示灯不亮	① 停电或电源线断路 ② 氖管烧坏	① 检查电源线路 ② 更换氖管

续表

常见故障	产生原因	维修方法
温度偏低	① 电源电压偏低 ② 开关触点位置不准 ③ 电热褥上覆盖过厚	① 加交流调压器或稳压器 ② 校正开关触点位置 ③ 更换较薄的覆盖
温度过高	① 有重叠部分 ② 电源电压过高 ③ 电热线部分短路 ④ 调温二极管击穿	① 重新平整铺开 ② 加交流调压器或稳压器 ③ 检修或降压使用 ④ 更换同型号二极管
不能调温	① 调温开关接触不良 ② 调温部分失灵	① 检修开关使其接触良好 ② 视具体调温原理检修
升温慢	① 电源电压偏低 ② 电热线接线处接触不良 ③ 控温元件失灵	① 加交流调压器或稳压器 ② 找出故障点,使其接触良好 ③ 检修控温电路,更换损坏元件
有焦味	① 电热线引出线与电源线接触不良,产生打弧 ② 电热线间呈半断状态,打火产生焦味 ③ 长时间通电使用,温度太高,使绝缘材料发焦	① 重接使其接触良好 ② 接好并进行绝缘处理 ③ 按使用要求,不能够长时间通电
漏电	① 电热褥受潮或被尿湿 ② 带电体绝缘部分损坏 ③ 电热线绝缘层老化	① 晾干后再使用 ② 重新进行绝缘处理 ③ 更换同型号电热线
出现触电、烧床等事故	① 电热褥严重受潮 ② 电热线折断处打火 ③ 接头未接好引起打火 ④ 产品质量不合格	① 干燥处理后再使用 ② 重接好电热线并进行绝缘处理或更换电热线 ③ 重新接好并绝缘 ④ 退货或更换

小结

（1）电热取暖器有直接取暖器和间接取暖器两大类，常用的直接取暖器有电热褥、电热被、电热睡袋、电热衣裤、电热鞋和电热手套等。间接取暖器（又称空间取暖器）有石英管式取暖器、暖风机、电热油汀等。

（2）石英管式取暖器是以辐射人体极易吸收并转为热能的远红外光来传热的，具有安全可靠、加热迅速、节省电能等优点，主要由石英管电热元件、石英电热管、反射罩和机壳等组成。

（3）一般卧式简易型石英管式取暖器由两个开关分别控制两只石英管，可开启某个开关使一只石英管发热，也可同时开启两个开关使两只石英管同时发热。具有旋转和送风功能的立式双管石英取暖器中还装有风机、旋转电动机和防倾倒开关等，一般还装有双金属片温控器。

（4）应重点掌握通电后"石英管不亮或风扇不转"、"石英管不亮，但风扇转"和"辐射效率降低"等故障的维修方法。

（5）电热油汀主要由电热元件、金属散热片、导热油、温控器、功率转换开关、指示灯及万向转动小轮等组成，它以金属电热管为加热元件，以YD系列油剂为导热油。

（6）一般通电时应先让电热油汀两只电热管同时发热，使导热油较快加热后沿散热腔体内的管道循环，通过腔体表面将热量辐射出去。当电热油汀温度较高后，可关掉一只电热管，并根据需要调节温度调节旋钮，以便在调定的温度附近实现自动保温。

（7）应重点掌握电热油汀"通电后不发热"、"通电后温度过高"或"通电后温度过低"

等故障的维修方法。

（8）暖风机有离心式、轴流式、储热式及风扇式等，一般均由扇叶、电热元件、电动机、控制开关、温控器、防护罩和外壳等组成。其电热元件通常为裸露的螺旋形电热丝或管状电热元件，新一代的暖风机大多采用 PTC 发热器作为电热元件。

（9）当暖风机接通电源后，电热元件发热的同时，风机将被加热的暖空气吹出，又将其后的冷空气抽入，经过这样强制对流的方式达到供暖的目的。

（10）重点掌握暖风机"通电后不发热，也无风送出"或"通电后发热，但无风送出"等故障的维修方法。

（11）电热褥不仅可用来取暖，其配上适当的温控器和附件，还可用来孵化家禽、育苗催芽等。

（12）电热褥基本结构分为电热线、褥体和控制电路三部分。电热线的构造和质量是电热褥安全性能的基本保证，与电子控制相配合的安全电热线现已被广泛使用。

（13）电热褥的电热线在底料上必须以波纹迂回方式布置，以防受外力作用时被拉断，电热线与褥体采用阻燃型材料来绝缘。

（14）电热褥的控制电路种类较多，主要有普通型、二极管整流调温型及电热线串、并联换接调温型等，应分别了解这些控制电路的原理。

思考与练习题

1. 填空题

（1）石英管式等远红外光取暖器在工作时均以辐射_____为主，尽可能不发射或少发射_____和_____。

（2）电热油汀通电后无指示，但发热的原因可能为_____和_____。

（3）暖风机的电热元件一般为_____或_____，而最新一代暖风机大多采用_____发热器作为电热元件。

（4）电热褥一般由_____、_____和_____三部分组成。

2. 简答题

（1）石英管式取暖器由哪些主要部分构成？有什么特点？

（2）石英管式取暖器辐射效率降低的原因有哪些？如何提高其辐射效率？

（3）石英管式取暖器通电后石英管不亮或石英管亮度不均分别可能是哪些原因所致？如何排除故障？

（4）试述电热油汀的结构特点和工作原理。

（5）如何使用电热油汀可降低其功耗？

（6）暖风机有哪些类型？主要由哪些部分构成？

（7）试述暖风机的工作原理。

（8）暖风机通电后不发热或发热但无热风送出，可能是哪些原因引起的？如何进行维修？

（9）电热褥的控制电路主要有哪几类？试分述其工作原理。

（10）电热褥通电后不发热或虽发热但温度偏低，以及漏电等故障如何进行维修？

项目 7 电热清洁器具的拆装与维修

学习目标

1. 理解电热清洁器具的类型和结构。
2. 学会电热清洁器具的拆装及主要零部件的检测。
3. 掌握电热清洁器具的工作原理、常见故障分析及维修方法。
4. 坚持马克思主义世界观和方法论,领会习近平新时代中国特色社会主义思想,增进对伟大祖国、中华民族、中华文化、中国共产党、中国特色社会主义的认同。

电热清洁器具是利用电热元件所产生的热能、远红外线和臭氧(O_3)等来熨烫衣物和清洗、消毒食具的电热器具,与传统的清洁器具相比,电热清洁器具有使用方便、清洁卫生、安全可靠和没有污染等优势。随着社会的进步和科学技术的发展,人们对生活质量、卫生条件的要求也不断提高,因此电热清洁器具越来越受到人们的青睐。

任务 7.1 电熨斗的拆装与维修

电熨斗是利用电热元件加热至适当高温来熨烫与平整织物、皮革、纸张、塑料等物品的电热器具。

7.1.1 相关知识:电熨斗的分类

电熨斗的种类很多,按照其使用功能和完善程度可分为普通型、调温型、PTC 恒温型、喷气型、喷雾型和离子型等。在此仅介绍调温型、调温喷气型、调温喷气喷雾型及离子型电熨斗。

7.1.2 相关知识:电熨斗的基本结构及工作原理

1. 调温型电熨斗

在普通型电熨斗基础上加装调温器和指示灯就构成了调温型电熨斗,如图 7-1 所示。调温器一般为双金属片调温器,利用双金属片的感温特性来控制温度,通过旋转调温旋钮的位置来设定所需的熨烫温度,双金属片调温器控制温度在 60~250℃连续可调。

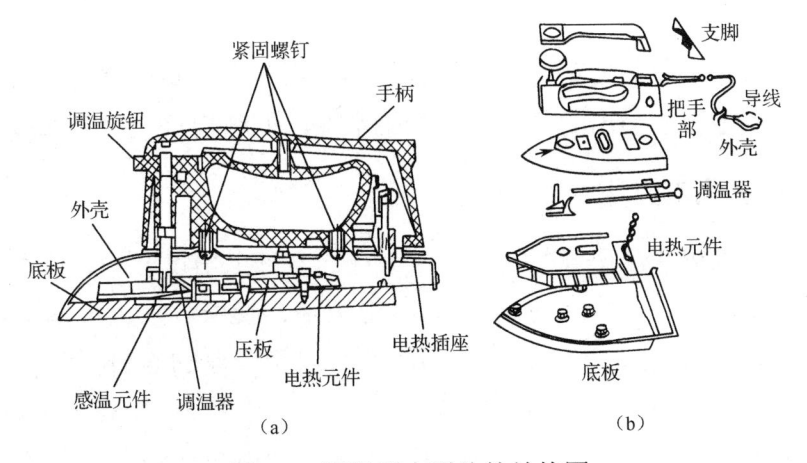

图 7-1 调温型电熨斗的结构图

调温型电熨斗电气原理图如图 7-2 所示,当电熨斗接通电源时,双金属片动、静触点相接,指示灯亮,电流通过电热元件发热,底板温度上升。当温度上升到一定限值时,双金属片向下弯曲,动、静触点分离,使电热元件断电,指示灯熄灭,电熨斗底板温度开始下降。当温度降低后,双金属片又逐渐恢复原状,动、静触点重新接触,指示灯又亮,电热元件重新发热。如此循环往复,自动把电熨斗底板的温度限制在一定的范围内。调节设定温度时,只需要旋转调温旋钮来改变动、静触点间的压紧程度即可。

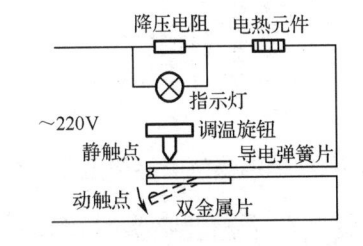

图 7-2 调温型电熨斗电气原理图

调温型电熨斗功率一般都比较大(500W 以上),但耗电并不多,其功率大,升温就快,在调温器控制下实行间断供电,因此在整个熨烫过程中实际通电耗能的时间并不长。

2. 调温喷气型电熨斗

调温喷气型电熨斗又称为蒸汽电熨斗,它在普通调温型电熨斗上增加了喷气装置,从而具有调温、喷气两种功能。调温喷气型电熨斗有锅炉式与滴水式两种,锅炉式调温喷气型电熨斗因耗电量大已属淘汰产品,这里仅介绍滴水式调温喷气型电熨斗,如图 7-3 所示。

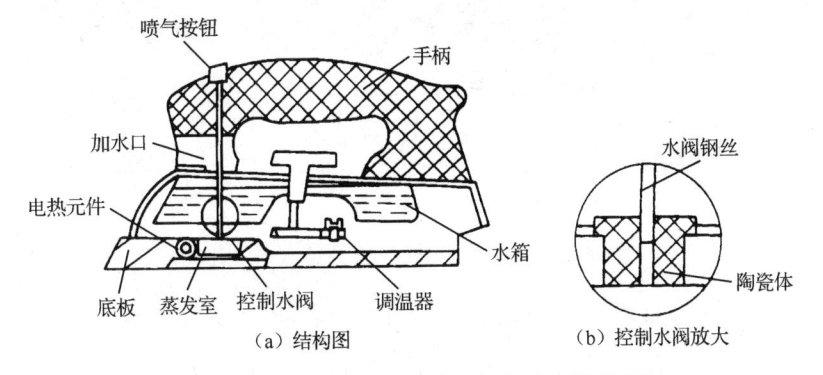

图 7-3 滴水式调温喷气型电熨斗结构图

滴水式调温喷气型电熨斗的水箱只用来储水,底板不直接对其加热,蒸汽当然也不会在其中产生。当熨烫需要喷气时,按一下喷气按钮,水箱中的水通过阀门滴入蒸发室,在炽热的底板上瞬间化成蒸汽从底板喷气口喷出。这种蒸汽由蒸发室直接从喷气口喷出电熨斗,结构比较简单，但当底板温度未足够高时，水滴不能完全汽化，蒸汽中夹带水珠，被熨烫衣物上容易出现水渍。

滴水式调温喷气型电熨斗使蒸发室的蒸汽先返回水箱中的储气室间，再通过蒸汽管道，从喷气口喷出。这种电熨斗喷出的蒸汽不会夹带水珠，但结构复杂，成本较高。

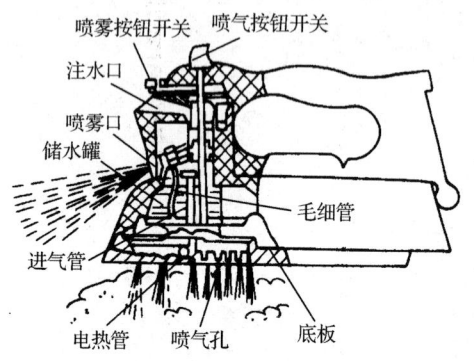

3．调温喷气喷雾型电熨斗

调温喷气喷雾型电熨斗是在调温喷气型电熨斗的基础上增设雾化装置而构成的，如图7-4所示。这种电熨斗在使用时除了可调温、喷气，还能向衣物喷出水雾，以使较厚的衣料得到充分的润湿，提高熨烫效果。

调温喷气喷雾型电熨斗的雾化装置，是将一根毛细管的下端浸没在水箱中，上端通向带有阀门的喷雾口。需要喷雾时，只需要按动喷雾按钮开关打开阀门，让储气室中具有较大压强的蒸汽高速流向喷雾口，由于虹吸作用，因此水箱中的水通过毛细管被吸向喷雾口，喷雾口喷出蒸汽和大量雾化的水珠。显然，调温喷气喷雾型电熨斗在不需要喷雾时可作为调温喷气型电熨斗使用，在不需要喷雾、喷气时可当成调温型电熨斗使用，是目前较先进的电熨斗之一。

图7-4 调温喷气喷雾型电熨斗结构图

4．离子型电熨斗

离子型电熨斗是一种新型的蒸汽电熨斗，其外形与调温喷气喷雾型电熨斗颇为相似，但其结构和工作原理与传统的电熨斗完全不同，如图7-5所示。离子型电熨斗中没有电热丝等电热元件，而是在储水气室里装上了电极，利用电解自来水产生离子导电的原理进行加热。

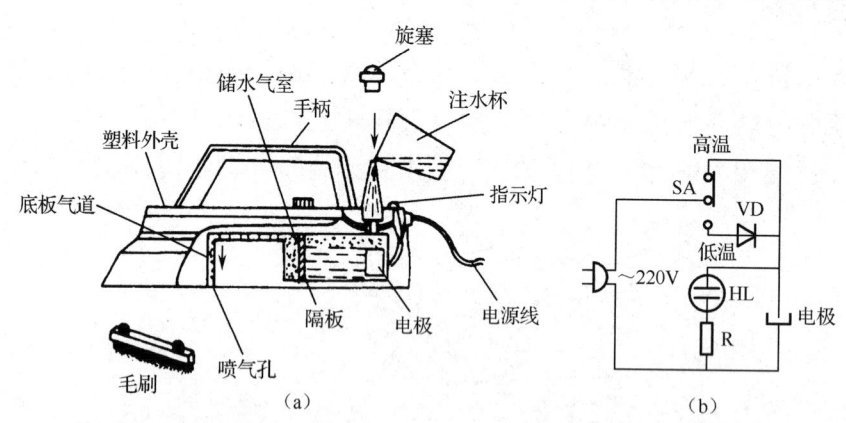

图7-5 离子型电熨斗的结构及电路图

当储水气室内未注入水时，两电极间电阻阻值无穷大，注入约125ml自来水后，两电极间电阻阻值约为1.2kΩ。通电后，自来水在电场的作用下被电解（含有微量氯化物的自来水是一种电解质），产生离子和大量的热。当开关SA置于高温挡时，水在2min左右即能沸腾，水被加热沸腾后一方面对底板加热，另一方面产生蒸汽，其熨烫作用与调温喷气型电熨斗基本相同。若将毛刷插入底板的安装孔内，在熨斗移动中可除去附着在衣物上的毛发等污物。若需要蒸汽量小时，则可将开关SA置于低温挡，电源经二极管VD半波整流后供给电极。

离子型电熨斗具有结构简单、零部件少、热效率高、美观轻巧、水干后有自动断电的保护功能等优点,但其最大的缺点是水在常压下沸腾温度只能达到 100℃,即使在两个大气压下水温也只能达到 120℃,因此大大限制了它的使用范围。

除以上介绍的电熨斗外,还有手柄可以旋转 90°折叠起来便于旅行携带的电熨斗;有可以翻过来在底板上放杯子热牛奶或烧水的电熨斗;有包括底板在内全部采用塑料压制工艺制成的造型美观、电气绝缘性能极好的全塑料电熨斗;有以电子调温代替传统的双金属片调温器的温度连续可调的电子调温电熨斗等。

7.1.3 实践操作:电熨斗的拆装及主要零部件的检测

1. 调温型电熨斗的拆装

(1)旋下电熨斗后盖上的紧固螺钉,取下后盖,再卸下电源的导线和地线。

(2)用小螺丝刀旋下调温旋钮上的紧固螺钉,取下调温旋钮,再用小扳手旋下固定上罩前部的紧固螺母,取下手柄和上罩。

(3)旋下固定上罩和手柄的前后紧固螺钉,将手柄和上罩分开。

(4)旋下固定调温器的紧固螺钉,取下调温器。

(5)旋下固定接线架的两个紧固螺钉,取下接线架。

(6)旋下固定压板前面和后面的紧固螺钉和紧固螺母,分别取下压铁、棉垫板、电热芯。

(7)按拆卸相反的顺序组装好调温型电熨斗。

2. 调温喷气型电熨斗的拆装

(1)将调温喷气型电熨斗置于工作台上,拆下喷气按钮和水箱。选用短柄螺丝刀旋出手柄下面的一颗固定螺钉,取下手柄上盖及调温器的旋盖。

(2)用一字螺丝刀旋出电源线与云母加热器的电热丝及指示灯的 4 颗固定在手柄上的螺钉,取出电源线和指示灯。

(3)先用尖嘴钳取下手柄上的铝质铭牌,注意不要用力过猛使铭牌变形,再用螺丝刀旋出铭牌下底板的 2 颗固定螺钉,取下手柄和底板上盖。

(4)旋出手柄与底板上盖的固定螺钉(在底板上盖的反面),分开手柄和底板上盖。

(5)旋出调温器与底板的固定螺钉,取下调温器。

(6)旋出云母电热片上的铸铁块与底板的固定螺钉,分开铸铁块、云母电热片及底板。

装配过程和上述拆卸步骤相反,需要注意的是,无论拆卸还是装配都不要折断云母电热片中的电热丝。

3. 主要零部件的检测

(1)云母电热片:用万用表 R×10 挡检测云母电热片的直流电阻阻值,正常时电阻阻值为几十欧,如果电阻阻值为∞,则说明云母电热片已断路,此时应更换。

(2)双金属片调温器:用万用表检测双金属片调温器的触点,闭合时其阻值应为 0,断开时其阻值应为∞。如果触点氧化造成接触不良,则可先用细砂纸打磨,再用干布擦干净。如果已严重烧蚀,则应更换。

7.1.4 实践操作：电熨斗的常见故障分析及维修方法

电熨斗的常见故障分析及维修方法如表 7-1 所示。

表 7-1 电熨斗的常见故障分析及维修方法

常见故障	产生原因	维修方法
通电后电熨斗不热	① 电源线与熨斗连接的插头和插座接触不良 ② 保险丝熔断 ③ 电热芯的电热丝烧断 ④ 调温器触点严重氧化	① 检修并使其接触良好 ② 查明原因，换与电熨斗功率相匹配的保险丝 ③ 更换电热芯 ④ 打磨触点，使其接触良好
通电即烧保险丝	① 电源插头接线处短路 ② 电熨斗线的塑料插座烧焦 ③ 电热芯或导电片短路	① 检修插头，排除短路 ② 更换新插座 ③ 若局部短路则可进行绝缘处理操作，若严重短路则应更换电热芯
通电后电熨斗时热时不热	① 电熨斗插座和插头接触不良 ② 电源线内部有折断现象 ③ 电熨斗内部接触不良	① 打磨并修理铜片，使其接触良好 ② 检修或更换电源线 ③ 修复
漏电	① 电熨斗电热芯受潮，绝缘性能下降 ② 云母绝缘材料老化或破损 ③ 导电片、导电线与外壳或底板相碰 ④ 电热管管口密封性差，造成氧化镁粉受潮，绝缘性能下降	① 通电 10min 后，如果漏电现象消失，则可继续使用 ② 在原云母电热芯的上、下分别加垫厚 0.1mm 的新云母片 ③ 检修并进行绝缘处理操作 ④ 通电 10min，使管内潮气充分蒸发后，首先拆去管口的密封材料，然后用硅橡胶重新封口
电熨斗发热，指示灯不亮	① 灯泡与灯座接触不良 ② 灯泡损坏 ③ 分压电阻短路 ④ 限流电阻开路	① 检修使其接触良好 ② 更换灯泡 ③ 更换同规格电阻 ④ 更换同规格电阻
调温型电熨斗温度偏低	① 调温器移位 ② 调温器触点接触不良	① 校准位置并固定好 ② 打磨触点使其接触良好
温度过高，温控失灵	① 调温触点烧结 ② 电热芯（管）内局部短路	① 切开并磨光触点或更换调温器 ② 更换电热芯（管）
喷气失灵	① 喷气控制钮不良 ② 滴水嘴被水垢部堵塞 ③ 喷气孔堵塞 ④ 调温旋钮未旋到"蒸汽"位置	① 修理或更换控制钮 ② 用针类疏通滴水嘴，或用白醋和水各半混合后注入储水器中，摇动 10min，待除去水垢后倒出混合液，用清水清洗几次 ③ 清理喷气孔，排除堵物 ④ 把调温旋钮旋到"蒸汽"位置
喷雾失灵	① 喷雾口堵塞 ② 喷雾阀损坏	① 用针尖疏通喷雾口 ② 拆开检修或更换
金属底板上有黑斑	① 底板温度超过织物能承受的熨烫温度，织物表面细小纤维烧焦附着在底板上 ② 新电熨斗防锈油未擦掉，或者通电后底板留下的黑斑	① 电熨斗预热 2min 左右，把底板在粗布上用力来回擦拭，如在底板上涂些牙膏再在粗布上擦拭效果更好 ② 清除方法同①

任务 7.2　洗碗机的拆装与维修

洗碗机是代替人工清洗餐具的电热器具，以电加热和机械等方式使水加热后处于高压状态下喷射或淋浴餐具表面，并高温烘干、消毒，从而达到清洗餐具的目的。洗碗机的种类很多，分类方式也不相同，通常将小型洗碗机分为喷洒式洗碗机和旋转喷臂式洗碗机。本任务主要介绍全自动旋转喷臂式洗碗机的基本结构、工作原理和常见故障的维修方法。

7.2.1　相关知识：洗碗机的基本结构

全自动旋转喷臂式洗碗机主要由箱体、控制机构、加热器、碗篮、洗涤装置、漂洗剂供料装置、门控开关、进水及排污装置等组成，如图 7-6 所示。箱体外壳一般采用冷轧薄钢板制成，表面喷涂洁白防锈漆，箱体内胆采用不锈钢薄钢板制成。机门设在机壳正面，上方设有暗藏式门扣，机门打开后电源自动切断，关上机门就能自动接通电源。

洗碗机机门下方为控制机构，程序控制板上设有常温、55℃、65℃等三挡水温选择开关，供洗涤时视餐具数量和脏污程度进行选择。控制板左侧为洗碗机控制装置的核心部件——程序控制器，它采用电动机凸轮式结构，由微型同步电动机带动，经多级减速齿轮传动多组不同功能的凸轮转动，以驱动触点开关的通断，执行洗涤程序。

洗碗机的洗涤装置由喷臂、进水电磁阀、清洗泵、排水泵及高低水位控制器等组成，其中喷臂和清洗泵是核心部件。喷臂采用高强度工程塑料注塑成腔体（水槽）结构，被安装在机座上面。喷臂的槽面上设有不同方向、不规则的喷水孔，如图 7-7 所示。当清洗泵将水加压送入喷臂腔体内经喷水孔喷出时，由于水的反力矩（反冲）作用，喷臂同轴套一起绕空心转轴转动，从三维方向喷射出密集的水流，对餐具进行喷射冲洗。洗碗机加热器采用管状电热元件，安装在机座上直接与水接触加热，热效率很高。加热后的水可加速溶解餐具上的油污，污水经过滤器后由排水泵排出机外。

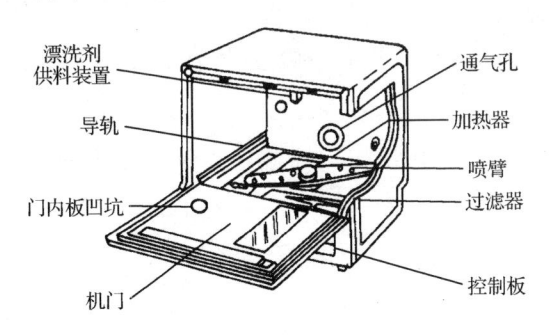

图 7-6　全自动旋转喷臂式洗碗机结构图　　　图 7-7　喷臂的结构图

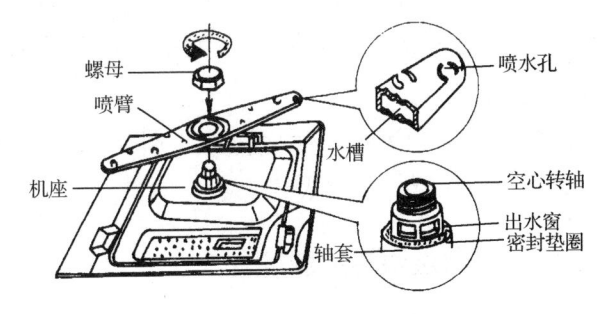

7.2.2　实践操作：洗碗机的拆装

1. 喷臂的拆装

（1）打开顶盖，旋下喷臂螺母，取下喷臂。

（2）组装时按与拆卸相反的顺序进行，要求喷臂无破裂，无明显毛刺、划伤，喷臂螺母松紧适度，旋转喷臂应能灵活运转。

2. 程序控制器及选择开关的拆装

（1）旋下顶盖转轴两端的紧固螺母，取下顶盖。用一字螺丝刀撬出程序控制器旋钮，取下操作面板，并旋出程序控制器及选择开关的紧固螺钉。

（2）卸下后盖板，旋下紧固内桶与外壳的 4 个紧固螺钉，将内桶与外壳分离。

（3）拔下程序控制器及选择开关的插接线，即可取出。

（4）组装时按与拆卸相反的顺序进行，要注意插接线插接正确到位。

3. 门开关、微动开关的拆装

（1）旋下顶盖转轴两端的紧固螺母，取下顶盖。

（2）卸下后盖板，旋下紧固内桶与外壳的 4 个紧固螺钉，将内桶与外壳分离。

（3）分别拔下门开关、微动开关的插接线，旋出各自的紧固螺钉，取下门开关、微动开关。

（4）组装时按与拆卸相反的顺序进行，要求微动开关应完全卡入，门开关的托架应固定牢固，门开关应灵活自如，两个开关的接线正确。

4. 加热器、温控器及水位开关的拆装

（1）取下顶盖，卸下后盖板，将内桶与外壳分离。

（2）旋下加热器紧固螺母，从内桶中取出加热器；在内桶外部撬出温控器；拔下水位开关与内桶的连接软管，取下水位开关。

（3）组装时按与拆卸相反的顺序进行，要注意加热器及温控器与内桶之间的密封，水位开关与内桶之间用连接软管连接牢固。

5. 电磁阀的拆装

（1）取下顶盖，卸下后盖板，将内桶与外壳分离。

（2）从进水管两端分别卸下大管夹，将进水管从内桶和进水电磁阀上分别卸下，并卸下进水电磁阀。

（3）组装时，进水电磁阀出水口外围和内桶进水口外围要均匀涂胶；大管夹要套接正确、牢固。

6. 泵及清洗泵的拆装

（1）取下顶盖，卸下后盖板，将内桶与外壳分离。

（2）卸下喷臂、喷臂座，卸下轴套紧固螺母，拆下清洗泵。

（3）卸下排水泵排水口的吹塑管，旋下排水泵紧固螺钉，取下排水泵。

（4）安装清洗泵时，其进水口处的橡胶圈、特制密封圈涂胶要均匀，轴套紧固螺母要旋紧。安装排水泵时，吹塑管要由排水管预留圆孔伸出，卡住外壳；排水泵紧固要牢，不得松动。

7.2.3 相关知识：洗碗机的工作原理及控制电路

图 7-8 所示为全自动旋转喷臂式洗碗机电气原理图，其中 CWDQX-101 为程序控制器，洗碗机的洗涤程序由它自动完成。

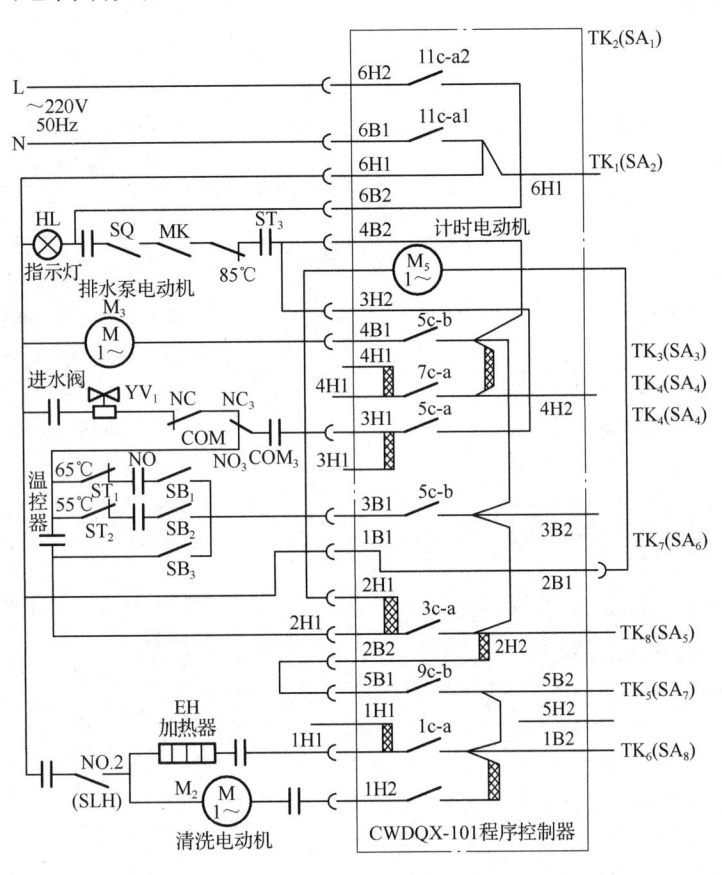

图 7-8 全自动旋转喷臂式洗碗机电气原理图

洗碗机工作前应先接上水源、电源，加入适量洗涤剂和消毒剂，盖好顶盖并选择洗涤水温；按下 SB_1 为强力洗法，ST_1（65℃）温控器通电；按下 SB_2 为普通洗法，ST_2（55℃）温控器通电；按下 SB_3 为简易洗法，即常温挡。当顺时针转动程序控制器旋钮至"ON"处时，触点 11c-a1、11c-a2 闭合，程序控制器接通电源，指示灯 HL 亮，表示洗碗机已接通电源开始工作。M_5 计时电动机经触点 3c-a、ST_3 超温温控器、MK 微动开关、SQ 门控开关接通电源运转计时。在程序控制器的驱动下，步进记忆凸轮通过减速齿轮组进行低速顺时针转动，按预定程序使开关触头闭合或断开，进水阀自动进水。当水位达到预定高度时，低水位开关自动接通清洗电动机 M_2，带动清洗泵运转。水被清洗泵加压后，通过喷臂喷水对餐具进行喷射冲洗。与此同时，自动接通排水泵电动机 M_3，污水被排水泵抽出机外。加热器按所选择的加热洗涤程序将水加热至设定的温度时，温控器断开加热器电源，加热停止，但洗涤继续进行。

洗涤完毕后利用加热器的余热将餐具烘干，这时程序控制器自动关闭电源。

7.2.4 实践操作：洗碗机的常见故障分析及维修方法

全自动旋转喷臂式洗碗机的常见故障分析及维修方法如表 7-2 所示。

表7-2 全自动旋转喷臂式洗碗机的常见故障分析及维修方法

常见故障	产生原因	维修方法
通电后不启动	① 插头、插座、电源线松脱或断线 ② 电压过低 ③ 机门未关好或接触不良 ④ 程序控制器未旋至"ON"挡或其内部损坏 ⑤ 排水电动机接头松动或损坏	① 修理或更换插头、插座或电源线 ② 待电压正常后使用或加调压器调压 ③ 关好机门或修理开关 ④ 将程序控制器旋至"ON"挡或修理、更换程序控制器 ⑤ 排除线头松动后若仍不通或短路,则应更换排水电动机
通电后,洗碗机不进水	① 电压或水压过低 ② 进水阀接线端松脱或线圈断路 ③ 程序控制器损坏 ④ 水位开关接触不良或损坏 ⑤ 进水管堵塞或扭折	① 待电压或水压正常时使用 ② 接好线端或更换进水阀 ③ 更换程序控制器相应元件 ④ 检修使其接触良好或更换水位开关 ⑤ 清理或整理好进水管
工作时不加热	① 温控器接触不良或损坏 ② 限温器损坏 ③ 电热管内部断路 ④ 选择开关接触不良 ⑤ 程序控制器加热开关触头接触不良或损坏	① 修理或更换温控器 ② 更换同规格的限温器 ③ 更换电热管 ④ 修理或更换选择开关 ⑤ 修理或更换程序控制器
程序控制器转动不正常	① 程序控制器旋钮打滑、松脱 ② 程序控制器同步电动机触头接触不良 ③ 同步电动机绕组烧断 ④ 程序控制器内滑块、齿轮等被异物阻塞或啮合不好	① 修理或更换程序控制器旋钮 ② 修理或更换程序控制器同步电动机 ③ 重绕或更换同步电动机 ④ 清除异物,修理或更换程序控制器
喷臂不转	① 餐具高出碗篮造成阻卡 ② 喷臂转轴或喷水孔有异物堵塞 ③ 进水阀引线接触不良或绕组烧毁 ④ 程序控制器清洗泵开关触点接触不良 ⑤ 清洗泵电动机电容损坏或绕组短路 ⑥ 清洗泵叶轮变形卡壳或被异物卡死	① 正确摆放好餐具 ② 清除异物 ③ 修理或更换进水阀 ④ 修理并使清洗泵开关触点接触良好 ⑤ 更换电容,对绕组短路可重绕或更换 ⑥ 修理叶轮或清除异物
不排水	① 排水泵内有异物堵塞 ② 排水泵叶轮变形被卡 ③ 排水泵开关触头接触不良或损坏 ④ 排水泵电动机绕组烧断 ⑤ 程序控制器内排水泵开关触头接触不良 ⑥ 高水位开关触头接触不良或损坏	① 清除异物 ② 校正排水泵叶轮 ③ 检修或更换排水泵开关触头 ④ 重绕或更换排水泵电动机 ⑤ 检修或更换程序控制器 ⑥ 检修或更换高水位开关
进水后不清洗	① 水位开关触头接触不良或损坏 ② 清洗泵电动机启动电容损坏 ③ 清洗泵电动机接线端松动 ④ 清洗泵电动机损坏 ⑤ 程序控制器内清洗泵电动机开关触头插线松脱	① 检修或更换水位开关 ② 更换同规格电容器 ③ 插好线头 ④ 更换清洗泵电动机 ⑤ 重新插好
餐具洗涤不干净	① 餐具放置不当 ② 水压低 ③ 水温低 ④ 喷水孔或水管被堵 ⑤ 排水管堵塞 ⑥ 水质太硬引起矿物质沉淀	① 不要将碗碟堆叠及杯子套放 ② 待水压正常时使用 ③ 适当调高水温 ④ 清除堵塞物 ⑤ 清除排水滤网和水管接头中的堵塞物 ⑥ 用软水剂调节

任务 7.3　电子消毒柜的检测与维修

电子消毒柜是一种集餐具消毒、保洁、烘干和储存于一体的电热器具。它主要采用远红外线消毒、臭氧消毒和微波消毒（见微波炉相关内容）。与传统的开水煮沸高温消毒或化学消毒相比，电子消毒具有消毒速度快、穿透能力强、杀菌效果好、不用高压蒸汽和没有化学残留形成的二次污染等优点。因此，电子消毒柜广泛应用于医院、学校、宾馆、饭店和现代家庭，为防止病毒的交叉感染，保障人们的身体健康，提供了安全、便利的条件，受到了消费者的青睐。

7.3.1　相关知识：电子消毒柜的分类

电子消毒柜的款式多样，分类方法也不相同。根据电子消毒柜的消毒方法和温度特性的不同，可分为高温型电子消毒柜、低温型电子消毒柜和双功能型电子消毒柜。

7.3.2　相关知识：高温型电子消毒柜的基本结构及工作原理

高温型电子消毒柜利用远红外线加热速度快、穿透力强的特点，在密闭消毒室内对餐具等进行高温（可达125℃）杀菌消毒，且兼有烘干功能。美中不足的是，高温会使被消毒的塑料类制品变形，耗电量也较大。

1．基本结构

高温型电子消毒柜主要由箱体、远红外石英电热管、温控器、碗架、筷子架、杯架、指示灯、按钮和柜门等构成，如图7-9所示。

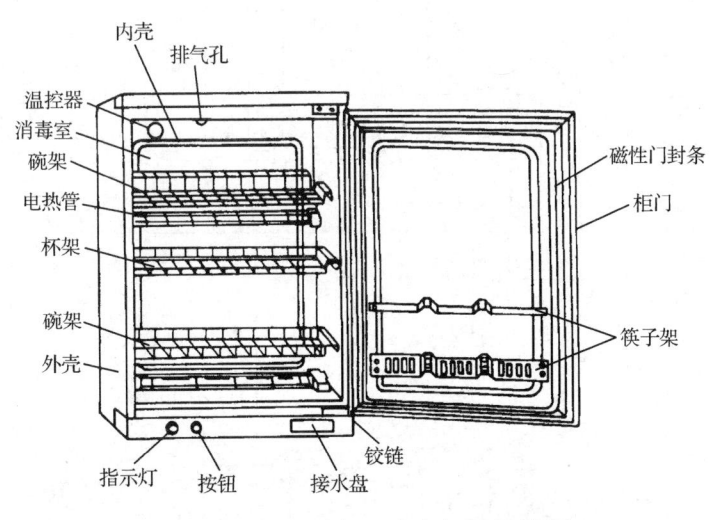

图7-9　高温型电子消毒柜的结构图

消毒柜的外壳采用不锈钢或普通钢板冲压焊接而成，内壳采用合金铝冲压铆合制成，内、外壳之间空隙中填充聚氨酯保温材料。在消毒柜的中部和底部分别装有远红外石英电热管。在消毒柜的左上方装有碟形温控器。柜门的结构和材料与内、外壳相同，门内口设有耐热橡胶制成的框式磁性门封条，以提高消毒柜密封和保温性能。门上方一般留有透明玻璃钢观察窗。指示灯、按钮及接水盘均安装在箱体的下端。

2. 工作原理

高温型电子消毒柜的电气原理图如图 7-10 所示。

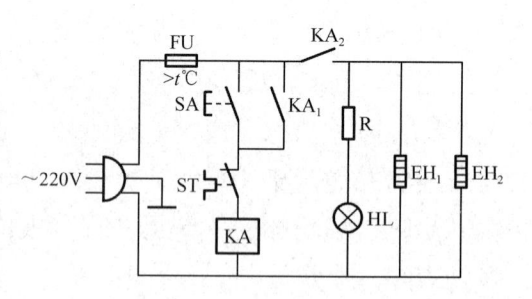

接通 220V 交流电源，按下 SA，电源经超温熔断器 FU 和密封型碟形双金属片温控器 ST 为交流电磁继电器 KA 供电，使其动作。它的两组动合常开触点 KA_1 和 KA_2 闭合，指示灯 HL 亮，远红外线石英电热管 EH_1 和 EH_2 工作，温度逐渐升高，开始消毒。当消毒柜内温度上升到 125℃ 左右时，双金属片温控器 ST 变形使其常闭触点分开，交流电磁继电器 KA 断电释放，常开触点 KA_1 和 KA_2 复位，交流电源被断开，指示灯 HL 灭，远红外线石英电热管 EH_1 和 EH_2 停止工作，一个消毒过程结束。

图 7-10　高温型电子消毒柜的电气原理图

当再次消毒时，必须重新按下 SA。电路中，FU 为超温熔断器，当消毒柜内出现非正常工作或因双金属片温控器 ST 失灵超温时，FU 自动熔断，起到了保护作用。

3. 智能型高温电子消毒柜简介

在上述电子消毒柜的控制电路中加上电子测温和数码显示等功能，则成为智能型高温电子消毒柜。图 7-11 所示为利用集成电路 N_1（7107）的一种智能型高温电子消毒柜的控制电路，主要由电源电路、炉温测量与显示电路、炉温比较与控制电路，以及保护电路等部分组成。

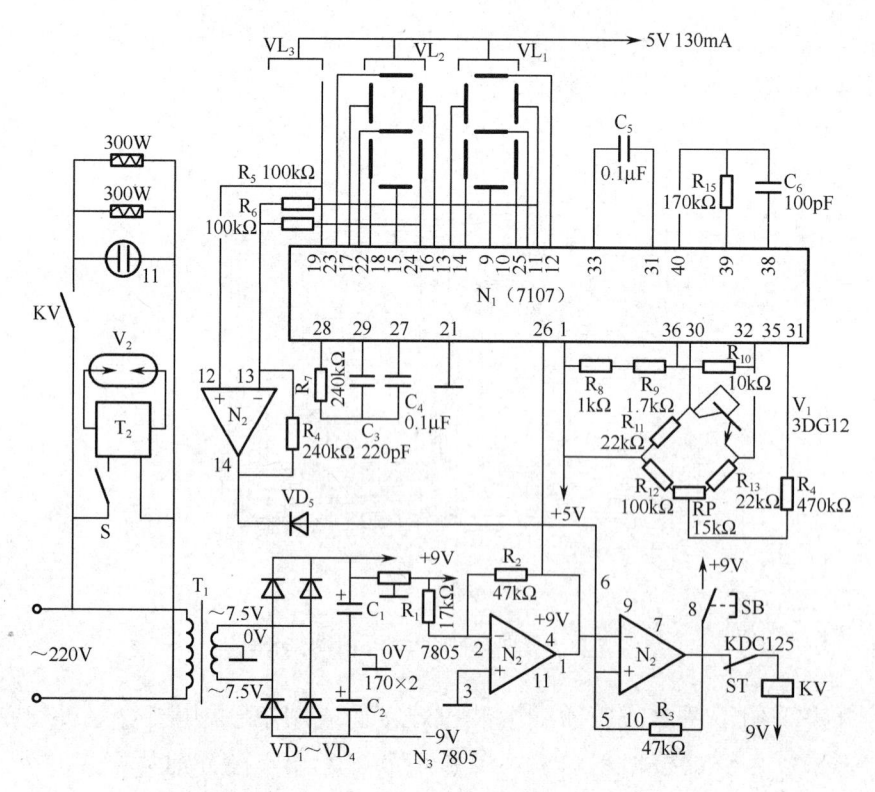

图 7-11　智能型高温电子消毒柜控制电路

220V 的交流电经变压器 T_1 降压、二极管 $VD_1 \sim VD_4$ 桥式整流和电容 C_1、C_2 的滤波后，为控制电路提供 9V 的直流电压。由温敏三极管 V_1（3DG12 的 be 结）、电位器 RP 及电阻 $R_{11}\sim R_{13}$ 等元件组成的测温电桥，其输出电压的大小与电子消毒柜中的温度成正比。它将测得的温度信号送入集成电路 N_1（7107）的第 30、31 脚，经 A/D 转换后（N_1 是 A/D 转换器），首先把表示温度大小的模拟电压信号转换成数字信号，然后送到数码管 $VL_1\sim VL_3$（共阳极 LED 数码管）以显示消毒柜内的温度值。

当需要进行消毒时，只需要按下揿键开关 SB，由整流滤波电路提供的 9V 直流电源经限温器 ST 为继电器 KV 供电，使主电路触点吸合两只 300W 的远红外电热管接通电源开始工作，消毒柜温度逐渐上升。当柜内温度升高至 125℃左右时，A/D 转换器 N_1 的第 11、19、24 脚输出的电压信号加至运放比较器 N_2（共 3 个）的第 12、13 脚使其翻转，第 14 脚输出高电平（+5V）转变为输出低电平（−5V）。二极管 VD_5 由于正偏被导通，N_2 的第 5、10 脚也变为低电平，迫使第 7、8 脚以低电平（−5V）输出，于是继电器 KV 因失电而释放，使主电路触点 KV 断开，两只远红外电热管停止工作，消毒结束。

可见电子消毒柜在消毒过程中，主要由电子温度控制电路来进行温度比较和控制，当电子温度控制失灵时，电路中的限温器 ST 具备保护作用，在消毒柜内温度高于 125℃时会自动断开，使继电器 KV 断电释放，切断远红外电热管电源，迫使电子消毒柜停止工作。

7.3.3 相关知识：低温型电子消毒柜的基本结构及工作原理

低温型电子消毒柜是利用高压放电管（臭氧发生器）激发空气而产生臭氧（O_3）来杀灭病毒和细菌的一种电子消毒器。利用这种强氧化的气体臭氧消毒杀菌具有消毒速度快、效率高、耗电小、寿命长、无死角等优点，且消毒时温度很低，不会造成塑料类制品变形。其缺点是消毒时若柜门密封不严或消毒后即打开柜门，则会有少量气味难闻的臭氧溢出，但此时臭氧的浓度较低，一般不会影响人们的身体健康。

1．基本结构

低温型电子消毒柜的基本结构与高温型电子消毒柜的基本结构大致相同，只是消毒元件为臭氧发生器，其主要由壳体、远红外电热管、鼓风机、控制板、臭氧发生器、定时器、接水盒、餐具网架和电源指示灯等组成。消毒柜的外壳一般采用无毒工程塑料注塑而成，上壳通常由无色透明或淡茶色塑料制成，底座端面凸出的裙缘刚好和上壳裙边吻合，使上壳与底座之间构成的消毒室封闭良好，臭氧不易外泄，起到了很好的密封和保温作用。

2．工作原理

臭氧发生器主要由激发器和臭氧管组成。工作时，激发器将 220V 的市电变换成峰值为 3000V 以上的脉冲电压，通过高压电击穿玻璃臭氧管内的气体，使电火花与管外的金属网表面的空气发生电离而产生臭氧（O_3）。此外，也有利用闭式尖端放电发射电极产生臭氧，这与负氧离子发生器相同，只是臭氧的浓度高一些而已。

常用的臭氧发生器的变压器有两类，一类是线绕铁芯式的升压变压器，另一类是电子脉冲式升压变压器。电子脉冲式升压变压器的电路也多种多样，现介绍一种常见的电子脉冲式升压变压器的臭氧发生器的电路，如图 7-12 所示。

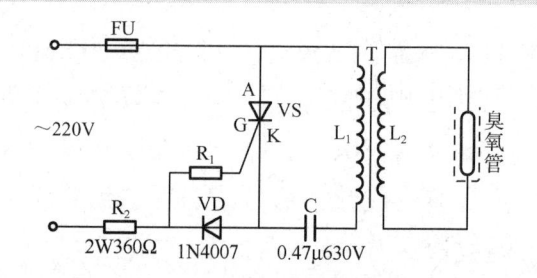

图 7-12　电子脉冲式升压变压器的臭氧发生器电路原理图

当 220V 交流电正半周时，晶闸管 VS 控制极 G 上的电压 $U_{GK} \approx -0.7V$，VS 处于截止状态。此时，电源电流经 FU、L_1、C、VD 和 R_2 组成的回路对 C 充电，使 C 上的电压 $U_C \approx 300V$。当 220V 交流电负半周时，晶闸管 VS 控制极 G 上的电压 $U_{GK}>0$，使晶闸管导通，电容 C 通过 L_1 和 VS 瞬间放电，使 L_1 两端产生较高的脉冲电压（自感电动势），再经过变压器 T 的互感耦合及升压变换（L_2 的匝数远大于 L_1），在次级 L_2 两端产生很高的感应脉冲电压（3000V 以上），使玻璃臭氧管表面的空气电离而产生臭氧。

低温型电子消毒柜电路原理图如图 7-13 所示，该电路中由 R、C 和 555 振荡器等组成电子定时器。当按下启动按键 ST_1 时，220V 交流电经二极管 VD_1 半波整流和 C_2 滤波后，为电子定时器电路提供直流电压，直流电流通过 R 向 C 充电。起初，C 两端电压为零，IC 的 2 脚为低电平，3 脚为高电平，使三极管 VT 正偏导通，为电磁继电器 K 供电，使其动作，触点开关 K_{1-1}、K_{1-2} 吸合，接通了臭氧发生器和电热管的电源，低温型电子消毒柜进入消毒状态。随着时间的延长，C 两端的电压逐渐升高，当其两端电压升高到使 IC 的 2 脚为高电平、3 脚为低电平时，三极管 VT 因无偏置而截止，电磁继电器 K 断电释放，K_{1-1}、K_{1-2} 断开，220V 交流电源被切断，低温型电子消毒柜停止工作。

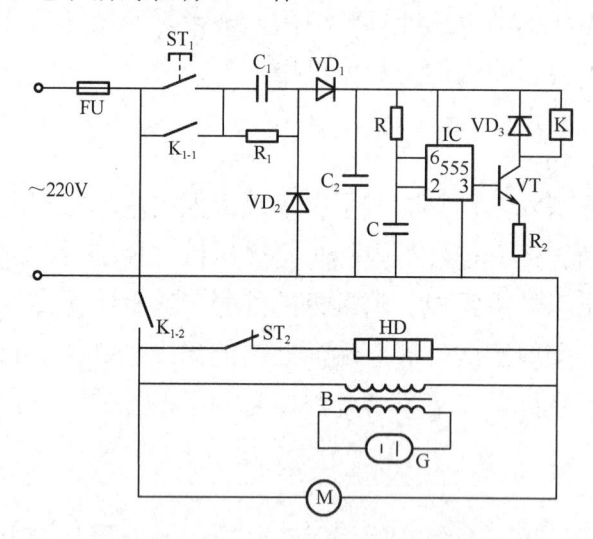

图 7-13　低温型电子消毒柜电路原理图

7.3.4　相关知识：双功能型电子消毒柜的基本结构及工作原理

双功能型电子消毒柜是集高、低温型电子消毒柜的高温、臭氧功能于一身的电子消毒柜，故又称为高温、低温型电子消毒柜。

1. 基本结构

双功能型电子消毒柜一般采用双门、双柜、双温结构，如图 7-14 所示，通常分为上、下两室，上消毒室对餐具进行臭氧消毒、低温烘干；下消毒室对餐具进行高温消毒和烘干。

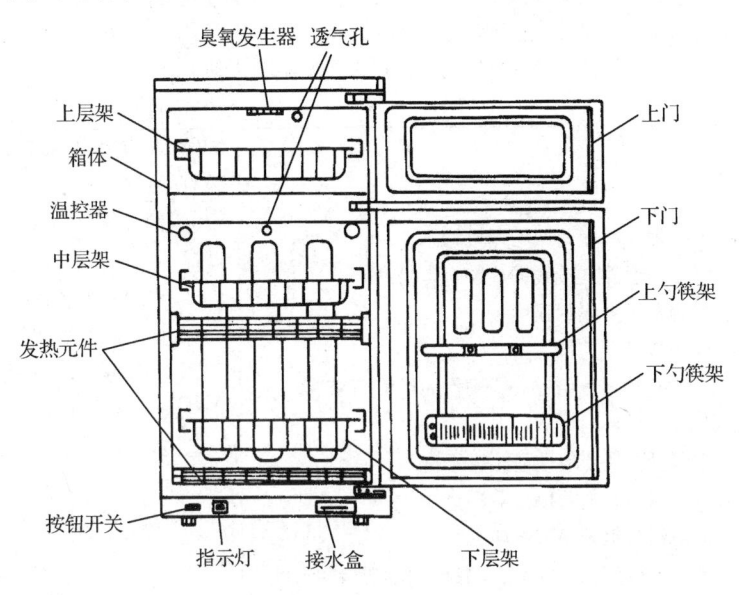

图 7-14　双功能型电子消毒柜结构图

2. 工作原理

双功能型电子消毒柜的工作原理与高温型电子消毒柜和低温型电子消毒柜的工作原理基本相同，其电气原理图如图 7-15 所示。它由臭氧发生器、高温部分和控制部分组成，其中高温消毒电路和臭氧消毒电路合二为一。当按下启动按键 SA 时，电源经熔断器 FU 和限温器 ST_1 为电磁继电器 KA 供电，使其动作，KA_1 工作，上消毒室处于臭氧消毒状态，同时 EH_1 发热，进行低温烘干。此时若再接通 ST_2，则 EH_2 同时工作，下消毒室处于高温消毒状态。

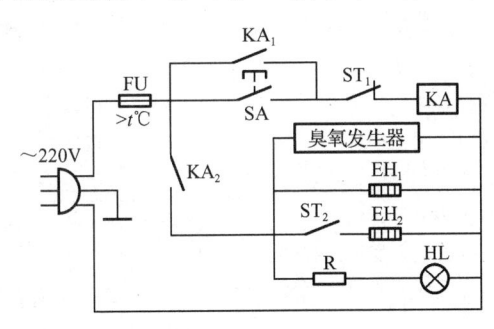

图 7-15　双功能型电子消毒柜电气原理图

图 7-11 中的智能型高温电子消毒柜控制电路中也含有低温消毒电路，它由开关 S、臭氧发生器 V_2 和脉冲变换器 T_2 等元件组成。实际上，如图 7-11 所示的正是一个双功能型电子消毒柜的控制电路。

7.3.5　实践操作：电子消毒柜的常见故障分析及维修方法

电子消毒柜的种类不同，且同一种类的电气控制电路也不同，因此故障的类型差异较大。现将常用的电子消毒柜的一些常见故障及维修方法列表说明，如表 7-3 所示。

表 7-3 电子消毒柜的常见故障及维修方法

常见故障	产生原因	维修方法
指示灯不亮	① 电源插头松动或插头与插座间接触不良 ② 电源插头尾部或底板固定套弯曲处折断 ③ 接线器电源进线接头螺钉松动，导线接头脱落	① 插好插头或清除插头与插座铜片上的氧化物使其接触良好 ② 重新接好或更换新线（接线时红色接L脚，蓝色接N脚，黄绿双色接地） ③ 重新紧固好
指示灯亮，但不发热	① 温控器接线脱落或触点接触不良 ② 温控器引棒与接线铜片铆合点松动 ③ 温控器双金属片损坏 ④ 电源按键开关损坏 ⑤ 按键开关因使用日久或操作力过大而变形，动、静触点不能接触 ⑥ 电源开关触点氧化而接触不良 ⑦ 继电器引脚与管座接触不良 ⑧ 继电器绕组开路或烧坏 ⑨ 电热管接头至接线板相关螺钉松动或接触不良 ⑩ 电热管全部损坏	① 将脱落线头接好或打磨触点使其接触良好 ② 消除氧化物且焊牢，严重松动时应更换新品 ③ 更换原规格新品 ④ 换用同型号开关 ⑤ 用尖镊子仔细矫正触片的变形量，使动、静触点正常接触 ⑥ 先用细砂纸打磨光触点后，再用无水酒精清洗干净 ⑦ 清除氧化物或修复烧蚀触点，使其接触良好 ⑧ 重绕或按原规格更换 ⑨ 插好接头，拧紧螺钉或消除引棒、接线板上的氧化物，使其接触良好 ⑩ 更换同规格电热管
温度过低	① 温控器失灵，远未达到预定温度（125℃）而提前动作 ② 继电器相关转换触点接触不良 ③ 相关电热管接触不良或损坏而不发热	① 换同规格温控器 ② 修理触点，使其接触良好 ③ 修理或更换同型号电热管
温度过高，外壳发烫	① 温控器失控，消毒室内温度远远超过125℃ ② 继电器触点熔结粘连而不断电	① 换用同规格温控器 ② 修理触点或更换同规格继电器
低温消毒时无"吱吱"放电声，闻不到臭氧腥味	① 臭氧发生器输入导线脱落或接触不良 ② 臭氧管两电极距离变大 ③ 臭氧管漏气、老化 ④ 臭氧发生器中晶闸管损坏 ⑤ 臭氧发生器中触发二极管损坏 ⑥ 臭氧发生器振荡电容开路 ⑦ 臭氧发生器激发电阻变值或损坏 ⑧ 臭氧发生器升压变压器绕组断路或烧坏	① 接牢输入导线，使其接触良好 ② 更换同型号臭氧管 ③ 用试电笔靠近臭氧发生器能发亮，但臭氧管不工作，说明臭氧管已老化或漏气，需要按原规格更换臭氧管 ④ 更换同规格晶闸管 ⑤ 更换同规格二极管 ⑥ 更换同规格振荡电容 ⑦ 更换同规格激发电阻 ⑧ 重新按原规格绕制或换用新品
定时功能失效	① 定时器接线脱落 ② 机械式定时器传动件或动力发条脱落或损坏 ③ 电子定时器的元件或集成电路损坏 ④ 定时器控制触点接触不良或损坏	① 重新接牢 ② 修理或更换同规格新品 ③ 修理或更换同规格新品 ④ 打磨触点，使其接触良好或更换同规格新品
风机不转	① 风机电源线开路 ② 风机电动机被卡或损坏	① 将松脱线接牢 ② 修理或更换同型号电动机
工作噪声大	① 交流继电器磁芯间隙积锈 ② 风机松动	① 先用细砂布擦除锈垢后，再用无水酒精洗净，最好涂抹少许黄油 ② 将风机机械松动部分紧固

续表

常 见 故 障	产 生 原 因	维 修 方 法
接上电源即烧保险丝	① 电源插头根部铜线短路 ② 消毒柜电源连接器火线螺钉松动，导致火线与零线或机壳短接	① 更换同规格插头 ② 重新接牢火线
超温保险器熔断	① 带电导线脱落与箱体或底板接触，形成短路 ② 温控器失灵，消毒柜温度远远超过125℃ ③ 交流继电器触点烧结不动作，电热管工作时间过长，造成超温 ④ 臭氧发生器电气元件损坏短路	① 重新接好脱落导线后，更换同规格超温保险器 ② 先更换同规格温控器再更换超温保险器 ③ 先修理或更换同型号继电器后再更换超温保险器 ④ 更换同规格元件后再更换超温保险器
柜门封闭不良	① 柜门变形，关门不合，留有缝隙 ② 门铰链松动，门体偏移 ③ 门封条变形或老化 ④ 门封条磁性减弱，门关不严	① 校正使其平整 ② 调整并上好铰链，使上下轴在同一直线上 ③ 用电吹风整形使其复位或更换门封条 ④ 更换门封条

小结

（1）电熨斗有普通型、调温型、PTC恒温型、喷气型、喷雾型和离子型等，重点掌握调温喷气型电熨斗的结构特点和工作原理。

（2）调温喷气喷雾型电熨斗兼有调温喷气型电熨斗和调温型电熨斗的功能，是目前较先进的电熨斗之一。

（3）重点掌握电熨斗"通电后不热"及"漏电"故障的维修方法。

（4）掌握全自动旋转喷臂式洗碗机的基本结构和工作原理。

（5）重点掌握洗碗机"通电后，洗碗机不进水"、"工作时不加热"及"喷臂不转"等故障的维修方法。

（6）掌握高温型电子消毒柜和低温型电子消毒柜的工作原理。

（7）重点掌握电子消毒柜"指示灯亮，但不发热"和"低温消毒时无'吱吱'放电声，闻不到臭氧腥味"等故障的维修方法。

思考与练习题

1. 填空题

（1）调温喷气型电熨斗又称为_____电熨斗，它具有_____、_____两种功能。

（2）离子型电熨斗具有_____、_____、_____、_____、_____等优点，但其最大缺点是_____。

（3）电子消毒柜一般分为_____、_____和_____等。

（4）低温型电子消毒柜利用_____来杀灭病毒和细菌，它具有消毒_____、_____、_____、_____和_____等优点。

2. 简答题

（1）电熨斗有哪些种类？试述调温喷气型电熨斗的工作原理。

（2）电熨斗漏电可能由哪些原因引起？如何检修？

（3）试述调温喷气喷雾型电熨斗的结构特点。

（4）全自动旋转喷臂式洗碗机的洗涤装置由哪几部分组成？

（5）洗碗机工作时，不能加热这一故障如何检修？

（6）如何避免造成洗碗机中餐具洗涤不干净的现象？

（7）高温型电子消毒柜的结构特点是什么？试述其工作原理。

（8）试分析低温型电子消毒柜臭氧发生器的基本电路和工作原理。

（9）电子消毒柜温度过低的故障如何检修？

项目 8 电风扇的拆装与维修

学习目标

1. 理解电风扇的类型和结构。
2. 学会电风扇的拆装及主要零部件的检测。
3. 掌握电风扇的工作原理、常见故障分析及维修方法。
4. 树立团结协作和创新意识,增强社会责任感。

电风扇是由电动机带动扇叶旋转,以加速空气流动或使室内外空气交换,从而达到改变局部环境温度的一种电动器具。随着电子技术的发展,以及消费者需求的提高,电风扇不断向高档和能够产生模拟自然风的方向发展,并且在造型、工艺和选材上更趋于完善。

任务 8.1 电风扇的分类、结构与原理

8.1.1 相关知识:电风扇的分类、规格和性能

1. 电风扇的分类

电风扇的种类很多,分类方法也不尽相同。

(1)按照功能的多少与应用电子技术、微型计算机技术的程度可分为普通电风扇与高档电风扇两大类。

(2)按照电风扇使用的电源可分为交流电风扇、直流电风扇与交直流两用电风扇三大类。家庭一般使用单相交流电风扇,车辆、船舶上一般使用直流电风扇或交直流两用电风扇。

(3)按照电风扇使用的电动机形式可分为单相交流罩极式、单相交流电容式与串激式(直流或交直流两用)等三类电风扇。单相交流电容式电动机的启动性能、运行性能都比较好,应用最广泛。

(4)按照电风扇的结构和用途可分为台扇类、吊扇类、排气扇、箱式电扇(又称鸿运扇、转页扇)等形式。台扇类包括台扇、落地扇、壁扇和顶扇;吊扇类有普通吊扇和豪华吊扇。

2. 电风扇的规格和型号

1）规格

电风扇的规格大小是以扇叶直径尺寸来表示的。扇叶直径即指扇叶最大旋转轨迹的直径，以"mm"为单位。表 8-1 所示为各类电风扇的规格。

表 8-1　各类电风扇的规格

种　类	扇叶直径/mm
台扇	200、250、300、350、400
落地扇	300、350、400、500、600
壁扇	250、300、350、400
台地扇	300、350、400
顶扇	300、350、400
转页扇	250、300、350
吊扇	900、1050、1200、1400、1500、1800
排气扇	150、200、250、350、400、450、500

2）型号

电风扇型号统一编排方法如下。

第一个字母为组别代号，F 表示电风扇，第二个字母为系列代号，第三个字母为形式代号（电风扇的系列代号、形式代号如表 8-2 所示），第四个数字为设计序号，第五个数字为规格代号，第六个数字为派生代号，其含义由生产厂家自行决定，说明派生特性。

表 8-2　电风扇的系列代号、形式代号

系 列 代 号	形式代号及其意义
H：罩极式	A：轴流式排气扇
R：电容式（可省略）	B：壁式电风扇
T：三相	C：吊扇
Z：直流	D：顶扇
	E：台地扇
	H：排气扇
	S：落地扇
	T：台扇
	Y：转页扇

```
FZD8-35
         ↑↑↑ ↑
         ││││  表示扇叶直径为350mm
         │││ 表示生产厂家的第8次改进
         ││ 表示为顶扇
         │ 表示为直流电动机
          表示为电风扇
```

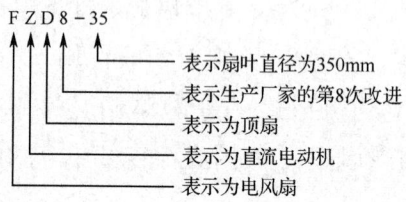

3．电风扇的质量性能

电风扇的质量性能主要用以下几个方面的技术参数与指标来衡量。

1)输出风量

输出风量是指电风扇在额定电压、额定频率与最高转速挡运转的条件下,每分钟输出的最小风量,单位为 m^3/min。

2)使用值

使用值是指电风扇在额定电压、额定频率与最高转速挡运转的条件下,每分钟每瓦(功率)所输出的最小风量,单位为 $m^3/(min·W)$,它的大小是衡量电风扇性能的重要指标。电风扇的使用值越大,说明它把电能转换成风能的效率越高,输出同样的风量所消耗的电能越少。例如,采用电容运转式单相异步电动机的 900mm 吊扇使用值标准为 $3.05m^3/(min·W)$。采用罩极式单相异步电动机的 900mm 吊扇使用值标准为 $2.12m^3/(min·W)$。

3)启动性能

电风扇在额定电压、额定频率的条件下,应启动灵敏,在 3~5s 内达到全速运转,且运转平稳,风压均匀。

4)调速比

调速比是指在额定电压下运转时,最低挡转速与最高挡转速的比值,以百分数表示。

$$调速比=(最低挡转速/最高挡转速)×100\%$$

调速比反映了电风扇高低挡转速差别的程度。如果调速比过大,则说明高低挡转速没有明显差别,失去调速的意义。如果调速比过小,则说明低速挡转速太低,会造成低速挡启动困难。例如,国家标准规定 250mm 电容式台扇、壁扇调速比不应大于 80%,电容式吊扇调速比不应大于 50%。

5)温升

温升是指电风扇在额定电压、额定频率的条件下运转,各部位允许的最高温度与环境温度(规定取 40℃)的差值。一般规定如下(使用电阻法测量温度):风扇电动机采用 A 级绝缘时,温升不得超过 55℃;风扇电动机采用 E 级绝缘时,温升不得超过 65℃。

6)电功率

电功率是指电风扇在额定电压、额定频率的条件下以最高转速挡运转所消耗的电功率,即此时输入的电功率。

7)噪声

电风扇的噪声来源于电动机扇叶和机械传动部分,噪声的大小直接影响电风扇的使用效果。合格的电风扇允许噪声应在 60dB 以下。电风扇的运转响声应均匀平稳,无碰击声、尖叫声或其他杂声。

8)摇头角度与仰俯角

电风扇的摇头机构应能使电风扇连续转动,每分钟摇头不少于 4 次且不大于 8 次,有摇和停的操作控制装置。摇头角度指左右摇摆的角度。250mm 规格的电风扇摇摆角度不应小于 60°,300mm 以上规格的电风扇摇摆角度不应小于 80°。仰俯角是指扇头上仰与下俯的角度,台扇的仰俯角应不小于 15°。

9）使用寿命

电风扇在正常条件下，经过 5000h 连续运转后，应仍能运转。电风扇的摇头机构经 2000 次操作，扇头轴向定位装置经 250 次操作，仰俯角或高度调节装置及螺旋夹紧件经 500 次操作后，均不得损坏零件及调节失灵。

10）安全性能

各种电风扇的绝缘性能必须良好，一般为 A 级或 E 级绝缘，并且具有良好的防潮、耐压和接地特性。在高温、高湿状态下，绕组对机壳的绝缘电阻阻值应不低于 2MΩ，泄漏电流不得大于 0.3mA。此外，电风扇的外壳及网罩结构应具有防止人身受到伤害和人体与带电部分接触时起到保护作用的功能。

8.1.2 相关知识：电风扇的基本结构与工作原理

1. 台扇的基本结构

在电风扇中，台扇是一种基本的结构形式。台扇的基本结构如图 8-1 所示，主要由扇头、扇叶、网罩、底座及控制部分等组成。其中，扇头是台扇的重要部件。

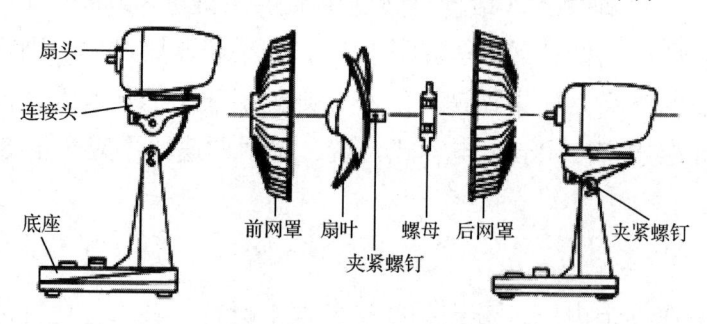

图 8-1 台扇的基本结构

1）扇头

扇头是台扇的主要动力源和传动机构部件，由电动机、摇头机构及连接头等部分组成。

① 电动机。

电风扇的电动机绝大多数采用电容运转式交流单相异步电动机，主要由定子、转子、端盖等组成，如图 8-2 所示。

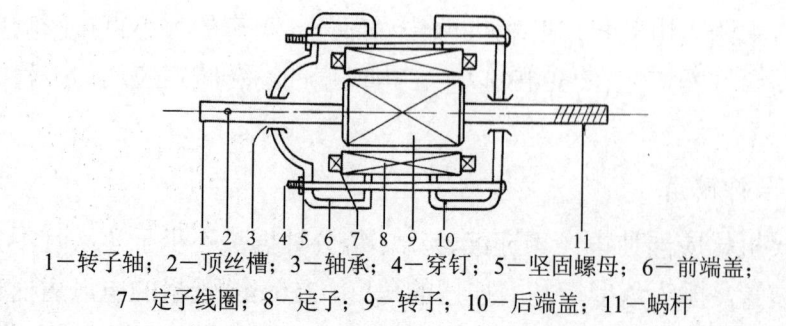

1—转子轴；2—顶丝槽；3—轴承；4—穿钉；5—坚固螺母；6—前端盖；
7—定子线圈；8—定子；9—转子；10—后端盖；11—蜗杆

图 8-2 电风扇的电动机的结构

定子包括定子铁芯与定子绕组。定子铁芯采用 0.5mm 厚的硅钢片叠压而成，它的内圆有槽，用于安放定子绕组。国产台扇定子铁芯多数为 16 槽或 8 槽的，也有 12 槽的。槽数多，对改善电动机性能和降低电动机温升有好处。定子绕组采用高强度漆包线绕制而成。例如，400mm 台扇定子绕组的主绕组一般用直径为 0.23mm 或 0.21mm 的漆包线绕制，副绕组一般用直径为 0.19mm 或 0.17mm 的漆包线绕制；300mm 台扇定子绕组的主绕组一般用直径为 0.19mm 或 0.17mm 的漆包线绕制，副绕组一般用直径为 0.17mm 或 0.15mm 的漆包线绕制。

转子包括转子铁芯、转子绕组与转子轴。转子铁芯由厚 0.5mm 的硅钢片叠压而成，转子铁芯外圆上冲有槽，转子槽数比定子槽数多。目前多采用 17 槽或 22 槽，转子槽为斜槽，槽中浇铸铝条，转子铁芯两端用铝浇铸短路环，铝条与短路环构成鼠笼式转子绕组。转子轴采用 45 号钢加工而成，转子轴与转子铁芯之间必须接合紧固，不能松动。转子轴一端用来安装扇叶，另一端制成蜗杆，与摇头机构相配合。

电动机前、后端盖主要起固定、支撑定子和转子的作用。前、后端盖有含油轴承，使转子能够转动，且具有长期润滑作用。

② 摇头机构。

摇头机构由减速机构、连杆机构、控制机构与过载保护装置组成，其形式有两种：离合式与撅拨式。这两种形式的减速机构、连杆机构是相同的，区别是控制机构与过载保护装置。

离合式摇头机构如图 8-3 所示。

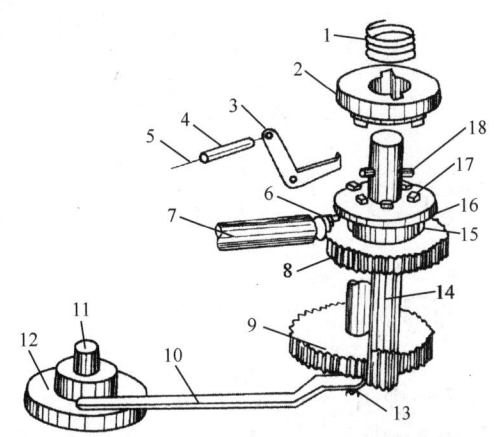

1—离合器压缩弹簧；2—上离合块；3—离合器扣钩；4—钢丝套；5—钢丝拉绳；6—蜗杆；
7—电动机转轴；8—蜗轮；9—摇头直齿轮；10—摇摆连杆；11—中心轴；12—摇摆盘；
13—开口销钉；14—啮合轴；15—弹簧片；16—钢珠；17—下离合块；18—销钉

图 8-3 离合式摇头机构

减速机构一般分为两级传动，第一级是通过电动机后轴延伸端上的蜗杆与蜗轮啮合传动；第二级是由啮合轴传动摇头直齿轮，将电动机的转速降低至 4~7r/min，使扇头获得每分钟 4 次以上的往复摇头。连杆机构包括直齿轮、摇摆连杆、摇摆盘等。工作时，中心轴位置不动，摇头直齿轮转动一圈，同时摇头直齿轮也左右往复摇摆 1 次。

控制机构为离合器，包括上离合块、下离合块、离合器压缩弹簧、离合器扣钩，以及操作离合器的钢丝拉绳与钢丝套等。离合式摇头机构是通过旋动安装在台扇底座上的旋钮来控制摇头的。其中钢丝套中钢丝能自由伸缩，它的一端连接在面板的开关旋钮上，另一端接在离合器扣钩上。当需要摇头时，将底座上的摇头旋钮旋至摇头位置，钢丝绳放松，上离合块在压缩弹簧的作用下移动，啮合轴上的销钉落入上离合块的凹槽内，上、下离合块的离合齿啮合。此时电动机转动，蜗杆带动蜗轮转，蜗轮带动下离合块转，下离合块带动上离合块转，上离合块通过销钉带动啮合轴转，啮合轴带动摇头直齿轮转，电风扇摇头。当不需要摇头时，将摇头旋钮旋至停止位置，钢丝拉绳拉紧，在杠杆的作用下，上离合块被举起，与下离合块分开，下离合块进行空载转动，旋转的蜗轮不能再通过上离合块带动啮合轴转动，电风扇停止摇头。当电风扇的摇头受阻时，就不能继续摇摆，受阻时间一长，会使蜗轮损坏。因此，摇头机构均设有过载保护装置。保护装置包括弹簧片、钢珠与U型槽等（见图8-4）。下离合块的下部有一凹形滑道，并有两锥形窝，两颗钢珠借助于弹簧片的压力，固定在下离合块锥形窝中，它们一起安装在蜗轮上。正常摇头运行时，蜗轮带动牙杆一起转动；当摇头受阻时，需要转动牙杆的力矩增大，当钢珠上的阻力不足以带动牙杆来克服外加阻力时，钢珠就会推开弹簧片从锥形窝中滑出，随蜗轮一起环绕下离合块空转，同时发出"嗒、嗒"的响声。此时，牙杆不再转动，电风扇也停止摇头，但电风扇电动机运转正常。

揿拔式摇头机构如图8-5所示。当需要摇头时，按下揿拔柄，啮合轴下移，啮合轴中部的两颗钢珠落入蜗轮槽内定位，此时，电动机转动带动蜗轮转，蜗轮通过钢珠带动啮合轴转，从而带动摇头直齿轮转动，电风扇摇头。当不需要摇头时，把摇头柄拔起，啮合轴上移，两颗钢珠从U型槽中脱离，此时蜗轮空转，电风扇不摇头。过载保护装置是靠套盘上放置两颗钢珠来实现的，放置钢珠的孔为一通孔，通孔中间放置1根压缩弹簧，在压缩弹簧作用下，使两颗钢珠落入U型槽中。当电风扇摇头时，突然受阻，钢珠不足以克服阻力使压缩弹簧被压缩而打滑，此时蜗轮空转，啮合轴在原位停转，电风扇便停止摇头，从而起到保护作用。

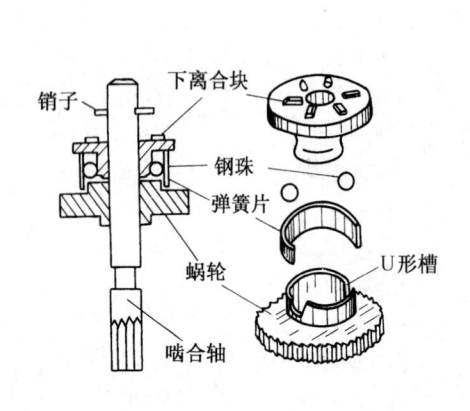

图8-4 离合式摇头机构过载保护装置

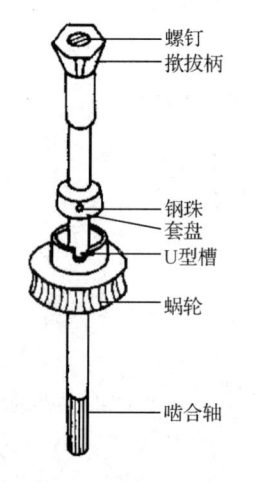

图8-5 揿拔式摇头机构

③ 连接头。

连接头是连接电动机、摇头机构及立柱架的部件。采用压铸成型，通过调节连接头与立柱架的紧固螺钉，可以调节电风扇的仰俯角。

2）扇叶

扇叶（也称风叶）包括叶片与叶片套筒两部分。叶片安装在叶片套筒上，叶片套筒固定在电动机轴上，随电动机的转动而转动。

扇叶是电风扇推动空气流动，达到送风降温目的的主要部件。它的大小和形状对电风扇的风速、风量、风压、噪声、效率及运转平稳等都有很大影响。为了减小扇叶阻力，使风扇运转平稳，扇叶较理想的工作状态是扇叶各部分单位面积承受的压力大致相等。为此，应使扇叶表面光滑，曲线规则，各个断面从叶根到叶尖具有不同程度的扭角。使用中不允许随意改变扇叶原来的形状，也不允许摔打磕碰以免扇叶变形。扇叶的数量越多，虽具有风量大、风速快且缓和的优点，但要求电动机的功率也越大。为了节省能源和材料，目前国内生产的台扇大都采用三片扇叶，扇叶形状多呈三叶形或大刀形，如图 8-6 所示。

（a）芒果形扇叶　　（b）火炬形扇叶　　（c）芭蕉叶形扇叶

图 8-6　扇叶形状

扇叶所用的材料主要有金属和塑料两种。金属扇叶多用薄钢板、铝合金板整体或分片冲制而成，其厚度为 1.2～1.5mm，经称重分组后铆接在套筒上。金属扇叶的机械强度和刚性均较好，运转性能稳定；塑料扇叶多采用工程塑料一次注塑成型，具有易加工、耐腐蚀、重量轻等优点。

3）网罩

网罩包括前网罩与后网罩。后网罩由 4 个螺栓紧固安装在扇头的前外壳上，前网罩与后网罩由 6 个扣夹夹紧在一起。网罩的作用是防止人体触及高速旋转的扇叶后发生伤害事故，因此网罩要有足够的机械强度，通常用钢丝焊接成型。网罩一般都镀亮铬、镀锌，也有的网罩采用静电喷涂工艺。整个网罩焊接牢固，光滑明亮，起到一定的装饰美观作用。

通常前网罩中间镶有装饰圈，上面有产品商标。喷香式电扇的香料就是加在装饰圈上的。

4）扇头底座及控制部分

台扇的底座由立柱、底板与面板等构成。改变台扇底座的结构形式，台扇可以派生出台地扇、落地扇、顶扇和壁扇等，其外形结构图如图 8-7 所示。

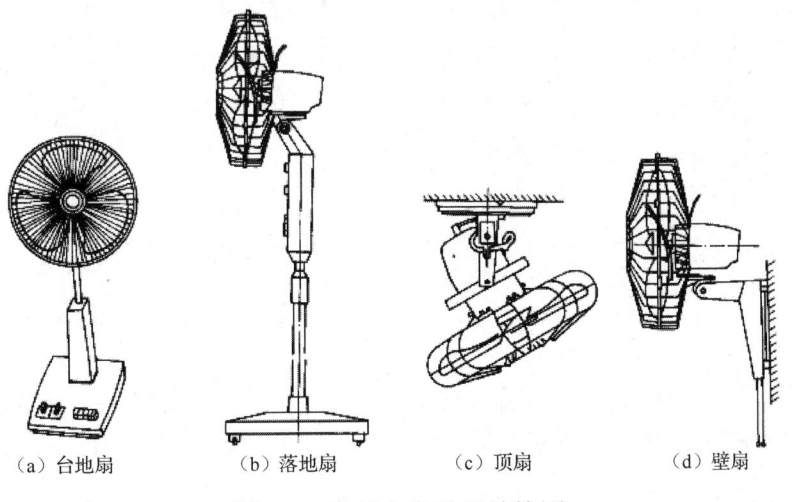

（a）台地扇　　（b）落地扇　　（c）顶扇　　（d）壁扇

图 8-7　常见台扇外形结构图

台扇底座的作用是支撑扇头与扇叶等，并提供安装固定各种零件的位置。立柱架一般由铝合金压铸而成，也有用工程塑料注塑成型的。底座面板用塑料或铝板制成，外表比较美观。台扇的控制操作器件大都安装在底座的面板上，如调速开关、定时开关、摇头控制旋钮、指示灯等。座内装有定时器、电容器、电抗器等零部件。

① 调速开关。

琴键开关是目前采用最普通的一种调速开关，常用来转换电动机的转速，具有挡位操作方便、美观耐用等特点。琴键开关按键的数目根据调速的挡位数而定，常用的琴键开关有四挡琴键开关与五挡琴键开关两种。琴键开关主要由键架、键杆、功能滑块与触点开关等构成。琴键的自锁、互锁、复位功能通过键杆与不同功能滑块间的相互作用完成，如图8-8所示。

互锁：互锁滑块有3个锁钩，主要实现台扇的强、中、弱风三键的互锁。互锁滑块及其附加的两个梯形挡板可以防止三键在使用中同时误按入，即三键在使用中只能按入其中一键。

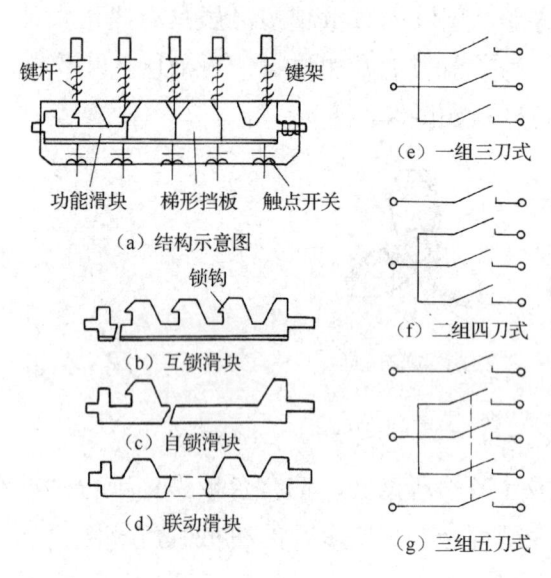

图8-8 琴键开关

自锁：自锁滑块有一个锁钩，主要实现显示灯键的自锁，即只要台扇运转，显示灯即点亮。

联动：联动滑块无锁钩，它与一个联动触点开关配合使用，只要有一个功能键按入，联动滑块就滑向触点开关一侧，使触点开关闭合，形成联动触点开关的控制作用。此触点开关一般用电源联动开关。

四挡琴键开关只用一个互锁滑块，构成的触点开关为一组三刀式。五挡琴键开关有两种结构，一种只用了互锁与自锁滑块，构成的触点开关为二组四刀式；另一种既用了互锁滑块与自锁滑块，又用了联动滑块，构成的触点开关为三组五刀式。

旋转开关结构如图8-9所示，当开关处于图中位置时，电路处于断开状态。当按顺时针方向旋转开关时，旋转开关的旋钮带动固定在旋钮轴上的动触片旋转一个角度后，通过动触片使上、下静触片接通。继续旋转旋钮使动触片转动，依次使对应的静触片接通，并且在接通下一个静触片之前，把前一挡断开。每一挡的定位是利用弹簧和钢珠来实现的，底座上有凹槽，并与挡位对应。旋转开关结构简单，成本低，易加工，但是其开关控制功能较差，不便于用来控制复杂的电路。

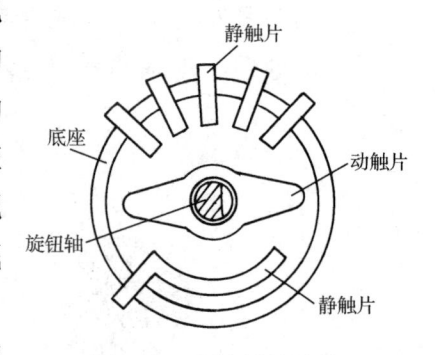

图8-9 旋转开关结构

② 定时器。

电风扇的定时器用于控制整个电路的通电时间，能自动切断电源。在电风扇中，广泛使用机械发条式定时器，定时时间多为60min和120min。它有一个常开触点，串联于电源电路中。定时器的结构与外形如图8-10所示。整个结构由触点开关和走时机构两部分组成。

触点开关由凸轮、摇臂、动触点组成。凸轮固定在定时器的转柄上。当摇臂头落在凹槽里，触点断开，电源切断，风扇停转。当需要定时时，按顺时针旋转定时器的转柄，即转轴顺时针旋转，发条上紧，同时凸轮按顺时针旋转，则摇臂头被顶起，使常开触点闭合，电源接通，此时由于走时机构的作用，转轴和凸轮按逆时针方向转动。当凸轮转到一定位置时，摇臂头又落入凹槽里，触点断开，切断电源，即定时时间到。如果用手再将定时器旋钮按逆时针旋转，那么凸轮也随之按逆时针转动，这时，摇臂头也会被顶起，触点闭合，接通电风扇电源，电风扇运转，但这时走时机构不运转，这是不用定时器的状态。

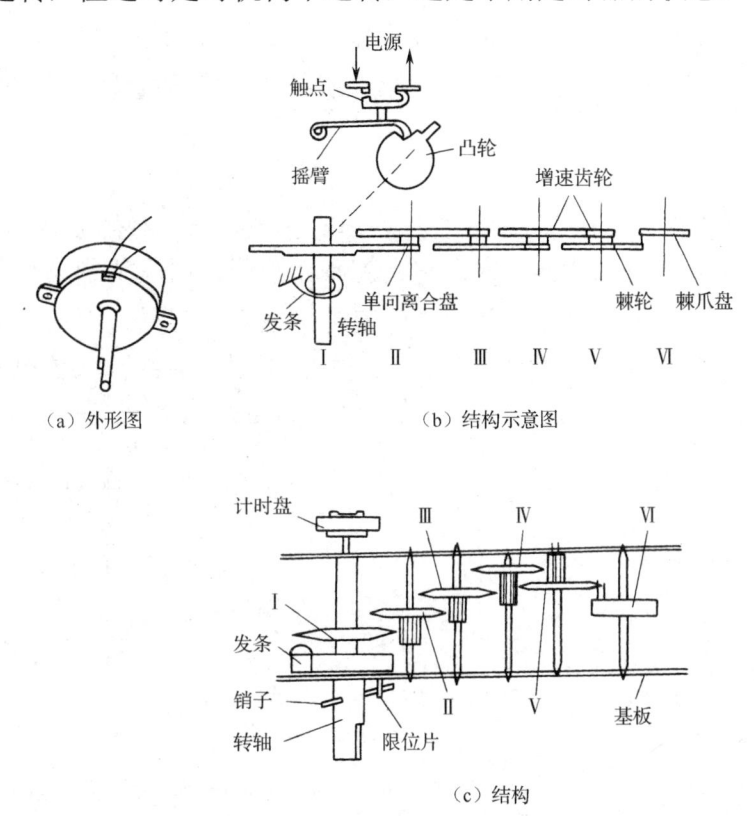

图 8-10 定时器的结构与外形

定时器有 6 个轴，均固定在两侧的夹板（又称基板）上。6 个轴分别带有 6 个轮，Ⅰ～Ⅴ轮组成四级增速齿轮组，Ⅵ轮为棘爪盘（又称摆轮），凸轮摇臂都位于计时盘内，Ⅰ～Ⅴ轮组成的四级增速齿轮组，使转轴旋转不到一周，走时机构就能运转 60min 或 120min。Ⅴ轮为棘轮，所以Ⅲ、Ⅳ、Ⅴ轮只能朝一个方向旋转（反转时被棘爪盘的挡针挡住）。棘爪盘一方面从棘轮获得动力而摆动，另一方面限制棘轮的转速。当定时器旋钮按顺时针旋转时，发条被卷紧，把弹性势能储存起来，此时，Ⅱ轮在Ⅰ轮的作用下与Ⅲ轮脱离，Ⅰ、Ⅱ轮转动，Ⅲ、Ⅳ轮均不转动。当手松开旋钮后，在发条逐渐松弛过程中，Ⅱ～Ⅲ轮啮合，四级增速齿轮组传动，使棘轮转动，而棘轮的转速受棘爪盘摆动周期的控制，因棘爪盘的摆动周期是一定的，所以通过每级的控制，使得转轴的回转速度恒定。定时器定时的时间长短与转柄按顺时针旋转的角度成正比。

③ 电容器。

电风扇电动机绝大多数采用电容运转式单相交流异步电动机，启动绕组与电容器串联，启动与运行中，电容器都接在电路中，所以称这个电容器为运行电容器。风扇电动机所用的电容器主要为油浸纸介质和金属纸介质电容器，采用专为交流电路使用的无极性电容器。运行电容器的额定参数有两个：电容量和额定工作电压。电风扇采用的电容器规格为 1μF、1.2μF、1.5μF、2μF、2.5μF，工作电压为 350V、400V、450V、500V。同一规格的电风扇，如果其电动机的设计不同，那么其电容器的电容量和工作电压也不一定相同。

④ 电抗器。

电抗器外形如图 8-11 所示，它由线圈、支架、铁芯三部分组成。线圈绕在支架上，中间按调速比的要求抽几个头。线圈绕好后，将铁芯插入支架内，并经烘干、浸漆处理。铁芯首先用厚 0.5mm 的硅钢片冲压成斜 E 字形，然后交叉插入支架内叠合而成。线圈抽头分别与琴键开关各挡连接。

2．吊扇的基本结构

吊扇是悬吊在屋顶上的一种电风扇，它具有风力柔和、送风范围大、不占房间面积等优点，是客厅、会议室、商店、食堂及其他办公室场所室内所广泛使用的一种电风扇。吊扇的外形结构如图 8-12 所示，主要由扇头、扇叶、上罩、下罩、吊杆、吊攀和独立安装的调速器组成。

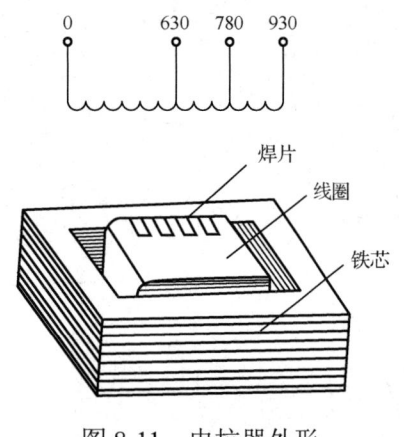

图 8-11 电抗器外形

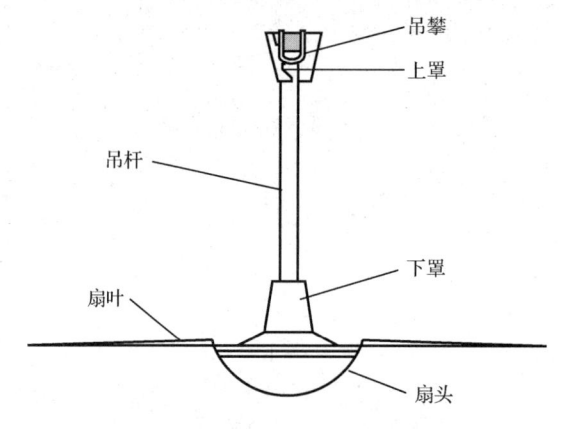

图 8-12 吊扇的外形结构

1）扇头

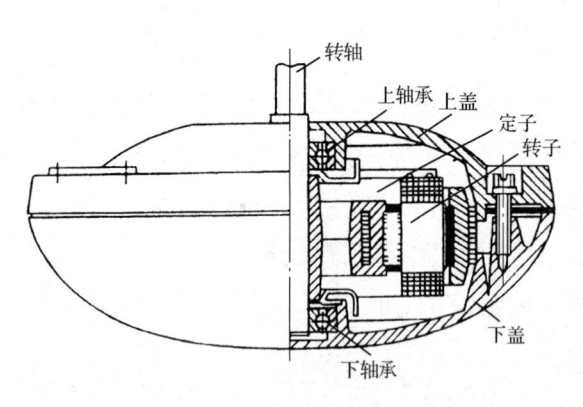

图 8-13 吊扇的扇头结构

吊扇的电动机就是扇头，其结构如图 8-13 所示，由定子、转子、上盖、下盖等组成。吊扇的电动机采用全封闭式外转子结构，即转子位于定子外面，定子固定在中间，定子与中间的固定空心轴固接在一起，定子绕组的引出线从空心轴与吊杆中引出。转子与上盖、下盖连在一起，围绕着定子旋转。扇叶紧固在上盖上。上轴承、下轴承采用径向止推轴承，支撑转子与扇叶。

吊扇电动机一般采用电容运转型单相异步电动机，通过调节电容器的电容量与运转绕组、启动绕组的匝数比，可减小旋转磁场的椭圆度，从而减小高次谐波，效率较高而且噪声较小。电容器的电容量一般为 1~4μF。运转绕组、启动绕组匝数比一般为 1.4~1.7（也有小于 1 的）。由于吊扇的扇叶直径较大，吊扇电动机的转速不能太快，因此，电动机定子的极数较多，槽数也较多。一般 1400mm 的吊扇为 18 极 36 槽；1200mm 的吊扇为 16 极 32 槽；900mm 的吊扇为 14 极 28 槽。转速为 300~400r/min。上端盖、下端盖为吊扇电动机的机壳并用于安装叶片，它应具有足够的机械强度。目前吊扇的上端盖、下端盖使用的材料大多为铸铁、铸铝、铸铝-薄钢板和薄钢板等。

2）扇叶

国产吊扇扇叶大多数采用三片扇叶。吊扇规格的大小是指扇叶在旋转时，其叶片尖端运动的圆周直径。吊扇的扇叶包括叶架和叶片两部分，如图 8-14 所示，使用时紧固在扇头上，叶片一般采用 1.5～2mm 厚的铝板冲压成型，也有木制的，对扇叶，特别是木制扇叶，要求长期使用不变形。扇叶有阔叶型和狭叶型（窄叶型）两种，由于狭叶型用料少而扇风效果与阔叶型相近，故较多采用狭叶型。冲压成型的叶片用螺钉或铆钉固定在叶架上。叶架应有合理的倾角与足够的刚性，常用 3～3.5mm 厚的冷轧钢板冲制。扇叶刷油漆后称重量分组，以保证每台吊扇使用的扇叶重量相等而且重心相同，使吊扇运转平稳，即振动较小、噪声较小。

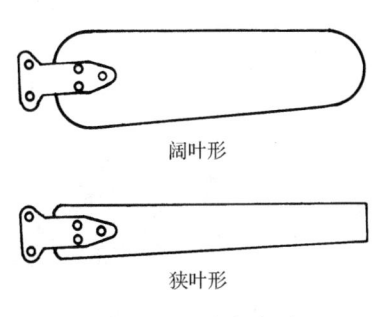

图 8-14　吊扇扇叶

吊扇的上、下罩用金属或塑料制成。上罩用来保护吊攀与电容器，下罩用来防尘。吊杆、吊攀是悬挂扇头的部件，吊攀一般由 2.5～3mm 厚的冷轧薄钢板弯曲成型，也有用合金铝压铸成型的，里面放置电容器，旁边装有接线柱，吊扇电动机的电源引出线及电源线接在接线柱上。吊攀的上端穿入钢销或螺栓，并装上橡皮轮。吊扇通过橡皮轮悬挂在房顶的钢钩上。吊杆是连接吊攀和吊扇电动机的重要零件，所以对吊杆的要求很高，吊杆的材料大多采用直径为 22～25mm 的 A3 冷拔无缝钢管，钢管不允许有裂纹、锈蚀或砂孔。吊杆的机械加工公差很小，要求互换性好。电动机的电源线从管中通过。根据用户的需要，吊杆可制成不同的长度，常见的规格有 600mm、450mm 和 300mm 三种。

3．转页扇的基本结构

转页扇又称箱式风扇、鸿运扇。这种电风扇跟普通电风扇不同，扇叶安装在箱体后部，扇叶运转时产生的风通过旋转的百叶窗式塑料导风轮吹出，由于导风轮上的叶片按一定角度排列，因此，送出的风随叶片的折射以 70°的角向上下左右四方送出。送出风的风力柔和，舒适宜人。

常见的转页扇外形结构有四种类型，如图 8-15 所示。

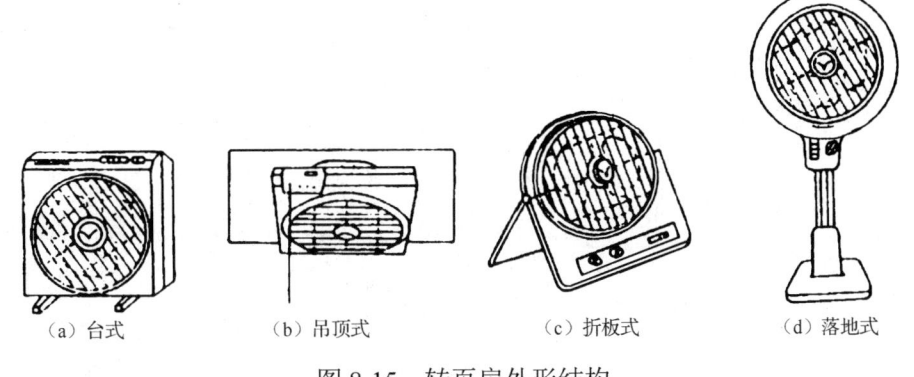

（a）台式　　　（b）吊顶式　　　（c）折板式　　　（d）落地式

图 8-15　转页扇外形结构

无论转页扇的外形如何，其内部结构大致相同，典型结构如图 8-16 所示。转页扇主要由外壳、导风轮、风扇电动机、扇叶、定时器、调速器等构成。

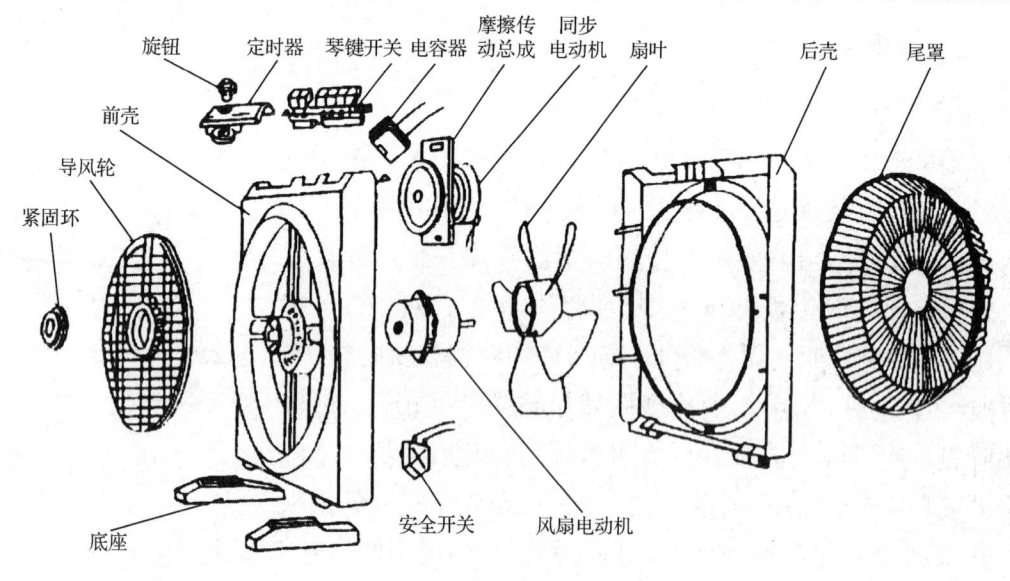

图 8-16 转页扇典型结构

外壳包括前壳、后壳。前壳、后壳均由 ABS 塑料注塑成型，作用是保护内部装置中的各部件。一般在前壳的上部或前面装有调速的琴键开关、定时开关、导风轮开关、电源开关等。另外，在壳内还装有防跌倒开关，当转页扇往前或往后倾斜、倾倒时，电源便自动切断，使电动机停转。扶正后，电源即自动接通，电风扇恢复运转，使用安全可靠。

4．排气扇的基本结构

排气扇一般安装在墙壁或门窗上，排出室内气体或吸入室外空气。排气扇按换气方式可分为单向排气扇和双向排气扇。

1）单向排气扇

单向排气扇可分为联动式和风压式两种。联动式单向排气扇的特点是只有一种工作状态，即排气或进气，扇叶按单方向转动，联动开关为通断二位式：拉动开关，翻板张开，排气扇通电运转；再次拉动开关，断电，同时翻板闭合。风压式单向排气扇无内设开关，只有排气工作状态，翻板与平衡配重杆连接，挂在柱轴上，当排气扇工作时，室内空气经面板进风口吸入形成风压吹动翻板张开，断电停止工作时，翻板由自重作用下垂关闭。图 8-17 所示为风压式单向排气扇结构图，它由扇叶、风罩、框架、气道、面板、翻板、电动机等组成。

排气扇电动机一般为电容运转式电动机，采用封闭式结构。扇叶采用塑料注塑成型，一般为 3～6 片，固定在电动机转子轴上，其框架主要起安装固定作用。排气扇的翻板一端用铰链固定在框架上，工作时气流冲击自动翻起排气，停止工作后又在自重作用下轻轻落下，隔离室内外空气。

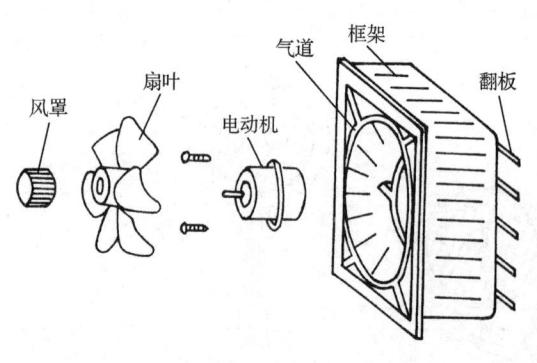

图 8-17 风压式单向排气扇结构图

2）双向排气扇

双向排气扇的电动机可正、反转，具有排气和进气双重功能，排气和进气由与翻板联动的开关操纵。其开关为双回路三位式转换型开关,一个回路控制电动机正、反转,另一个回路控制指示灯。第一次拉动开关,翻板张开,扇叶按顺时针转动进气;再次拉动开关,翻板继续张开,扇叶按逆时针转动排气,第三次拉动开关,翻板下落关闭,将室内外空气隔离。控制回路通过点亮不同颜色的指示灯显示相应的工作状态。

任务 8.2　电风扇的拆装及主要零部件的检测

8.2.1　实践操作:台扇的拆装和检测

1. 电动机的拆装和检测

图 8-18 所示为电扇电动机立体分解图,拆卸步骤如下。

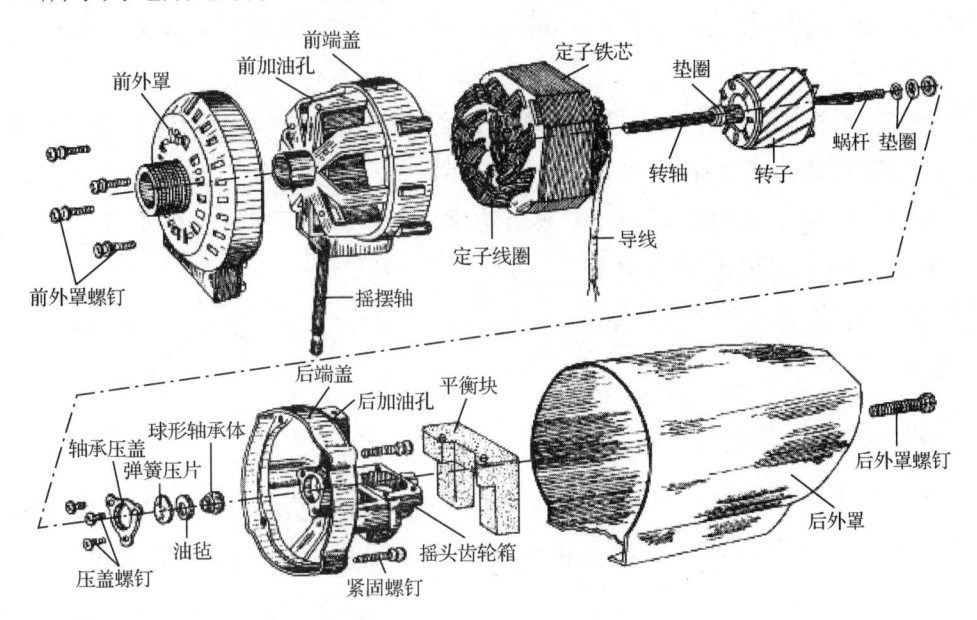

图 8-18　电扇电动机立体分解图

① 拆下直齿轮偏心柱上的开口销钉,取下连杆。
② 打开齿轮箱盖板,取出里边摇头机构的各个零件。
③ 旋下后端盖与前端盖的 4 个紧固螺钉,取下后端盖。
④ 向后抽出转子。
⑤ 拆卸定子。为了将定子铁芯从前端盖中取出,可以找一个直径同前端盖接近的圆筒,筒内垫一些软布,把前端盖倒放在圆筒上,用一根铜棒或木棒插入前端盖内,顶在定子铁芯的前端面上,用锤敲击棒,并不断改变敲击点的位置,直至定子铁芯脱落。如果定子绕组没有损坏,则不必拆卸定子。
⑥ 旋下前、后端盖上的轴承压盖固定螺钉,取出含油轴承,并检查含油轴承的磨损情况。只要将轴承套在转轴上,如果有松动,则说明已严重磨损,应予以更换。如果转动不灵活,主要是转轴与轴承间有油污,则应用汽油清洗。
⑦ 仔细观察定子和转子的结构,记下定子槽数和转子槽数。
⑧ 仔细观察定子结构,判断主绕组和副绕组的位置,记下线圈数。

⑨ 用万用表测量三根引出线之间的直流电阻阻值，从而确定公共端、主绕组及副绕组。

在更换有故障的零件后，可进行安装，安装步骤如下。

① 安装轴承：安装前先把经清洗过的球形轴承体放入轻质机油（缝纫机油或 20 号机油）里浸泡几小时，使球形轴承体内的微孔充满机油，再将轴承放入端盖中的轴承座内，套好油毡，放好弹簧片后装上压盖。

② 安装定子：先把前端盖放在一块中间开孔的木板上，按照拆卸前的位置，将定子放入前端盖的内口上，再用铜棒或木棒顶住定子铁芯的后端，用锤子轻轻敲棒，并不断变换位置，使定子慢慢均匀地进入前端盖里。

③ 安装转子：先把转子由后端插入定子中，接着装后端盖。先上好对角的 2 个紧固螺钉，再拉动转轴，检查轴向间隙。手捻转轴，检查转动是否灵活。如果轴向间隙过大，则应在拆下后，在转轴的前端或后端加适当的垫圈。如果转动不灵活，则可用木锤边轻轻敲击前、后端盖，边检查转动灵活程度是否有改变。当转子的转动无阻滞时，再逐渐旋紧 4 个紧固螺钉，且边旋紧螺钉，边检查转动的灵活情况。最后，在 4 个紧固螺钉都旋紧后，转子的转动仍应十分灵活。

④ 给定子绕组通电试运转通电前，先测量绕组与外壳间的绝缘电阻阻值，应大于 $2M\Omega$。如果正常，则可接通电源。观察电动机能否立即启动，运转时有无振动和噪声。如果启动困难或有明显振动和噪声，则可能是前、后轴承的同心度还未调整好，可旋松前、后端盖间的紧固螺钉，用木锤敲击端盖来加以调整。

⑤ 安装摇头机构。

⑥ 安装前、后外罩。

2. 摇头机构的拆装与调整

杠杆离合式摇头机构是在电风扇上采用得较多的一种摇头机构，也是在电风扇上比较复杂的一种机械机构。图 8-19 所示为摇头机构的立体分解图，它的拆卸步骤如下。

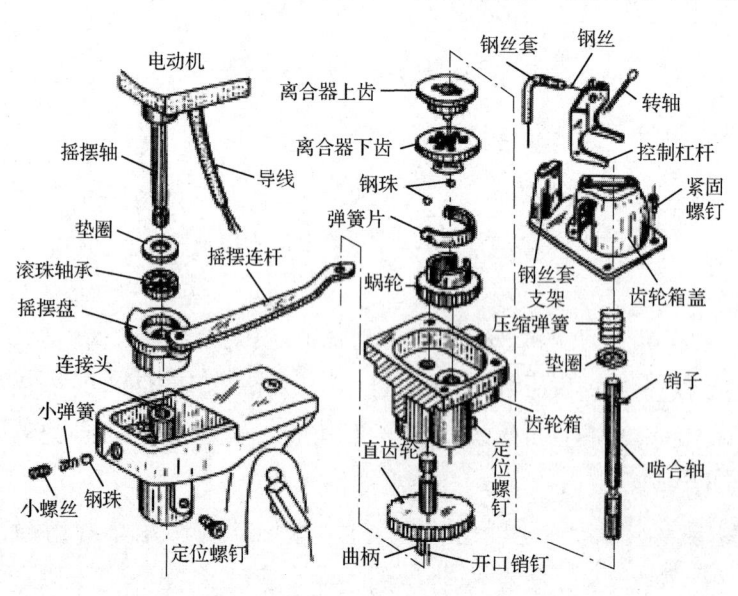

图 8-19 摇头机构的立体分解图

① 拆下电风扇扇头后端外壳。

② 旋松钢丝套支架上的紧固螺钉，将压板移开后，取出钢丝套。

③ 旋松齿轮箱盖上的紧固螺钉，取下齿轮箱盖。

④ 拔出齿轮箱盖上作为杠杆转轴用的长开口销钉，取下杠杆，将离合器上齿、压缩弹簧等从齿轮箱盖中取出。

⑤ 旋松啮合轴定位螺钉，拔出啮合轴。

⑥ 拆下离合器下齿、过载保护装置和蜗轮。

⑦ 拔出直齿轮偏心柱上的开口销钉，取下连杆。旋松直齿轮定位螺钉，往下拔出直齿轮。

⑧ 旋松电动机摇摆轴的定位螺钉，向上拔出摇摆轴，取下垫圈、滚珠轴承和摇摆盘。

⑨ 旋松摇摆盘定位装置中的小螺丝，取出小弹簧和钢珠。

⑩ 将已拆下的所有金属件泡在汽油中清洗。擦干净各零件上的污垢和汽油，并检查各零件有无破损及严重磨损的情况，如有则应更换。

杠杆离合式摇头机构安装和调整步骤如下。

① 把摇摆轴套在电动机座上，装好滚珠轴承和垫圈。

② 装上定位钢珠和小弹簧。

③ 从齿轮箱下面把直齿轮插入轴孔里，旋紧直齿轮定位螺钉。将连杆套在直齿轮下面的偏心柱上，并插入开口销钉定位。

④ 将蜗轮和保护装置装入齿轮箱内。

⑤ 由上往下装好啮合轴。

⑥ 将压缩弹簧、垫圈、离合器上齿放入齿轮箱盖里，放好控制杠杆，装好转轴。

⑦ 将齿轮箱盖装在齿轮箱上。

⑧ 把钢丝套放在钢丝套支架上，旋紧压板上的紧固螺钉。

⑨ 边旋动摇头控制旋钮，边观察钢丝拉动杠杆的情况，能否将离合器上齿抬起或放下。如果钢丝长度不合适，则应进行适当调整。

⑩ 先接通电源，再旋动摇头控制旋钮，检查摇头机构工作是否正常。在电风扇摇头运转的情况下，用手阻止网罩摆动，看扇叶是否能继续运转，且有"嘀、嘀"声发出。如果无"嘀、嘀"声，则说明过载保护装置有问题，应拆开检查，重新装配。

3．电抗器、定时器及琴键开关的检测

1）电抗器的检测

采用单独指示灯绕组的电抗器一般有六根引出线，如图 8-20 所示。它的支架上共有两个独立的线圈。只有两个引出端的是指示灯绕组，有四个引出端的是调速绕组。在调速绕组中，一个引出端接电动机的副绕组，其余三个分别接到调速琴键开关的中、快、慢三个动触点上。

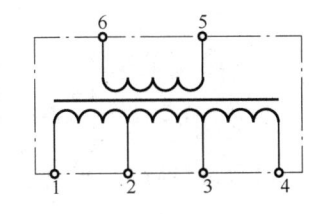

图 8-20 单独指示灯绕组的电抗器

可用万用表的电阻挡检测电抗器。只有两个引出端间通且与其他四个引出端间均不通的，此两个引出端间便是指示灯绕组，一般用 R×1 挡测量时有几欧的直流电阻阻值。调速绕组中，1～4 之间的阻值最大（几十欧），1～2

之间的阻值最小（几欧至十几欧）。如果测量时同一绕组的两个引出端间阻值为∞，则为断路；如果测量时同一绕组的两个引出端间阻值为0，则为短路。电抗器有故障后，可进行更换。

2）定时器的检测

电风扇定时器在使用过程中常见的故障有触点接触不良或烧毁、发条不能上紧、齿轮组不能运转等。正常时，用手顺时针旋动旋钮后应能定位，且触点闭合，放手后慢慢自动按逆时针反转，至停止位时，触点断开，切断电路，齿轮组停止运转。

检测时，可顺时针旋动旋钮，同时用万用表电阻 R×1 挡测量两根引出线间的电阻阻值。正常时，电阻阻值应为 0；如果电阻阻值为∞，则说明触点断路；如果电阻阻值为几欧至十几欧，则说明触点接触不良；如果到停止位后电阻阻值仍为 0，则说明触点不能分离。如果触点锈蚀不严重且簧片仍有较好弹性，则可用细砂纸轻轻打磨触点，并用镊子校正簧片，使之恢复使用。如果触点已烧毁或簧片已无弹性，则只能更换。

如果按顺时针旋动旋钮后不能定位，则说明定时器内部的齿轮组已损坏，只能更换。如果按顺时针旋动旋钮后听不到齿轮组运转时发出的轻微声音，则其内部生锈产生阻尼，造成定时器失灵，一般也只能更换。

3）琴键开关的检测

调速琴键开关在使用过程中较容易出现触点接触不良、按键被按下后不能锁住或按键被按下后不能弹起等故障。检查触点可用万用表电阻挡进行。按下某个速度按键应能自行锁住，且触点闭合，此时动、静触点间的电阻阻值应为 0；按下停止键后，各按键均应弹起，动、静触点间的电阻阻值应为∞。如果按键被按下后电阻阻值为∞，则说明触点未接触或接触不良，可检查触点及簧片情况。如果触点锈蚀得不严重，且簧片弹性仍很好，则可用细砂纸轻轻磨去积碳及锈迹，并用镊子仔细校正簧片，使按键被按下后能可靠地闭合，按键弹起后能很好地分离。

对于按键被按下后不能锁住的故障，应重点检查滑板复位弹簧是否锈蚀或滑板的滑动是否灵活。如果滑板复位弹簧严重锈蚀、失去弹性，则应更换滑板复位弹簧。如果滑板滑动不灵活，则是滑板变形引起的，可用尖嘴钳仔细校正滑板，使之恢复灵活。如果滑板孔生锈，使它的滑动受阻，则可去除锈迹后，再加少许机油，故障便可排除。

按键不能弹起往往是按键复位弹簧失效引起的，如锈蚀、断裂、脱落等，均会造成按键不能弹起，可通过更换复位弹簧来排除故障。

8.2.2 实践操作：吊扇的拆装和装配

1. 吊扇的拆装

吊扇在使用几年后，要给滚珠轴承添加或更换润滑脂；定子绕组发生断路、短路等故障，都需要拆装吊扇。机头是吊扇上最重要的器件，拆装吊扇时，最复杂的也在于机头。图 8-21 所示为吊扇机头的立体展开图。

① 旋下 6 个紧固螺钉，从机头上卸下 3 片扇叶。

② 把上盖移到下面，将电源线从接线板上拆下，记下接线位置。

③ 将机头从吊杆上旋下，注意托住机头，以免掉到地上。

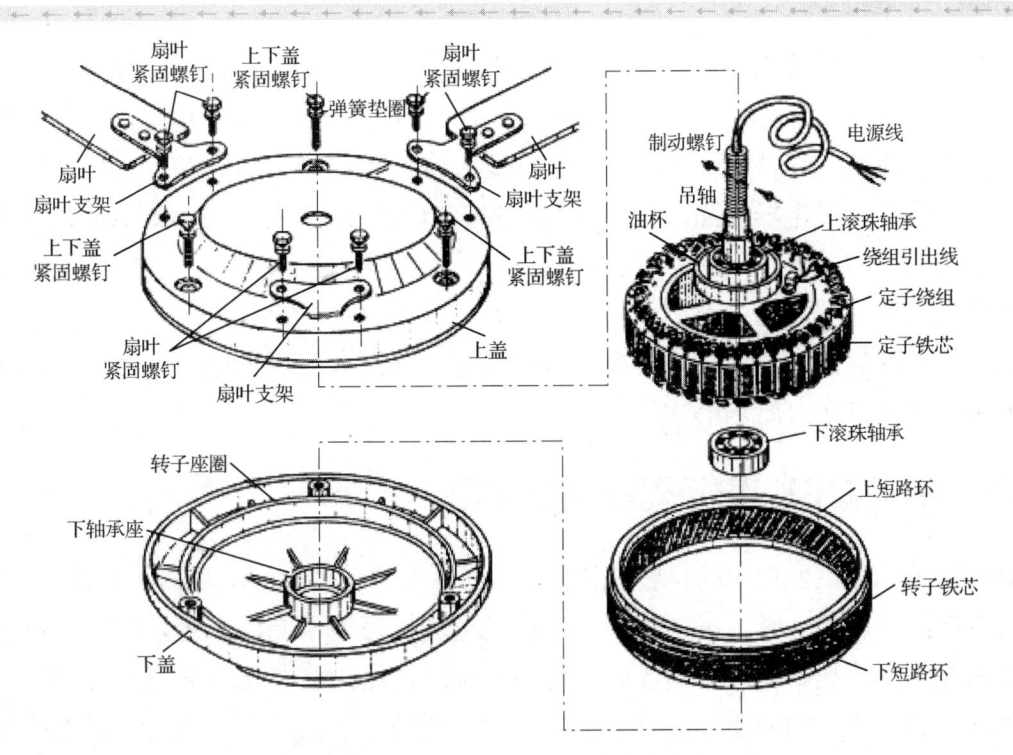

图 8-21 吊扇机头的立体展开图

④ 拆卸机头。先将机头放在铺有软布的工作台上，旋下上、下盖的紧固螺钉。再用螺丝刀插入上、下盖的缝隙中，转动螺丝刀，并不断变换位置，使上、下盖逐渐分开。

⑤ 仔细观察电动机的结构，记下定子槽数，分清主、副绕组线圈的位置并记下它们的数目，记下转子槽数。

⑥ 转子一般是压到下盖中去的，无特殊原因不要拆开。滚珠轴承与转轴紧配合，最好采用爪钩拆卸，如图 8-22 所示。

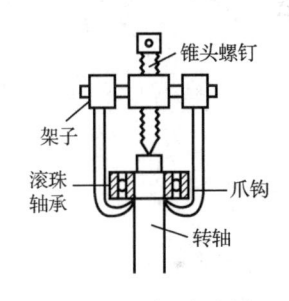

图 8-22 拆卸滚珠轴承

2．吊扇的装配

在排除了故障后，便可将吊扇装配好。

① 清除定子、转子及上、下盖内的杂质。用手握住吊轴，提起定子，将定子慢慢放入转子中，应使下滚珠轴承嵌入下盖的轴承座内。

② 安装上盖，使上滚珠轴承嵌入上盖的轴承座内。

③ 轮换旋紧上、下盖的 3 个紧固螺钉，提起吊轴，轻轻转动机头，检查转动是否灵活。

④ 先把电动机的电源线穿过吊杆，将吊轴旋入吊杆下端的螺孔内，直到吊轴上的制动螺钉孔对准吊杆上的孔为止，再旋紧制动螺钉。

⑤ 按原来的位置连接好电源线，安装好上、下盖。

⑥ 安装扇叶。

⑦ 检查无误后，通电试运转。

任务 8.3　电风扇的调速方法及控制电路分析

表示电风扇电路工作原理的图称为电气原理图，简称电路图。表示电风扇电气元件间接线方式的图称为电气接线图,简称接线图。电路图表示各电气元件间的连接关系,并表示出电气元件内部的电路(或用标准符号表示电气元件),从中可了解整个电路的工作过程,而接线图没有表示出各电气元件内部的电路,因而难以表达出电路工作原理。

经检验合格的家用电器产品,在出厂时都附有电气原理图或电气接线图,台扇的电气原理图多粘贴在底座的盖板上,落地扇多粘贴在开关箱的后盖板上,有些生产厂同时在使用说明书中给出电气原理图,这为电风扇的安装、使用、维修分析提供了方便。同样的电路,各厂的画法不一,繁简皆有。下面结合电风扇的典型电路图或接线图进行分析介绍,以利于对电风扇电路、接线方式有所了解。

8.3.1 相关知识:电抗器的调速电路

电风扇输出风量主要由电动机转速决定。为了满足人们对风速、风压、风量的不同要求,电风扇一般都具有调速功能。不同类型的电风扇电动机采用不同的调速方法,但是不论采用哪一种调速方法,其基本原理都通过降低电动机绕组电压,减弱磁场强度,从而达到降低电动机转速的目的。常见的调速方法有电抗器法、定子绕组抽头法和电子无级调速法等。

图 8-23 所示为电抗器调速台扇典型电路,该电路由电风扇电动机、电抗器、调速开关、定时器、电容器、指示灯等组成。

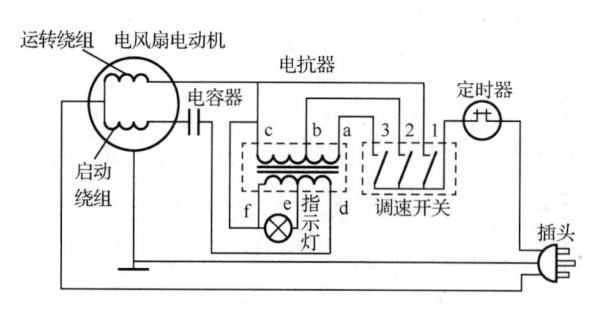

图 8-23 电抗器调速台扇典型电路

电抗器调速台扇的主要特点是指示灯线圈(fe)与电抗器的调速线圈(ac)是反向串接的,我国生产的台扇多数采用这种接法。由于定时器与调速开关是串接的,因此当定时器按顺时针方向旋转到定时位置或按逆时针方向旋转到 ON 位置时,调速开关 1~3 号键中有一个按键被按下,电路才接通,电动机才能启动运转。

当按下调速开关 1 号键时,电源直接给运转绕组供电,运转绕组的外加电压最高;同时电源经过线圈 fd 与电容器给启动绕组供电,使电动机启动运转。这时台扇运转速度最高,线圈 fd 起自耦变压器的作用,指示灯由 fe 两端获得一定的电压而发亮。

当按下调速开关 2 号键时,电源经过线圈 bc 给运转绕组供电,运转绕组的外加电压降低;同时经过线圈 bc 之后,再经过线圈 fd 与电容器给启动绕组供电,电风扇电动机以中速运转。由于线圈 bc 与线圈 fd 的绕制方向相反,是反向串接的,因此两个线圈的电压降部分抵消,这使得加在启动绕组上的电压比较大,有利于电动机启动。

当按下调速开关 3 号键时,电源经过线圈 ac 给运转绕组供电,同时通过线圈 ac、线圈 fd 和电容器给启动绕组供电,电风扇电动机以低速运转。由于线圈 ac 同线圈 fd 的绕制方向相反,两个线圈感应电动势部分抵消,因而加到启动绕组上的电压比较大,有利于电动机启动。为了安全,必须保证台扇的三脚插头的连接关系。接到三脚插头的三根导线:其中两根为 220V 电源线，另一根为接地保护线，由台扇电动机金属外壳、金属机座连接出来。接地保护线可以在台扇漏电时，把电流引入大地，以保证人身安全。

8.3.2 相关知识：抽头调速的电路图和接线图

典型的定子绕组抽头调速的台扇电路图和接线图如图 8-24 所示。电路由定时器、调速开关、电容器、电动机、指示灯等组成。定时器和调速开关串接在电路中，只有当两者同时接通时，电风扇才能启动。

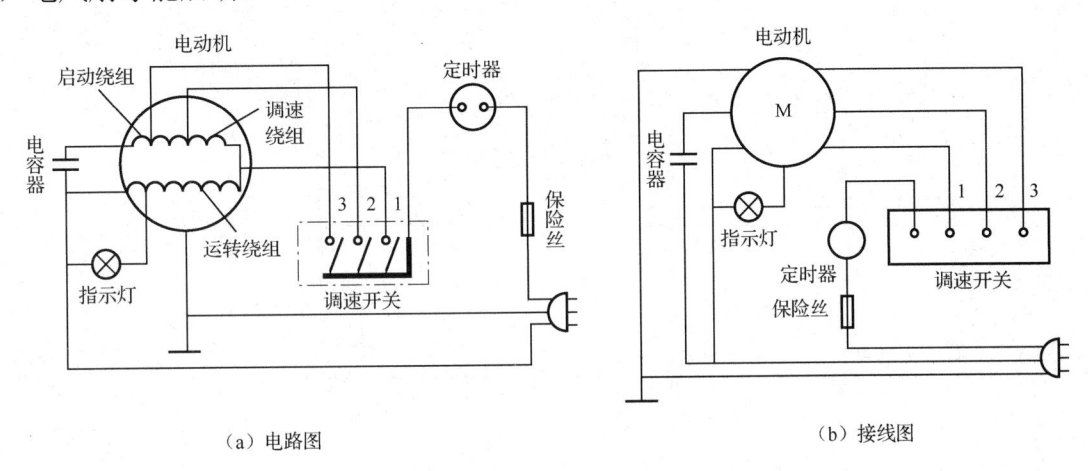

图 8-24 典型的定子绕组抽头调速的台扇电路图和接线图

在定时器触点接通时，按下调速开关 1 号键，电源直接给运转绕组供电，同时通过电容器给调速绕组、启动绕组供电，这时转速最高。当按下调速开关 2 号键时，电源通过大部分调速绕组后给运转绕组供电，同时通过电容器和小部分调速绕组给启动绕组供电，这时转速中等。当按下调速开关 3 号键时，电源通过全部调速绕组后给运转绕组供电，同时通过电容器给启动绕组供电，这时转速最低，指示灯的电压由运转绕组抽头供给。与上述电抗器调速的台扇相同，抽头调速的台扇引出线为三根导线，采用三脚插头，相应地采用三孔插座。在三根导线中，有两根为 220V 电源线，另一根为接地保护线。

8.3.3 相关知识：模拟自然风电路

利用电子开关控制电风扇电动机的电源，周期性地"导通—断开—导通—断开—…"，使电风扇扇叶对应周期性地"慢速—快速—慢速—停转—慢速—快速—慢速—停转—…"送出间歇阵风，也称模拟自然风。

图 8-25 所示为由 NE555 定时器组成的模拟自然风电路。该电路可分为电动机电路和控制电路两部分，两部分通过继电器联系起来。当开关 S 接上"常规"挡时，继电器 KR 线圈中没有电流流过，常闭触点 K_r 闭合，这时的电风扇电路就是普通的电抗器调速电路，利用三挡琴键开关就可以得到强、中、弱三种常规风。当开关 S 接上"间歇"挡时，控制电路起作用。

控制电路采用间歇运转的电子选时装置，也就是由 NE555 定时器为核心器件组成的自激振荡器。电路中，NE555 的 4 脚（复位端）接高电平，NE555 的 8 脚是电源 V_{CC}，NE555 的 2 脚为置位输入端，二极管 VD_6 引导充电回路，充电时间常数 $\tau_1=(R_1+RP_1)C_2$。当 C_2 上的电压充到略高于 $2/3V_{CC}$ 时，通过 R_2、RP_2 对 7 脚放电（此时 NE555 定时器内部的放电管导通），

放电时间常数 $\tau_2=(R_2+RP_2)C_2$。在 C_2 放电过程中，NE555 的 3 脚输出低电平，继电器 KR 吸合，常闭触点 K_r 断开，电动机电源断开，电风扇断电停歇。当 C_2 上的电压降至 $1/3V_{CC}$ 时，NE555 定时器输出状态翻转，NE555 的 3 脚输出高电平，继电器 KR 释放，常闭触点 K_r 复位，接通电动机，电风扇运转。与此同时，电源通过 R_1、RP_1、VD_6 对 C_2 充电，当 C_2 上的电压上升到 $2/3V_{CC}$ 时，NE555 定时器输出状态又翻转。如此循环往复，形成振荡，NE555 的 3 脚输出矩形脉冲，通过继电器的作用就实现了模拟自然风，配合琴键开关就可以得到三挡模拟自然风。调节 RP_1 可改变电风扇运转时间，调节 RP_2 可改变电风扇停转时间。

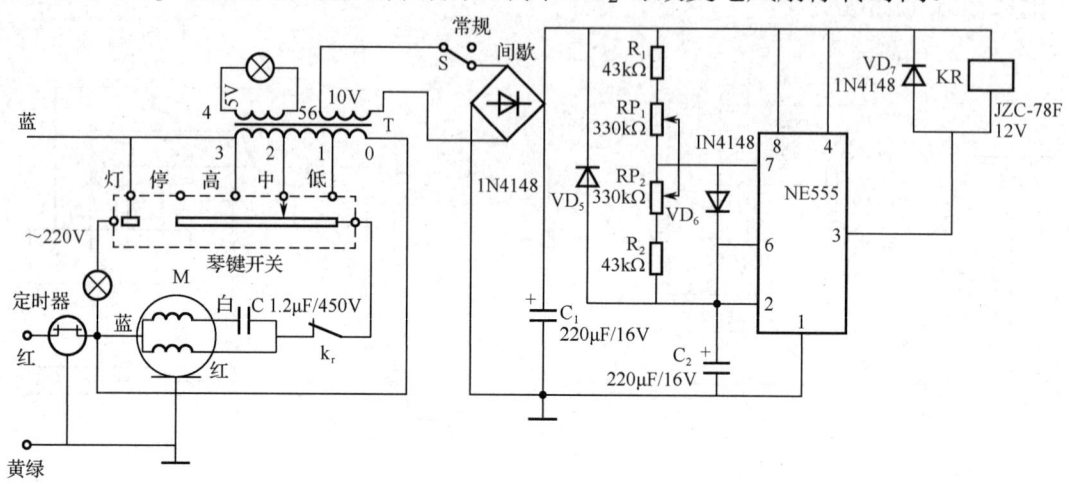

图 8-25 由 NE555 定时器组成的模拟自然风电路

8.3.4 相关知识：其他电风扇控制原理

1. 吊扇控制电路

1）典型控制电路

吊扇的典型控制电路如图 8-26 所示，由电风扇电动机、电容器与调速开关等组成。其工作原理与台扇工作原理相同。当 1 挡接通时，电源经 1 挡开关施加在电风扇电动机上，电动机全电压高速运行。当调速开关接到 5 挡时，此时由于电抗器的降压作用，加在电动机上的电压低于外施电压，电动机转速较低，吊扇低速运行。吊扇的调速开关一般为塑料外壳，是独立安装的。由于吊扇安装于屋顶，人不易触及，因此一般不用机壳接地线。

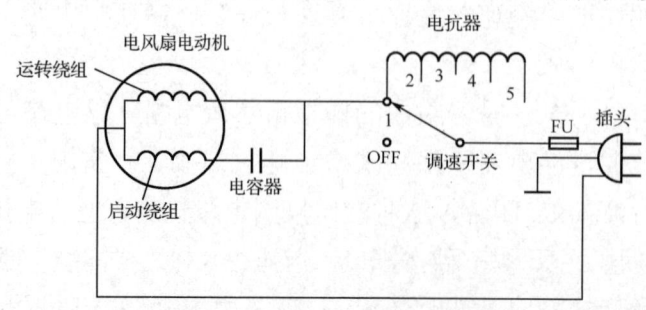

图 8-26 吊扇的典型控制电路

2）无级调速型控制电路

目前，很多家庭采用电子调速器来实现电风扇的无级调速，使用时打开电源，使电风扇电动机在高速挡启动，等启动完毕，用户可根据需要调节风量。图 8-27 所示为常见的吊扇无级调速器电路。

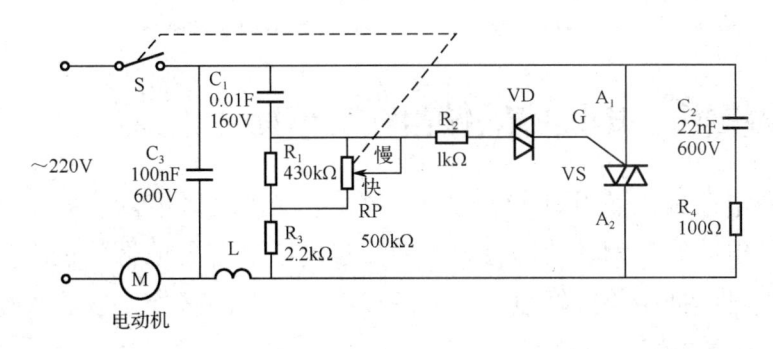

图 8-27 常见的吊扇无级调速器电路

电路主要由主电路和触发电路组成，电源开关 S、双向晶闸管 VS、电感 L、电风扇电动机 M 构成主电路；电位器 RP、电阻 R_1、R_2、R_3、电容 C_1 和双向触发二极管 VD 构成 VS 的触发电路。电源通过 RP、R_1、R_3 对 C_1 充电，调节 RP 的阻值，可改变 C_1 上的电压达到 VS 的 G 极触发电压所需的时间，使 VS 的控制角随之变化，从而改变流过 M 的电流，达到调速的目的。RP 阻值越小，VS 的控制角越小，流过 M 的电流越大，M 的转速越快，反之则越慢，从而实现吊扇的无级调速。图 8-27 中 L、C_3 可抑制高频干扰，R_4、C_2 构成 VS 的阻容保护电路，保护 VS 不被高压脉冲击穿。

2. 转页扇控制电路

转页扇电动机的原理、结构与台扇电动机的原理、结构基本相同。为了减轻重量，常采用抽头法调速。导风轮用 ABS 塑料注塑成型，是一个由约 20 片扇叶组成的圆轮。导风轮的转速约为 5r/min。由减速装置带动其旋转。减速装置有多种类型，有采用橡皮轮与导风轮外圈摩擦达到减速的；有采用微型同步电动机附加减速齿轮，由减速齿轮带动导风轮外圈齿轮进行减速的；还有采用转页扇的风力吹动导风轮进行阻尼达到目的的。其中利用阻尼减速，简单而经济，但不易控制导风轮的转速，这种方式应用较少。用微型同步电动机经减速后带动导风轮旋转，这是目前应用最普遍、性能也较好的一种方式。而用橡皮轮减速，结构比微型同步电动机简单，但在使用中如果沾上油污，则会造成打滑而使转速不稳定。扇叶是用 ABS 塑料一次注塑成型的，套在主电动机轴上。普通转页扇的定时器与台扇的定时器相同。

转页扇通常采用抽头调速，其典型控制电路如图 8-28 所示。由图 8-28 可见，其与台扇电路相同，只是外加一个导风轮电动机。接通导风轮开关，导风轮电动机转动，带动导风轮旋转。断开导风轮开关，导风轮停转。

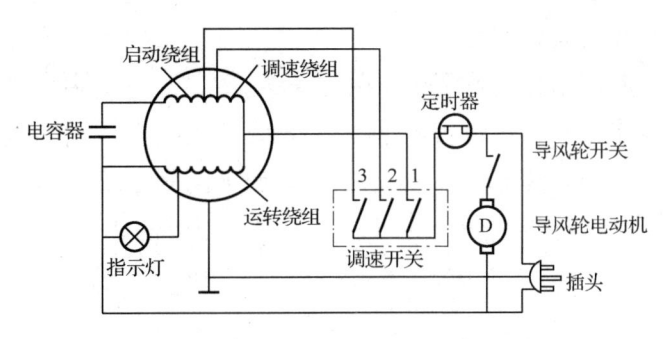

图 8-28 转页扇抽头调速典型控制电路

任务 8.4　电风扇的使用注意事项与保养

8.4.1　实践操作：电风扇的使用注意事项

（1）新购买的电风扇在使用前应细读说明书，以了解其性能。

（2）新购买的电风扇多为散装，因此，要先按说明书的要求将其正确安装好。

（3）采用单相三孔插座并接好地线。电源线应放置在隐蔽处，以防人在行走时拖带电源线，带倒电风扇出现事故。

（4）需要移动、擦拭电风扇时，应先切断电源，再拔掉电源插头。

（5）不要用手指或其他物品伸入网罩，以防碰伤手指及损伤电风扇，不要用湿手去摸或开关电风扇电源，以防触电。

（6）正确使用调速开关、定时器开关和摇头装置。一般来说，风速越大，耗电就越多，但在启动时最好先用快速挡，待转速正常后，再切换到所需的挡位。因为电风扇慢速挡启动时间长，启动电流大，使电动机功耗加大。

8.4.2　实践操作：电风扇的保养

（1）为了保持电风扇的正常运转，降低噪声和延长其使用寿命，每年使用前应对轴承等部位加注润滑油。

（2）电风扇的连续工作时间不宜过长，一般不超过 8h。

（3）为保证电风扇外观美观，应经常除去其表面灰尘。一般可先用软布蘸少许肥皂水擦去污垢，在清洁中要防止水流入机壳内，再用软布蘸清水抹净肥皂水，最后用干的软布擦干。

（4）电风扇在搬运、组装、拆卸和保存过程中，应注意保护好扇叶和网罩，以免发生变形，影响其使用。

8.4.3　实践操作：吊扇的安装

安装吊扇前应检查吊扇各部件是否完好无损，扇叶是否没有变形等。安装吊扇时应特别注意两个距离：扇叶距离地面的高度应大于 2.2m，以 3m 左右为宜（不仅安全，而且扇风范围大）。扇叶距离天花板应不小于 0.4m，以保持气流畅通，太近会影响吊扇的排风量。悬挂电扇的吊钩要牢固可靠，能承受 3~4 倍的吊扇重量，以免发生意外事故。

安装吊扇的基本步骤：先将防尘罩套在吊杆上，再把引出线穿入吊杆，最后把吊杆与扇头主轴相连接并固定。握住吊杆拎起扇头，用手轻轻转动，看是否灵活，将吊杆中的引出线与调速开关和电源线相连，并将吊扇挂在预先安装好的吊钩上，再将扇叶安装在扇头上，注意扇叶的凹面向下。吊扇接好线后，应通电试转，如果吊扇运转、调速等均正常，则表明安装工作完成。

任务 8.5　电风扇的检测与维修

电风扇因长期运转、使用不当或产品质量本身的问题等，都会使其出现各种各样的故障。由于电风扇种类繁杂，相同的故障现象可能会有不同的原因，相同的原因也可能会造成不同的故障。因此在维修时，分析、判断故障产生的部位和原因，以及确定维修程序和步骤就成了维修者必须熟练掌握的基本技能。

8.5.1　实践操作：检测的基本步骤

1．询问用户，了解故障情况

询问用户使用情况，如电压是否正常、电风扇是否长期停用、如何保存放置、电风扇的工作环境如何等。除此之外，还应询问用户电风扇出现故障前后的情况，包括电风扇的故障现象、发生故障后的后果、发生故障时是否冒烟、有无异常响声或气味等。通过询问了解上述情况，有助于分析、判断故障的部位，找到造成故障的原因等。

2．分析、判断是电气故障还是机械故障

电风扇不通电，用手旋转扇叶看扇叶能否转动灵活，这是判断电气故障或机械故障的关键。如果扇叶不能转动，或者转动吃力，则故障可能出在机械方面；如果扇叶转动灵活，则说明电风扇电气部分发生故障，此时需要进行通电检查。接通调速开关，观察电风扇是否能够正常运转。如果扇叶能正常运转，则说明电风扇的电动机没有发生故障；如果扇叶不能正常运转，则首先判断电动机是否有电。如果电动机没有通电，则说明故障发生在电源输入到电动机之间的电气零部件及连接导线上；如果电动机有电，则说明电动机本身存在故障。

3．机械故障的维修

经过检查、分析判断出电风扇是发生机械故障后，应断开电源，检查各传动、转动部位。第一步给各传动、转动部位的轴承或齿轮处加注适量润滑油试一试，拨动扇叶看能否转动自如。第二步检查各转动部位有无污物杂质阻塞的现象，润滑油脂是否变质，必要时可用汽油或煤油清洗各转动部位（如轴承、齿轮等），再加注润滑油脂。第三步检查主轴与轴承，看是否损坏或异常，看是否过紧、过松或错位。通过校正或更换，使扇叶转动灵活自如。

4．电气故障的维修

经过检查、分析判断出电风扇是发生电气故障后，通电检测判断，如果故障发生在电源输入到电动机之间的电气零部件及其连接导线上，则可能出现的情况如下：调速开关接触不良或损坏；定时器接触不良或损坏；连接导线中间断线，焊点松脱等。检修时，可以根据上述顺序逐步检查，找出原因进行维修或更换。如果通电后电风扇不转，但发出"嗡嗡"响声，在排除输入电压偏低的情况下，则可能是主绕组或副绕组存在匝间短路、电容器损坏等，查明原因并进行修复或更换。

5. 维修完毕，通电试运转

维修完毕，应进行必要的检测，着重检测修理部件。例如，电动机维修完毕，应该用兆欧表检测其绝缘电阻阻值，用万用表检测其绕组的直流电阻阻值，用手转动转子，检查转动是否灵活等。经检测，一切正常后，通电试运转，此时应注意观察、倾听运转是否平稳，有无异常响声等。

8.5.2 实践操作：电风扇的常见故障分析及维修方法

1. 台扇的常见故障分析及维修方法

台扇的常见故障分析及维修方法如表8-3所示。

表8-3 台扇的常见故障分析及维修方法

常见故障	产生原因	维修方法
通电后扇叶不转动	① 电源插头与插座接触不良、电源线断路 ② 电容器损坏 ③ 电动机引出线有虚焊或脱焊 ④ 定子绕组有开路现象 ⑤ 琴键开关接触不良 ⑥ 定时器触头不到位 ⑦ 调速电抗器线圈开路 ⑧ 电子控制部分有故障	① 切断电源，修理插座，更换电源线 ② 更换同规格电容器 ③ 重新焊接故障部位 ④ 更换电动机定子绕组 ⑤ 修理或更换琴键开关 ⑥ 调整触头位置，使之接触良好 ⑦ 查出断路处，接通或更换线圈 ⑧ 维修电子控制部分
通电后扇叶不转动，电动机发出"嗡嗡"响声	① 轴承严重磨损，使转子轴偏心，转子铁芯被定子磁场吸引 ② 减速传动机构被异物卡住或传动零件有故障 ③ 定子绕组匝间短路 ④ 定子电路中的电容器漏电	① 更换电动机轴承或端盖 ② 清除异物或更换传动零件 ③ 更换电动机定子绕组 ④ 更换同规格电容器
电动机时转时不转	① 电源插头和插座接触不良 ② 电源线内的芯线有断线点或电动机引线虚焊或调速器接点不牢 ③ 电容器虚焊 ④ 琴键开关触点接触不良 ⑤ 电源保险丝与保险丝座接触不良	① 修理插头和插座 ② 更换电源线，重新焊接使其接触良好 ③ 重新焊接电容器 ④ 修理或更换琴键开关 ⑤ 断电后拧紧保险丝盖
工作时，电动机温升过高	① 轴承润滑油老化或缺油 ② 电动机绕组局部短路 ③ 轴承损坏 ④ 扇叶变形，扭曲过大 ⑤ 摇头零件配合过紧，摇头机构卡住 ⑥ 电源电压过高	① 适当加注润滑油 ② 更换绕组 ③ 更换轴承 ④ 更换扇叶 ⑤ 修理摇头机构 ⑥ 调整电源电压或待电源电压正常后再使用
运转时有异常响声	① 扇叶止动螺钉松动 ② 前网罩的装饰环松动或网罩松动 ③ 轴承磨损引起转子径向跳动 ④ 扇叶变形 ⑤ 调速器的电抗器铁芯松动 ⑥ 离合器位置不对，摇头机构松脱，蜗轮孔径太大	① 拧紧止动螺钉 ② 上紧装饰环螺钉，紧固网罩 ③ 更换轴承或端盖 ④ 校正扇叶或更换扇叶 ⑤ 紧固铁芯 ⑥ 调整位置，修复摇头机构，更换蜗轮

续表

常见故障	产生原因	维修方法
转速偏慢	① 电源电压低于额定值 ② 电容器容量减小 ③ 主绕组或副绕组匝间有局部短路 ④ 转子绕组出现断条或有气孔 ⑤ 传动机构润滑油脂老化变质或缺少润滑油脂 ⑥ 轴承损坏或转轴弯曲变形,以及润滑不良	① 检查电源电压,正常后使用 ② 更换电容器 ③ 检修或更换电动机定子绕组 ④ 更换转子 ⑤ 增添润滑油脂或用汽油清洗后更换润滑油脂 ⑥ 更换轴承、转轴,加润滑油脂
调速失灵	① 调速绕组引出线虚焊 ② 调速绕组与副绕组短路 ③ 琴键开关接触不良	① 重新焊接 ② 修理短路部位或更换定子绕组 ③ 更换琴键开关
不摇头	① 摇头控制拉线断开 ② 蜗轮严重磨损 ③ 离合器弹簧片断裂 ④ 离合器钢珠脱落 ⑤ 离合器不啮合 ⑥ 离合器拨钩松动或损坏 ⑦ 直齿轮下面的曲柄开口销脱落	① 更换拉线 ② 更换蜗轮 ③ 更换弹簧片 ④ 补上钢珠 ⑤ 调整使其啮合好 ⑥ 固定或更换拨钩 ⑦ 套上摇摆连杆,重新装上曲柄开口销
有时摇头,有时不摇头	① 蜗轮部分磨损或偏心 ② 杠杆式的摇摆盘定位装置松动 ③ 齿轮箱盖未盖好,使蜗轮、蜗杆有时啮合有时不啮合	① 更换蜗轮 ② 旋紧摇摆下前方的小螺丝 ③ 旋紧齿轮箱盖的紧固螺钉
外壳带电	① 电气线路中,绝缘脱落或带电部分碰壳 ② 长期使用,绝缘老化 ③ 受潮,绝缘水平降低	① 找到故障点,予以排除 ② 将绝缘老化的部件,如电抗器、定时器等更换 ③ 烘干
指示灯不亮或时亮时不亮	① 指示灯损坏 ② 指示灯的灯座松动,接触不良 ③ 灯座引线脱落或接触不良	① 换用同规格的新灯泡 ② 将指示灯与灯座旋紧 ③ 重新焊好或修理

2. 吊扇的常见故障分析及维修方法

吊扇的常见故障分析及维修方法如表 8-4 所示。

表 8-4 吊扇的常见故障分析及维修方法

常见故障	产生原因	维修方法
不运转	① 电源引线线芯折断或保险丝烧断 ② 电动机绕组损坏 ③ 调速器不良	① 检查电源引线,换用新保险丝 ② 更换电动机绕组 ③ 用万用表检查线圈是否开路,调速器开关接触处线路焊接是否良好,若严重损坏,则予以更换
启动不良	① 电容器损坏或电源线的焊接点接触不良及松脱 ② 电动机启动绕组有故障	① 更换电容器或将电源线焊接点重新焊接 ② 用万用表检测后,依故障情况予以修复或更换绕组
电动机运转无力	① 主轴生锈,轴承缺油或生锈 ② 电容器容量减小 ③ 电动机定子绕组短路	① 擦去锈斑,用汽油或煤油清洗,涂上润滑油 ② 更换同规格电容器 ③ 检修或更换定子绕组
扇叶摆动大	① 安装位置不当 ② 扇叶不平衡,不对称	① 调整位置 ② 调整扇叶之间的距离,更换扇叶

续表

常见故障	产生原因	维修方法
最小挡的风量过大	① 调速器绕组匝间短路 ② 调速器本身质量问题	① 重新绕制或更换调速器 ② 更换调速器
噪声大	① 扇头装配不良或转动部位碰触其他零件 ② 转子轴承缺油或磨损 ③ 扇叶的固定螺丝松动	① 仔细检查逐一排除 ② 拆除轴承用汽油清洗，重新加黄油或更换同规格轴承 ③ 检查后重新拧紧固定螺丝

3．转页扇的常见故障分析及维修方法

转页扇的常见故障分析及维修方法如表 8-5 所示。

表 8-5 转页扇的常见故障分析及维修方法

常见故障	产生原因	维修方法
扇叶不转	① 与台扇、吊扇部分相同 ② 安全开关接触不良	① 按前面介绍的方法进行检修 ② 该开关由两铜质弹簧片和一粒钢珠组成，接触不良多是铜质弹簧片失去弹性后变形，以及钢珠受阻不到位造成的。修理时，只要用小钳子将铜质弹簧片夹复回位，就能使钢珠滚动下来，并接触两铜片良好。受阻不到位是因为开关内塑料制品有毛刺，用小刀刮即可
栅格（转页）不转	① 栅格（转页）固定环螺母过紧 ② 转页轴环磨损卡死 ③ 有异物阻碍转页 ④ 摩擦传动胶轮损坏（电动机驱动式） ⑤ 同步电动机的拉力弹簧脱落或拉力不足 ⑥ 同步电动机内减速系统或同步电动机损坏	① 旋松固定环螺母，使其旋转正常 ② 更换转页轴，不严重者可加润滑油应急使用 ③ 排除异物 ④ 更换传动胶轮或用自行车内胎按胶轮边宽剪裁后套入胶轮上应急使用 ⑤ 重新上好拉力弹簧或更换拉力差的弹簧 ⑥ 更换同步电动机
工作时噪声大	① 转页轴环缺油或轴承严重磨损 ② 部件有松动	① 滴加润滑油或换用新件 ② 检查松动部件并加固上紧
歪倒后风扇不停	安全开关失灵	主要是开关内的钢珠滚动受阻，拆除排除阻碍物即可

4．排气扇的常见故障分析及维修方法

排气扇的常见故障分析及维修方法如表 8-6 所示。

表 8-6 排气扇的常见故障分析及维修方法

常见故障	产生原因	维修方法
接通电源开关后，扇叶不转	① 电源插座无电 ② 插头与插座接触不良 ③ 保险丝熔断 ④ 开关损坏 ⑤ 启动电容器不良 ⑥ 电动机有问题	① 检修电源供电线路 ② 修理插座内的铜片，使之与插头能接触良好 ③ 查明原因后再换用同规格的新保险丝 ④ 修理或更换电源开关 ⑤ 换用同型号新电容器 ⑥ 修理或更换电动机
遮板开启不灵活或不能开启	① 遮板脱落或卡住 ② 联动开关中的机械部位损坏	① 将遮板重新安装或修理故障部位 ② 修理联动开关
换（排）气量减少	① 扇叶上或通风口积油污太多 ② 电动机转动不灵活 ③ 电源电压偏低致使电动机转速偏慢	① 清洗风叶及通风口 ② 加注润滑油 ③ 加装调压器或待电压正常后再使用

续表

常 见 故 障	产 生 原 因	维 修 方 法
工作时噪声很大	① 扇叶没有固定紧 ② 电动机轴润滑不好 ③ 电动机轴承磨损，造成间隙过大 ④ 电动机定子、转子相摩擦	① 重新固定并拧紧 ② 加润滑油 ③ 换用新轴承 ④ 修理或更换电动机

小结

（1）电风扇是由电动机带动扇叶旋转，以加速空气流动或使室内外空气变换，从而达到改变局部环境温度和湿度的一种电动器具。

（2）电风扇分为台扇类、吊扇类、排气扇、箱式电扇等形式，其规格大小是以扇叶直径尺寸来表示的。

（3）台扇由扇头、扇叶、网罩、底座及控制部分等组成。

（4）扇头是台扇的重要部件，由电动机、摇头机构及连接头等部分组成。

（5）电风扇常用的调速方法有电抗器法、定子绕组抽头法和电子无级调速法等。

（6）吊扇主要由扇头、扇叶、上罩、下罩、吊杆、吊攀和独立安装的调速器组成，在安装和维修时应首先考虑使用安全。转页扇由于导风轮的作用，因此其送出风力柔和、舒适宜人的风。排气扇常用来排出室内气体或吸入室外空气。

思考与练习题

1. 填空题

（1）电风扇的_____是以扇叶直径尺寸来表示的。扇叶直径即指_____的直径，以"mm"为单位。

（2）台扇的扇叶（也称风叶）包括____与_____两部分。它的大小和形状对电风扇的_____、_____、_____、_____、_____及运转平稳等都有很大影响。目前国内生产的台扇大都采用____片扇叶，扇叶形状多呈_____或_____。

（3）台扇的底座由_____、_____与_____等构成。改变台扇底座的结构形式，台扇可以派生出_____、_____、_____和壁扇等。

（4）在电风扇中广泛使用机械发条式定时器，它的整个结构由_____和_____两部分组成。定时器定时的时间长短与_____成正比。

（5）吊扇的电动机就是_____，它由_____、_____、_____、_____等组成。吊扇的电动机采用_____结构，即____位于____外面。

2. 简答题

（1）电风扇有哪些类型？

（2）台扇由哪几部分组成？简述它们的作用。

（3）台扇的扇头由哪些主要部分构成？

（4）吊扇由哪几部分组成？它们的作用如何？

（5）吊扇电动机与台扇电动机有何不同？

（6）转页扇由哪几部分组成？有什么优点？

（7）风压式单向排气扇由哪几部分组成？

（8）摇头机构的工作原理是什么？

（9）电风扇调速方法常见的有哪几种？

（10）电抗器法调速的原理是什么？

（11）简述用 NE555 定时器组成的模拟自然风调速电路的工作原理。

项目 9 电动清洁器具的拆装与维修

学习目标
1. 理解电动清洁器具的类型和结构。
2. 学会电动清洁器具的拆装及主要零部件的检测。
3. 掌握电动清洁器具的工作原理、常见故障分析及维修方法。
4. 理解大国工匠、高技能人才作为国家战略人才的重大意义。

洗衣机和吸尘器是现代家庭中常用的电动清洁器具。

洗衣机是利用机械作用洗涤衣物的,自第一台电动洗衣机问世以来,洗衣机的发展十分迅速,自动化程度不断提高,发展的趋势是向多功能、大容量方向发展;向微型计算机、传感器和模糊逻辑控制方向发展;向节水、节电和节约洗涤剂方向发展;向机电一体化的静音化方向发展;向洗干一体化全自动洗衣机方向发展。

电动吸尘器利用高速电动机产生真空的原理,将灰尘和脏物从地面、地毯、家具,甚至织物上吸除干净,它具有体积小、重量轻、使用方便灵活、省时、省力和高效的特点,因而广泛应用于现代家庭、办公室、酒店和其他场所。

任务 9.1 洗衣机的拆装与维修

9.1.1 相关知识:洗衣机概述

1. 洗衣机的分类

1)按照自动化程度分类

按照自动化程度分类,洗衣机可以分为普通洗衣机、半自动洗衣机和全自动洗衣机。

普通洗衣机:指洗涤、漂洗、脱水各功能的转换都需要人工操作的洗衣机。它装有定时器,可根据衣物的脏污程度预定洗涤、漂洗和脱水的时间,若预定时间到则自动停机。这类洗衣机具有结构简单、价格便宜、使用方便、占地少、易搬动等优点,适合一般家庭使用。

普通洗衣机在洗涤脱水过程中，仅起到省力的作用，进水、排水及将衣物从洗涤桶取出放入脱水桶均需要人工完成。

半自动洗衣机：指在洗涤、漂洗、脱水各功能中，至少有一个功能的转换需要人工操作而不能自动进行的洗衣机。这种洗衣机一般由洗衣和脱水两部分组成，在洗涤桶中可以按预定时间自动完成进水、洗涤、漂洗，直到排水功能。但在脱水时，需要人工把衣物从洗涤桶中取出放入脱水桶进行脱水。它的结构较普通洗衣机复杂，价格也较高。

全自动洗衣机：指洗涤、漂洗、脱水各功能的转换都不需要人工操作，完全自动进行的洗衣机。在选定的工作程序内，整个洗衣过程通过程控器发出各种指令，控制各个执行机构的动作而自行完成。这种洗衣机具有省力、省时等优点，但结构复杂、价格较高。

2）按照洗涤方式分类

按照洗涤方式分类，洗衣机可分为波轮式洗衣机、滚筒式洗衣机、搅拌式洗衣机三大类。

波轮式洗衣机：又称为波盘式洗衣机，依靠波轮定时正、反向转动或连续转动的方式进行洗涤。其优点是洗净率高、对衣物磨损小、结构简单、价格低、体积小、重量轻、耗电省。其缺点是用水量大、洗衣量小。现在已有普通型、半自动型、全自动型等形式的波轮式洗衣机。

滚筒式洗衣机：指将被洗涤的衣物放在滚筒内，部分浸入水中，依靠滚筒定时正、反向转动或连续转动进行洗涤的洗衣机。其优点是洗净率高，对衣物磨损小，特别适用于洗涤毛料织物，用水量小，并且大都有热水装置，便于实现自动化。其缺点是耗电量较大，噪声较大，结构复杂，价格高，体积较大。

搅拌式洗衣机：又称为摇动式洗衣机，通常在洗涤桶中央竖直安装有搅拌器，搅拌器绕轴心在一定角度范围内正、反向转动，搅动洗涤液和衣物，好似手工洗涤的揉搓。这类洗衣机的优点是洗衣量大，功能比较齐全，水温和水位可以自动控制，并备有循环水泵。其缺点是耗电量大，噪声较大，洗涤时间长，结构比较复杂，价格高。

3）按照结构形式分类

按照结构形式分类，洗衣机可以分为普通型单桶洗衣机、普通型双桶洗衣机、半自动双桶洗衣机、波轮式全自动洗衣机、滚筒式全自动洗衣机等。

2. 洗衣机的型号与规格

根据我国原轻工业部标准 SG186—80 规定，国产洗衣机的型号分为 6 部分。其含义如下。

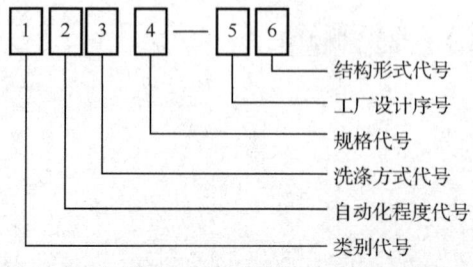

```
┌─┬─┬─┬─┐ ┌─┬─┐
│1│2│3│4│─│5│6│ ── 结构形式代号
└─┴─┴─┴─┘ └─┴─┘  ── 工厂设计序号
                  ── 规格代号
                  ── 洗涤方式代号
                  ── 自动化程度代号
                  ── 类别代号
```

第 1 部分为类别代号：洗衣机代号为汉语拼音首字母 X，脱水机代号为 T。

第 2 部分为自动化程度代号：P 表示普通型；B 表示半自动型；Q 表示全自动型。

第 3 部分为洗涤方式代号：B 表示波轮式；G 表示滚筒式；J 表示搅拌式。

第 4 部分为规格代号：表示洗衣机额定洗涤（或脱水）容量的大小。额定洗涤（或脱水）

容量是指衣物洗涤前干燥状态下所测量的质量,以 kg 为单位。标准的规格有 1.0、1.5、2.0、2.5、3.0、4.0、5.0 共 7 个级别。洗衣机型号中的数字是以规格乘以 10 表示的,即去掉小数点,如 2.0 的规格代号表示 20。

第 5 部分为工厂设计序号。

第 6 部分为结构形式代号:S 表示双桶,单桶则不标。

在脱水机型号中,略去第 2、3、6 部分。

例如,XPB20-4S 表示洗涤容量为 2kg 的波轮式普通型双桶洗衣机,属于该生产厂家的第四代产品。XQG50-4 表示洗涤容量为 5kg 的全自动型滚筒式洗衣机,属于该生产厂家的第四代产品。

3. 洗衣机的主要技术指标

1) 洗净性能

衡量洗衣机洗净性能的参数是洗净比。它由被测洗衣机的洗净率与参比洗衣机的标准洗净率的相对比值决定。国家标准规定洗衣机的洗净比不得低于 0.8。

2) 磨损率

磨损率是衡量洗衣机对衣物的机械磨损程度的指标。通过测量在洗涤水及漂洗水中过滤所得分离纤维及绒渣的质量,来确定洗衣机对额定负载布的机械磨损程度,即磨损率(%)等于过滤所得分离纤维及绒渣的质量(kg)与额定负载布的质量(kg)之比。波轮式洗衣机的磨损率不得大于 0.2%。

3) 漂洗性能

漂洗性能以漂洗比来衡量。漂洗比是漂洗后和漂洗前漂洗液导电率的比值。漂洗比越大,表示洗衣机的漂洗性能越好,要求漂洗比大于 1。

4) 脱水率

用脱水率来衡量洗衣机的脱水性能。脱水率是指额定脱水容量与额定脱水容量的负载布经漂洗脱水 5min 后的质量之比。要求离心式脱水桶的脱水率大于 45%。

5) 排水性能

为了节省洗衣时间,国家标准中对排水时间进行了规定:在洗涤桶中注入额定洗涤水量,在不放入洗涤物的情况下,2.5kg 以下容量的洗衣机排水时间不超过 2min;容量在 3~5kg 的洗衣机排水时间不超过 3min。

6) 定时器指示误差

国家标准中规定 15min 洗涤定时器的指示误差不得超过±2min;5min 脱水定时器的指示误差应不超过±1min;程序控制器的定时器指示误差应不超过±2min。

7) 振动性能

洗衣机在额定工作状态下运转达到稳态时,用测振仪测量机箱前后左右各侧面中央部位的振幅,应不大于 0.8mm;机盖中心部位的振幅应不大于 1mm。

8) 噪声

为了使用户在良好的环境下使用洗衣机,同时为了保护环境,国家标准中规定:洗衣机在洗涤、脱水时噪声均不应大于 75dB。

9）制动性能

离心式脱水装置和脱水机，在额定负载情况下使脱水桶转速达到稳态时，当其线速度超过 40m/s，桶转速超过 60r/min 时，洗衣机应能防止机盖或机门打开，当机盖或机门打开超过 12mm 时，脱水电动机应能断开电源，并且脱水桶转速不能超过 60r/min。

此外，洗衣机还有额定电压、额定电流、额定功率、温升、接地电阻等技术指标。

4．洗衣机的洗涤原理

洗衣机的洗涤原理是由模拟人工手搓衣物的原理发展而来的，即通过翻滚、摩擦、水的冲刷和洗涤剂的表面活化作用，将衣物上附着的污垢除掉，从而达到洗净衣物的目的。洗涤衣物的过程在于破坏污垢在衣物纤维上的附着力并使其脱离衣物，这个过程可概括为

$$\underbrace{\text{衣物·污垢+洗涤剂}}_{\text{洗涤前}} \xrightarrow{\text{外力作用下}} \underbrace{\text{衣物+污垢·洗涤剂}}_{\text{洗涤后}}$$

衣物上的污垢主要来自人体的分泌物和外界环境的污染，其包括可溶于水的人体分泌物、食物、可用溶剂或洗涤剂除去的油质性污垢（如矿物油、动植物脂肪等），以及一些不溶于有机溶剂或洗涤剂的固体污垢（如尘埃、泥土、沙石等），这些固体污垢被洗涤剂分子吸附而脱离被洗涤的衣物。可见，为了使污垢与衣物分离必须借助外界力的作用，设法降低和破坏污垢与衣物之间的各种结合力，使衣物上的污垢从纤维缝隙中分离出来。

9.1.2 相关知识：普通波轮式双桶洗衣机的基本结构与工作原理

波轮式洗衣机又称涡流式洗衣机，以洗净率高、造价低廉、体积小、重量轻等优点广泛在我国使用。掌握和学习这类洗衣机的原理、结构、使用和维修等方面的知识显得尤为重要。

普通波轮式双桶洗衣机主要由箱体、洗涤桶、脱水桶、波轮、传动机构、电动机、定时器，以及进、排水系统等部分构成，如图 9-1 所示。

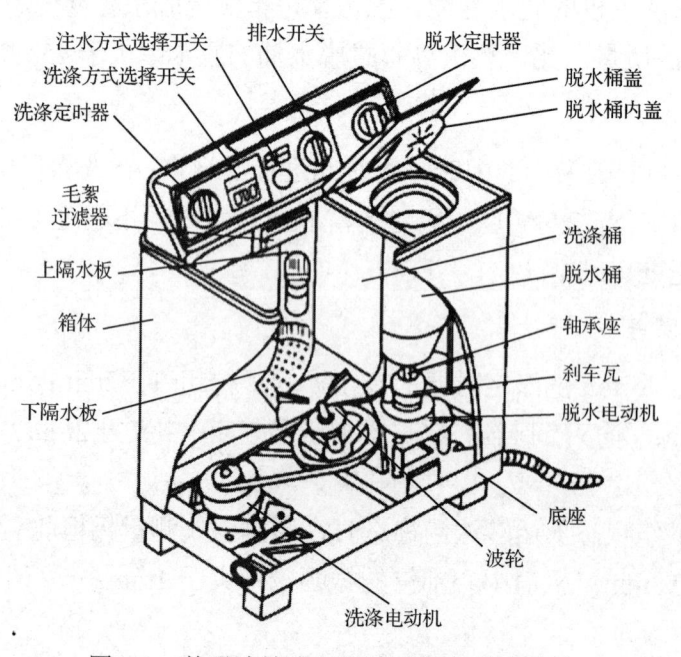

图 9-1 普通波轮式双桶洗衣机的基本结构

1. 箱体

箱体是普通波轮式双桶洗衣机的外壳，用于安装洗衣机的各种组件，并对箱内安装的部件起保护作用。箱体的制造除要求美观大方外，还应有足够的刚性和稳定性，使洗衣机在工作时能减小振动和噪声。箱体通常多采用冷轧钢板冲制而成，表面喷漆（或烤漆）起防腐蚀和装饰作用。为了便于维修，箱体后部可以拆卸。

一般在洗衣机顶面的后侧装有一个倾斜的操作面板，面板的正面安装各种控制旋钮、按钮与定时器等。

2. 洗涤桶

洗涤桶是用来盛装洗涤物和洗涤液的容器，是完成洗涤或漂洗功能的主要部件。当衣物在桶内的洗涤液中翻滚时，衣物间相互摩擦、衣物与桶壁摩擦，以达到洗涤目的。对洗涤桶的要求：耐热、耐腐蚀、耐冲击、耐老化、机械强度高等。就制造的材料而言，洗涤桶有塑料桶、铝合金桶、搪瓷桶、不锈钢桶等。目前我国广泛使用的是塑料桶，采用高流动性、高抗冲击强度的塑料（如 ABS、聚丙烯等）一次注塑成型，它具有重量轻、耐腐蚀、绝缘性能好、容易加工成型、成本低等优点。桶纵截面的形状多为 U 形，为了增加湍流数量，有的洗衣机还在洗涤桶内增加挡流凸筋。功能较完善的洗衣机，在洗涤桶内还装有过滤罩和强制循环毛絮过滤器，如图 9-2 所示。

排水过滤罩安装在桶体的最低处，上面有几排小孔，用来过滤洗涤桶内的脏水，防止异物堵住排水阀和排水管。溢水过滤罩安装在桶壁上，上面有几排长形小孔。当洗涤桶内的水位高出长形小孔时，水可通过这些小孔迅速从溢水管排出，以免溢出桶面。另外，长形小孔还起着过滤作用，不让大于长形小孔的悬浮物进入溢水管。强制循环毛絮过滤器结构图如图 9-3 所示，其主要由毛絮过滤架、集水槽、循环水管、回水管、回水罩、挡圈、左进水口、右进水口、波轮、叶片等组成，其中挡圈与波轮、叶片组成一个离心泵。洗涤时，电动机驱动波轮旋转，离心后，将回水管中的洗涤液泵入左、右进水口，经循环水管、集水槽后注入毛絮过滤器。毛絮过滤器收集了洗涤液中的毛絮、纤维等细小杂物后，让洗涤液流回洗涤桶内，这样反复循环不断地收集洗涤液中的毛絮，可提高衣物的洗涤效果。

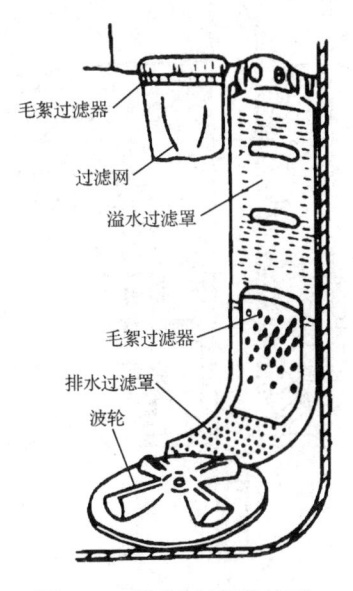

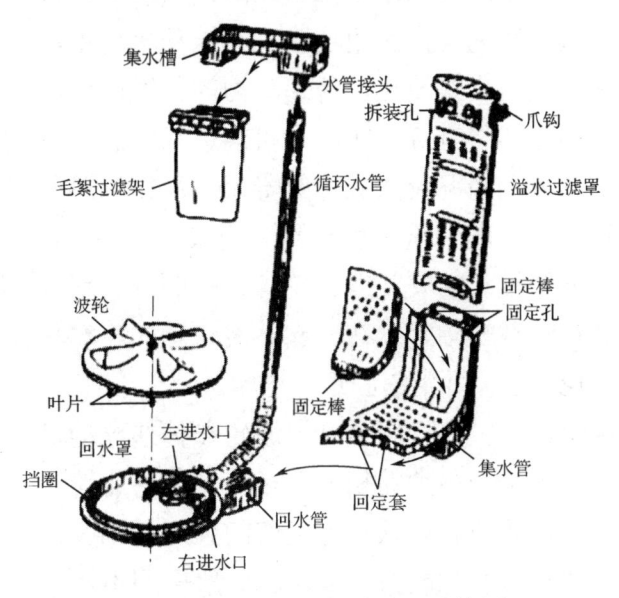

图 9-2 排水过滤罩外形　　图 9-3 强制循环毛絮过滤器结构图

3. 脱水桶

脱水桶也叫甩干桶，它与脱水电动机同轴旋转，在它的桶壁上有许多小圆孔，洗涤物中水分在离心力的作用下由此小圆孔甩出。脱水桶内有一塑料压盖，用于压洗涤物。

为了安全，脱水桶盖与安全联锁开关（俗称盖开关）是联动的，即盖好脱水桶盖则安全联锁开关闭合，打开脱水桶盖则安全联锁开关断开，切断脱水电动机的电源。

4. 波轮

波轮是波轮式洗衣机对洗涤物产生机械洗涤作用的主要部件，波轮一般采用聚丙烯塑料或 ABS 塑料注塑成型，波轮类型如图 9-4 所示，通常外表面有几条凸起的光滑过渡筋。一般的双桶洗衣机波轮采用小波轮，波轮直径为 180～185mm，转速为 450～500r/min，多数洗衣机的波轮装配在洗涤桶底部中心偏一些位置，如图 9-1 所示。因其转动时水流形成涡流，故波轮式洗衣机称为涡流式洗衣机，波轮式洗衣机的洗涤效果较好。

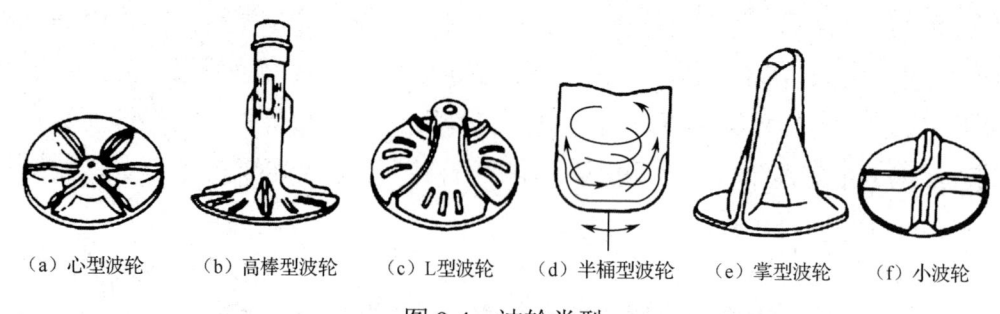

(a) 心型波轮　(b) 高棒型波轮　(c) L型波轮　(d) 半桶型波轮　(e) 掌型波轮　(f) 小波轮

图 9-4　波轮类型

近年来，常见一些新水流洗衣机，主要是对波轮进行了一些改进，如增高、增大、改变形状、适当降低转速、旋转时形成新水流，故称为新水流洗衣机。新水流洗衣机主要特点是洗涤时衣物不易缠绕，洗涤均匀，对衣物磨损小，但洗净率要低一些。

5. 传动机构

电动机的旋转必须经过传动机构才能带动波轮转动。传动机构均采用一级皮带减速传动方式，传动皮带一般为单根三角皮带。在传动机构中，波轮轴总成是支撑波轮、传递动力的关键部件，其质量的好坏将直接影响洗衣机的运行状态、噪声大小、振动情况及洗衣机的寿命。波轮轴总成由波轮轴、含油轴承、密封圈等构成，如图 9-5 所示，波轮轴上端安装着波轮，顶端的螺孔用螺钉将波轮与波轮轴紧固在一起。波轮轴的下端与大皮带轮相连，并用紧固螺母压紧。

波轮轴的主要作用是支撑波轮和传递电动机的动力，要承受很大的扭矩，且工作条件比较恶劣。因此，要求它必须具有足够的强度和刚度，以及耐磨和抗腐蚀能力。波轮轴一般采用不锈钢

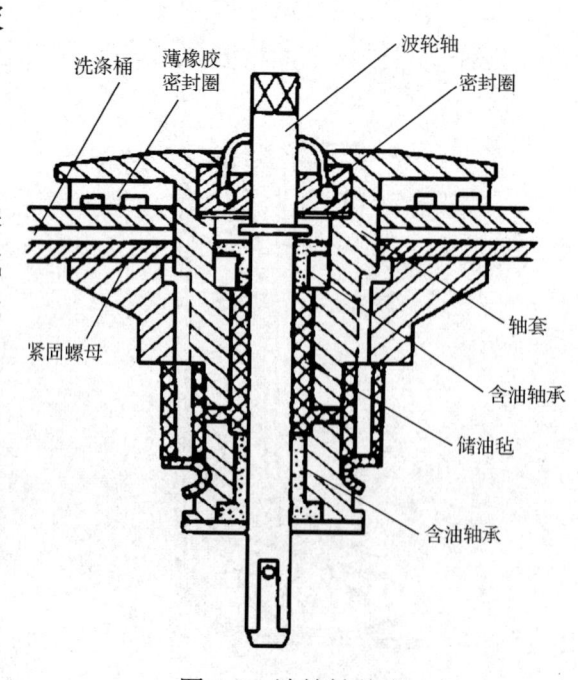

图 9-5　波轮轴总成

制造，也有的采用表面进行防锈处理的普通钢制成。轴套采用塑料或铝合金制成，内有上、下含油轴承，两个含油轴承之间有一块储油毡，储油毡可为含油轴承储油。轴套与洗涤桶的密封靠紧固螺母、薄橡胶垫圈来实现。轴套与波轮轴之间的密封由密封圈来完成，这种密封圈又称轴封、油封，需要用耐油、耐磨、耐洗涤液、耐水、耐老化的丁腈橡胶制成。波轮轴的密封圈处在带碱性的洗涤液浸泡中，与波轮轴有高速的相对旋转运动，容易磨损，属于易损件。密封圈密封的基本原理是利用弹簧的弹力，使密封唇紧贴波轮轴，完成密封。密封圈有单唇、双唇、单双唇等形式，如图9-6所示。

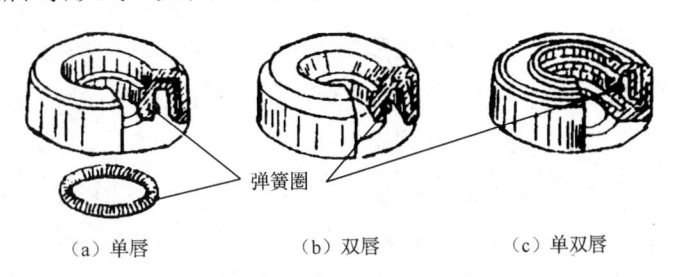

图9-6 密封圈的结构图

波轮轴的密封圈由弹簧圈、密封圈体组成。单唇密封圈由于只有一个唇起密封作用，因此保持润滑能力较差，使用寿命较短；双唇密封圈有两个唇起密封作用，两个唇之间能够较好地保持润滑能力，密封效果较好；单双唇密封圈有三个唇起密封作用，单唇密封圈处可以防止杂物进入双唇密封圈处，所以使用效果最好。

6．电动机

在各种类型的洗衣机上，洗涤和脱水的动力部件主要采用的是电容运转式单相交流异步电动机。单桶洗衣机只用1台电动机；双桶洗衣机使用2台电动机，1台用于洗涤，1台用于脱水。

1）洗涤电动机

洗涤电动机通常有4种功率规格，即90W、120W、180W与280W，配用6～10μF运转的电容器。由于洗涤电动机采用正、反向频繁换向的运转方式，因此它的两个定子绕组无主、副之分，其接线图如图9-7所示，图中S_1、S_2均为定时器内的开关。在定时范围内S_1始终闭合，洗涤时，定时器利用S_2周期性地将电容器转换接入两个绕组，实现洗衣机的正、反向转动的要求。S_2接上A触点，电动机中绕组Ⅰ作为主绕组，绕组Ⅱ作为启动绕组，电动机正转；S_2位于中间，电动机停转；S_2接上B触点，电动机中绕组Ⅱ作为主绕组，绕组Ⅰ作为启动绕组，这样就改变了旋转磁场的方向，电动机随之反转。为了使洗涤运转时正、反向转动都具有同样的启动特性和转动力矩，两个绕组的匝数、线径、节距等必须完全相同。

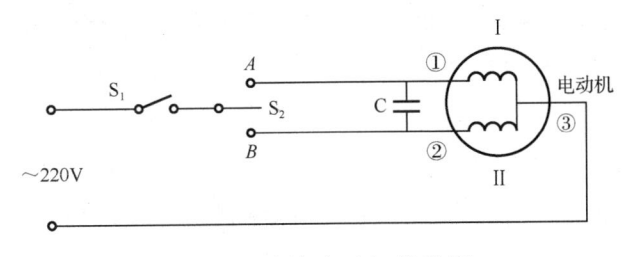

图9-7 洗涤电动机接线图

2）脱水电动机

脱水电动机的功率通常为75～140W，旋转方向都是逆时针方向，这是由脱水桶制动装置决定的。由于脱水电动机只有一个转动方向，因此其定子绕组有主、副之分。主绕组线径较粗，电阻阻值较小，副绕组线径较细，电阻阻值较大。

脱水电动机是直接驱动脱水桶运转的。由于电动机以1400r/min的速度旋转，加上脱水桶内的衣物分布不可能完全均匀，因此转动时脱水桶将产生较大的振动。为了减小振动和偏摆，在脱水电动机与洗衣机底座之间安装了3组弹簧支座（减振装置），减振装置由减振弹簧、减振橡胶套、上支架和下支架组成，其结构如图9-8所示。

通过3组弹簧支座将脱水系统（包括脱水电动机、脱水桶）支撑起来。此外，脱水电动机还具有制动装置（刹车机构），如图9-9所示。当洗衣机工作在脱水状态时，刹车机构工作在如图9-9（b）所示状态，此时钢丝套中的钢丝拉紧，刹车块离开刹车鼓，脱水桶自由转动。当脱水电动机运转时或脱水过程结束后，若打开脱水桶外盖，则安全联锁开关就会切断电源，并把钢丝放松，使得刹车块在拉簧收缩力作用下紧紧地压在刹车鼓上的外圆柱面上，如图9-9（a）所示。这样刹车块与刹车鼓之间产生很大的摩擦力，使得脱水桶迅速（约10s）停止转动。

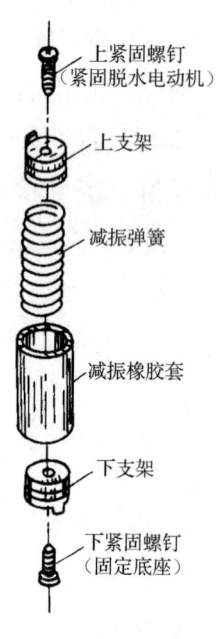

图9-8 脱水电动机结构

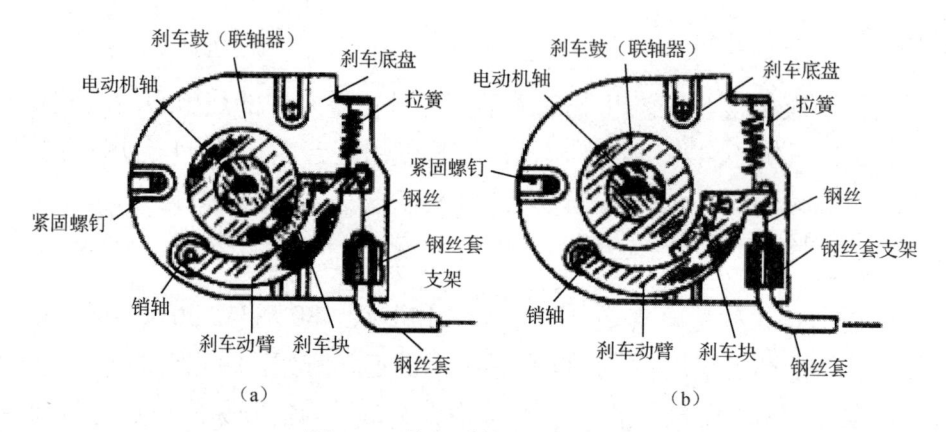

图9-9 脱水系统的刹车机构

7. 定时器

洗衣机定时器包括洗涤定时器与脱水定时器。洗涤定时器用于控制洗衣机洗涤的总时间及洗涤过程中波轮的正转—停—反转程序；脱水定时器用于控制洗衣机的脱水时间。定时器按其动力源可分为发条式、电动式和电子式。发条式定时器主要由发条、钟表齿轮传动机构、电气开关组件等组成，其定时的工作原理与电风扇定时器的工作原理基本相同，为了实现对电动机的控制，增加了电气开关组件，应用发条的反弹力驱动齿轮传动机构和凸轮机构，实现各触点的组合，从而控制运转的时间、电动机的正、反转时间等。电动式定时器以微型同步电动机或微型罩极式电动机为动力源，主要由电动机、齿轮传动机构和电气开关组件等部件构成。电子式定时器采用电子延时电路，按预先设定好的工作程序及时间让执行元件动作，由继电器控制电动机的通断，实现电动机正转、停及反转的时间。发条式定时器结构简单，成本低。电动式定时器工作稳定，定时精确度高。电子式定时器采用大规模集成电路，使电路更加简单，控制更为准确和灵敏。洗涤定时器额定时限一般为 15min，脱水定时器时限一般为 5min，实际使用时脱水 1～2min 即可，继续延长脱水时间，脱水率也不会明显提高。

8．进、排水系统

普通波轮式洗衣机的进水完全是由人工操作的，由洗衣机进水管外接水管，手工拧动自来水龙头控制进水与水位，也可以直接往洗涤桶中加水直到认为满意为止。排水则通过排水开关、排水阀及排水管来实现。图 9-10 所示为常用的桶外排水系统结构图。它主要由 1 个四通阀和 1 个橡胶阀塞组成，其中四通阀的 4 个管口分别与总排水管、洗涤桶溢水管、脱水桶外排水管及洗涤桶相连。当需要排水时，将排水开关（面板上）旋至"排水"位置，通过杠杆作用，排水拉带绷紧并被往上拉，橡胶阀塞随之上移，如图 9-10（b）所示，这时洗涤桶的水便从排水管中泄出。水排净后，再将排水开关旋到原位，此时排水拉带松弛，橡胶阀塞依靠装在内部的弹簧弹力，将排水阀口紧紧堵住，关闭排水通道。注意，排水阀对脱水外桶的水及溢水管中的水不起控制作用。

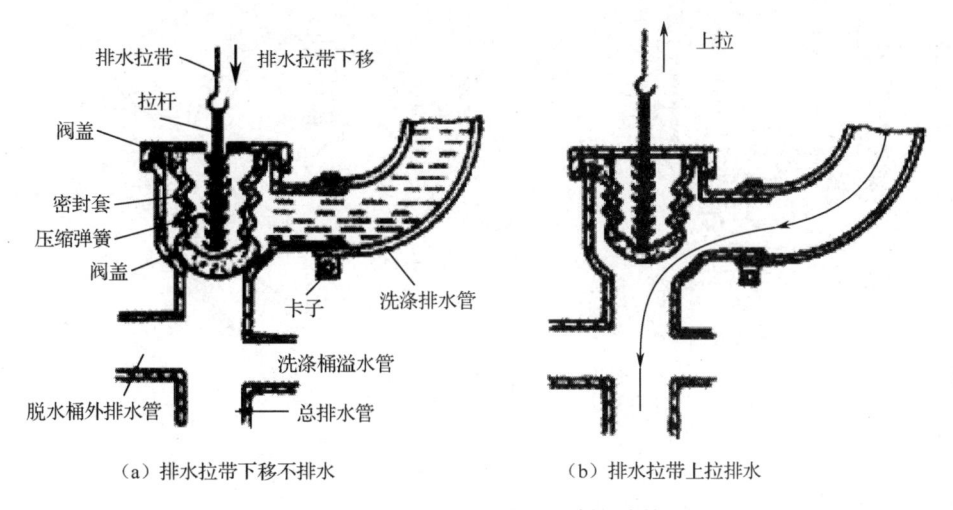

（a）排水拉带下移不排水　　　　（b）排水拉带上拉排水

图 9-10　常用的桶外排水系统结构图

9.1.3　相关知识：波轮式全自动洗衣机的基本结构与工作原理

波轮式全自动洗衣机多为套桶式结构，波轮装在内桶（兼具洗涤和脱水功能）底部，内桶外部有外桶（盛水桶），外桶的上部设有溢水口，底部装有电动机、减速离合器和传动机构、排水电磁阀等部件，通过减速离合器来实现洗涤和脱水的功能转换。洗涤时，波轮运转，桶不转，桶起洗涤的作用；脱水时，桶以约 300r/min 的速度旋转，利用离心力将洗涤物中的水甩出，起到脱水作用。因此，这个洗涤兼脱水的内桶可以称为洗涤桶、脱水桶或离心桶。由于脱水时旋转系统的质量分布不对称是不可避免的，因此为了减小振动，通常在内桶上部装有减振平衡圈。平衡圈由上、下两个空心塑料半圆环构成，其内装有高浓度食盐水（以防冻结），在内桶脱水过程中，盐水向洗涤物偏移相反方向流动，以抵消由于洗涤物偏移而产生的质量分布不对称问题，因此振动减小；外桶采用吊装结构，即将外桶吊挂在洗衣机外壳上，吊杆上有弹簧，外桶依托在吊杆弹簧上，使内外桶成为一个柔性系统，使洗涤和脱水振动为弹簧所吸收。有的洗衣机在电动机的另一侧安装平衡铁，起减振作用。

全自动洗衣机按控制方式不同可分为机电式和微型计算机式两类。机电式全自动洗衣机由机电程控器控制触点的开关来完成洗涤、漂洗和脱水全过程。微型计算机式全自动洗衣机由微型计算机式程控器输出控制信号,来实现对洗涤、漂洗和脱水全过程的自动控制。由于微型计算机式全自动洗衣机具有功能多、程序多、控制准确、可以实现智能化运转等特点,因此微型计算机式代表着全自动洗衣机的发展方向。

机电式全自动洗衣机和微型计算机式全自动洗衣机的主要区别在于电气控制部分,其总体结构基本相同,如图 9-11 所示,主要由机械支承系统、洗涤脱水系统、传动系统、进水/排水系统、电气控制系统等组成。

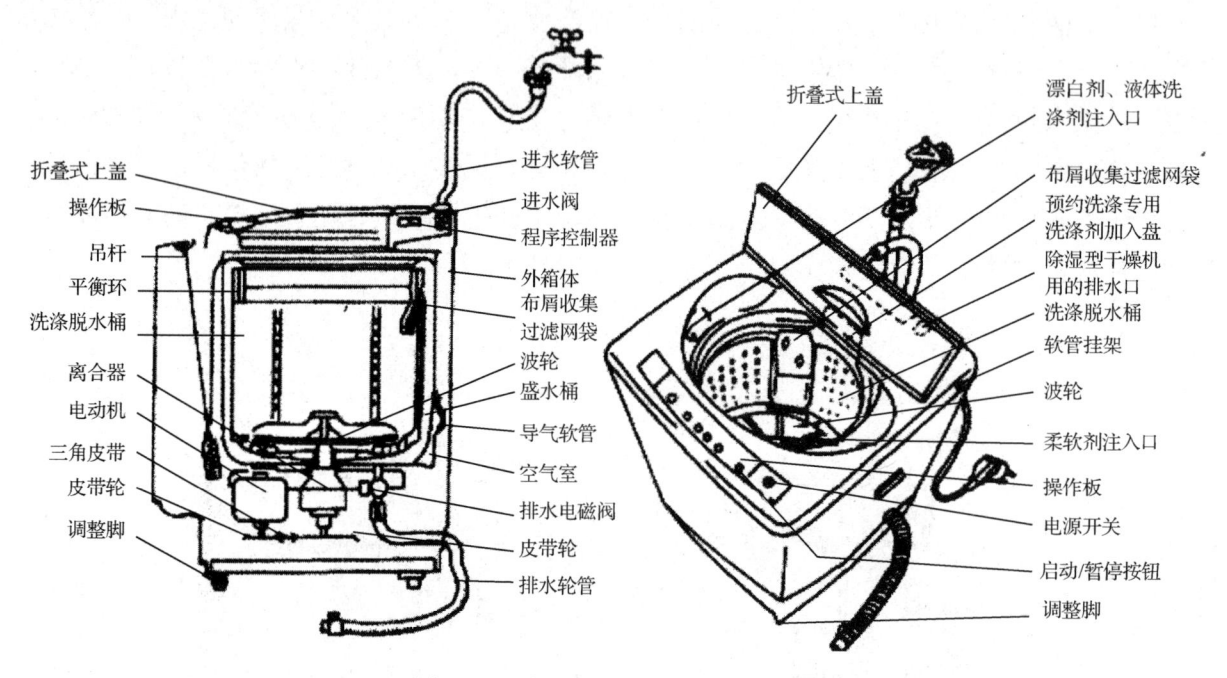

图 9-11 波轮式全自动洗衣机结构

1. 机械支承系统

机械支承系统包括外箱体、弹性支承结构、面框等部分。

1)外箱体

外箱体是洗衣机的外壳,主要对箱体内部零部件起保护、支撑及紧固的作用,同时具有一定的装饰、美化环境的作用。箱体正前方右下角装有调整脚,用户可以自行调节,保证洗衣机安放平稳。箱体内壁上贴有泡沫塑料衬垫,用于保护箱体,减小洗衣机运转时的振动和减少对外箱的碰撞。箱体上部的四角处装有吊板,用于安装吊杆,电容器通过固定夹固定在箱体的后侧内壁上,电源线、排水口盖、后盖板等也固定在箱体上。

2)弹性支承结构

全自动洗衣机脱水时,由于洗涤物的分布不均匀是不可避免的,因此高速离心脱水将使内外桶产生剧烈的振动和晃动。为此,常采用将外桶吊挂在机箱壳上的一种弹性支承结构来减振,即采用四根柔性吊杆将外桶吊挂在机箱的四个角上。弹性支承结构如图 9-12 所示,吊板固定在箱体上部四个角处,外桶吊耳与盛水桶下部相连,吊杆穿过吊板及外桶吊耳将两者连在一起。吊杆为钢丝,上部挂在吊杆挂头上,吊杆挂头可以转动,吊杆下部套着阻尼筒,阻尼筒内装有减振弹簧和阻尼胶碗。如图 9-13 所示，阻尼筒挂在外桶吊耳上，可见，四根吊杆通过阻尼筒承受桶体的全部重量，而桶体的重量则使阻尼筒内的减振弹簧压缩。工作时，由于桶内水的多少不同，因此减振弹簧的压缩量不同，桶体的位置高低也不同。当洗涤、脱水发生振动时，阻尼筒一方面沿吊杆挂头摆动，另一方面沿吊杆上下滑动，这样可以吸收振动能量，减少由桶体晃动而引起的洗衣机振动，保持整机的平稳工作。

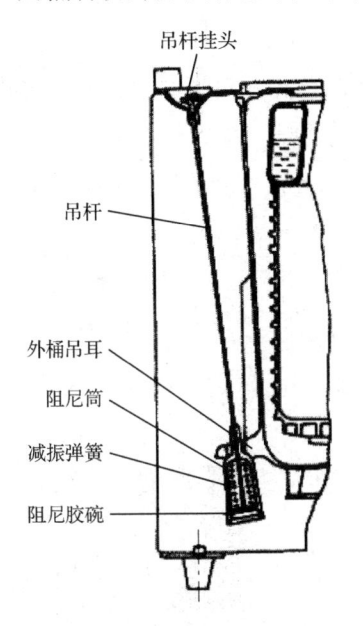

图 9-12 弹性支承结构　　　　图 9-13 阻尼筒结构

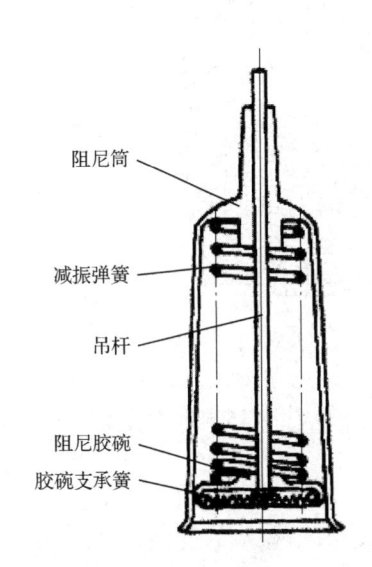

3）面框

面框位于洗衣机的上部，主要用于安装和固定电气部件和操作部件，大多数用工程塑料注塑成型，具有良好的绝缘性能和安全性能，还具有装饰功能。面框内一般安装有控制器、进水阀、水位开关、安全开关、电源开关、操作开关等部件。

2. 洗涤脱水系统

洗涤脱水系统主要包括盛水桶、洗涤脱水桶、波轮等部件。

1）盛水桶

盛水桶是盛放洗涤液或清水的容器，是用具有耐酸碱、抗冲击、耐热等性能的塑料注塑成型的，并固定在钢制底盘上。盛水桶底部正中开有圆孔，与离合器上的大水封配合，防止漏水。桶体底部有排水口，与排水阀相连，由排水阀控制排放污水。

盛水桶上部到桶口一定距离的桶壁上开有溢水口，溢水口通过溢水管、排水管与排水阀相连，用于排出溢水和漂洗时的肥皂泡。

盛水桶下部侧壁上有一个空气室，并开有导气接嘴口，通过导气软管与水位开关相连，控制盛水桶内水位的高度。

2）洗涤脱水桶

洗涤脱水桶也称为离心桶或内桶，对于全自动洗衣机而言，洗涤与脱水是在同一个桶内进行的，所以该桶既要满足洗涤要求，又要满足脱水要求，洗涤脱水桶的结构如图 9-14 所示。

为了满足洗涤要求，洗涤脱水桶内壁上设有多条凸筋和凹槽，犹如一块搓衣板卷曲成桶形。洗涤时，波轮运动产生水流，带动洗涤物在桶内翻滚，当洗涤物与桶壁接触时凸筋与凹槽起到搓衣板似的搓揉作用。凸筋的另一个作用是增强洗涤液的涡旋，从而提升洗净性能。

为了满足脱水要求，洗涤脱水桶的凹槽内钻有许多小孔，脱水时，水从小孔中甩出，进入盛水桶内而排出。洗涤脱水桶的内壁上还嵌有回水管，回水管的底部与波轮相配合，洗涤时，随着波轮的旋转，洗涤液被波轮泵出，沿着回水管上升，从回水管上部的出口处吐出，重新回到桶内，这样周而复始地不断循环，洗涤液中的绒毛、线屑等被布屑收集过滤网袋收集。

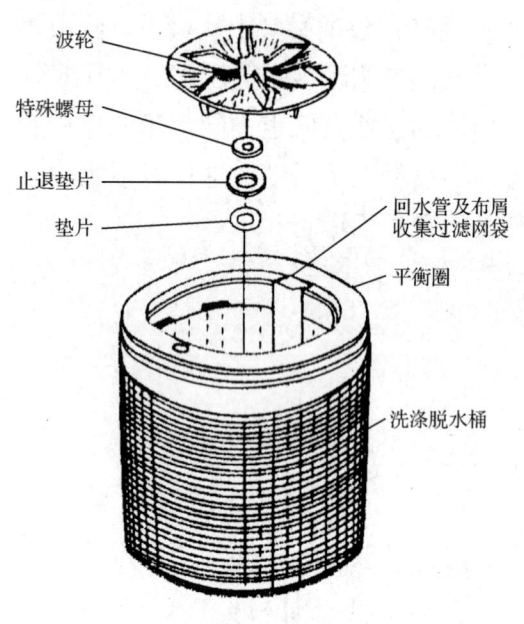

图 9-14 洗涤脱水桶的结构

洗涤脱水桶的上口装有平衡圈，其作用是减小脱水时由于不平衡而产生的振动。

3）波轮

波轮安装在洗涤脱水桶内，并固定在离合器的波轮轴上。波轮一般由塑料注塑成型，要求外表光滑、无毛刺、不变形。波轮是产生水流的主要部件，其形状、大小、安装位置、转速及运转方式等，对洗衣机的洗净比和磨损率起着重要的作用。

3．传动系统

全自动洗衣机的传动系统由电动机、离合器和电容器等组成。

1）电动机

电动机是洗衣机的重要部件之一。洗涤时，电动机旋转，先通过电动机侧的皮带轮和离合器侧的皮带轮进行一次减速，再经过离合器中的行星齿轮进行第二次减速，带动离合器中的波轮轴低速旋转。电动机在程序控制器的控制下，产生的运转状态是短时的正转—停—反转。脱水时，电动机旋转，通过电动机侧的皮带轮和离合器侧的皮带轮进行减速，带动离合器中的脱水轴高速旋转，脱水时电动机带动离合器进行单方向的旋转。由此可见，电动机既起到洗涤时的驱动作用，又起到脱水时的驱动作用。洗涤时满负荷频繁启动，并且进行正、反向交替旋转，在脱水时单方向连续旋转。

洗衣机电动机的结构为开启式，便于散热和排出水汽，以适应洗衣机较恶劣的工作环境，电动机主要由定子、转子、端盖和轴承等组成，如图 9-15 所示。定子的主要作用是产生旋转磁场，它包括定子铁芯和定子绕组，定子铁芯用 0.5mm 厚的冷轧硅钢片冲制后叠压而成，其内圆上有 24 个槽，用来嵌放定子绕组，定子绕组分为运转绕组（或称主绕组）与启动绕组（又称副绕组），由漆包圆铜绕组线绕制而成。定子绕组上还装有热保护器，在温度过高或电流过大时动作，从而切断电源，保护电动机不被烧毁。转子的主要作用是将电能转化为机械能，带动负载旋转。转子包括转子铁芯、转子绕组（鼠笼）与转轴，转子铁芯也由厚 0.5mm 的冷轧硅钢片冲制后叠压而成，外圆上有 24 个半闭口槽或闭合槽，叠压后，靠成型夹具将转子槽扭斜一个定子槽距，以消除高次谐波。转子斜槽内压铸纯铝或铝合金，两端为短路环构成的转子绕组，因其外形像老鼠笼，故又称为鼠笼。在压铸的同时可铸上扇叶，压铸成型后，将电动机轴压入转子铁芯内形成过盈配合。端盖的主要作用是支撑定子和转子，并且保证定子、转子间的气隙、轴向间隙为一定的数值。端盖分为上端盖与下端盖，中间用螺栓连接，端盖用的材料有铸铝和钢板两种，现在用钢板拉伸后电镀的较多，端盖中间为轴承室，用来安放轴承。电动机轴承有两个作用：一是支承转子并保持其轴线的旋转精度；二是减少转子与定子支承件之间的摩擦和磨损。电动机使用的轴承有滚珠轴承和含油轴承两种，滚珠轴承的寿命长，精度高，摩擦力矩小，但噪声较大；价格较高；含油轴承噪声低，价格便宜，但寿命较短。电动机除以上三个部分外，为了使电动机散热良好，电动机的轴伸端还安装了与皮带轮成一体的扇叶，风扇材料可用钢板冲压，也可用塑料注塑或铝合金压铸而成。

2）离合器

离合器是波轮式全自动洗衣机的关键部件，主要作用是在电动机启动后，通过三角皮带传动作用，将电动机的动力传递到离合器上，离合器就实现洗涤和漂洗时的低速旋转和脱水时的高速旋转，并执行脱水结束时的刹车动作。目前，大波轮新水流全自动洗衣机通常使用减速离合器，减速离合器的总成分解图如图 9-16 所示，其结构如图 9-17 所示，主要由波轮轴、脱水轴、扭簧、行星齿轮减速器、刹车带、拨叉、离合杆、棘轮、棘爪、抱簧、离合套、外套轴和齿轮等组成。减速离合器的动作受排水电磁铁的控制，有洗涤和脱水两种状态。洗涤时，电动机运转，通过减速离合器降低转速带动波轮间歇正、反转，进行洗涤，此时洗涤脱水桶不转动；脱水时，电动机运转，通过减速离合器不减速（高速）带动洗涤脱水桶以顺时针方向（从洗衣机上方向下看，下同）转动，进行脱水，此时波轮也随着洗涤脱水桶一起转动。下面结合图 9-16 与图 9-17 对减速离合器的工作原理进行说明。

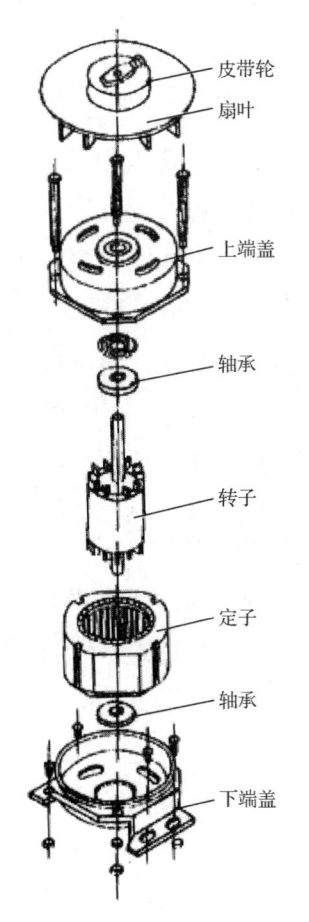

图 9-15　洗衣机电动机的结构 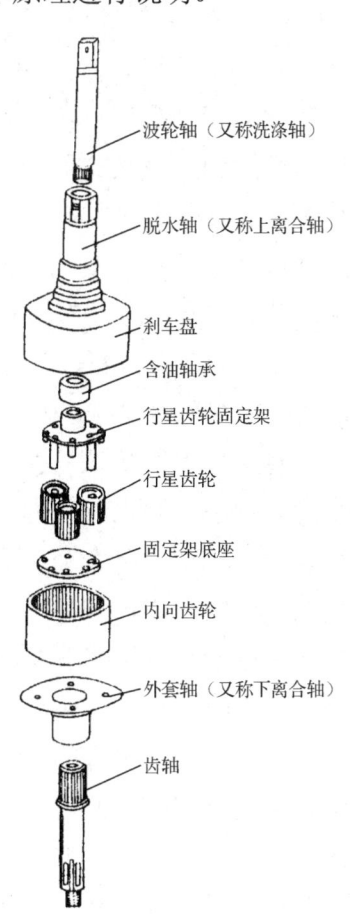　　　　图 9-16　减速离合器的总成分解图

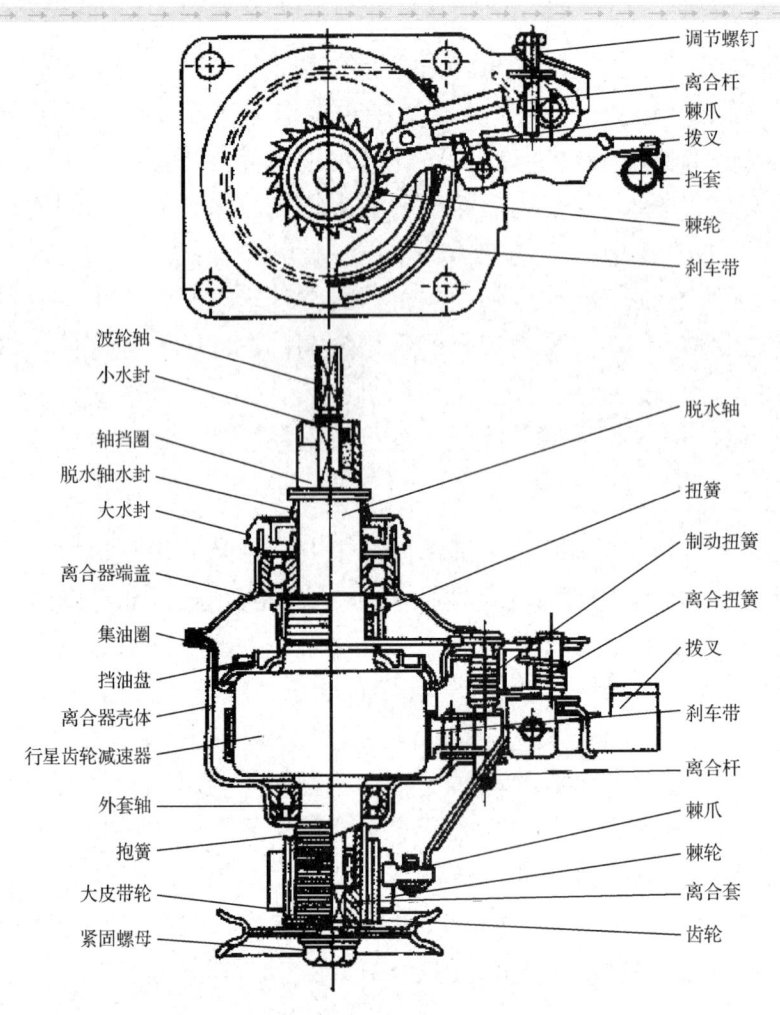

图 9-17　减速离合器的结构

拨叉是一个联动控制机构，从机械上来讲，拨叉是一个杠杆机构。拨叉的头部装有棘爪，根部由排水电磁铁控制，拨叉的动作由排水电磁铁的动铁芯控制。脱水轴（又称上离合轴）、外套轴（又称下离合轴）分别与刹车盘固定，合成一体，行星齿轮减速器在刹车盘内，行星齿轮减速器只降低转速，不改变转动方向。洗衣机脱水时，排水电磁铁通电，电磁铁动铁芯被吸合，排水阀开启，同时推动拨叉按如图 9-17 上部底视图所示移动约 13mm，拨叉一方面绕其销轴转动，使固定在下端的刹车带脱离减速离合器外壳，当减速离合器整体按顺时针方向转动时，摩擦力将刹车带拉松，因此刹车带不起作用。另一方面拨叉的位移推动调节螺钉，使离合杆转动，离合杆上的棘爪与棘轮脱开，于是棘轮与抱簧就处于自由状态，抱簧靠自身弹力作用处于旋紧状态。脱水时，内桶按顺时针方向转动，大皮带轮按顺时针方向转动，带动齿轮和离合套同步转动，离合套按顺时针方向转动使得在其外径上的抱簧更加旋紧，两者之间产生巨大的摩擦力，抱簧和外套轴间也产生巨大的摩擦力，这样通过抱簧就将离合套和外套轴连为一体。由于外套轴、刹车盘、脱水轴固定合为一体，并且脱水轴通过法兰盘固定在内桶上，因此脱水时由电动机驱动大皮带轮带动齿轴、离合套、抱簧、外套轴、刹车盘、脱水轴、法兰盘和内桶同步单方向高速旋转。洗涤时，排水电磁铁断电，排水电磁铁的动铁芯被排水阀阀心弹簧拉出磁轭，排水阀关闭，排水电磁铁失去了对拨叉的推力作用，使得拨叉恢复到如图 9-17 所示的位置。离合杆上的棘爪伸入棘轮，将棘轮按逆时针方向拨过一个角度，使棘爪正对棘轮中心，抱簧随棘轮转动而将下端拨松，即下端与离合套脱离，而刹车带抱紧刹车盘，使内桶在整个洗涤过程中不转动。当电动机通过三角皮带带动齿轴下端的大皮带轮按顺时针方向转动时，因为抱簧已被拨叉拨松，离合套不能通过抱簧与外套轴连成一体，脱水轴不转动，内桶也不转动；齿轴按顺时针方向转动，经过行星齿轮减速器带动波轮轴及波轮按顺时针方向转动。当电动机停转时，波轮轴也停转，内桶当然也不转动。当电动机通过三角皮带带动齿轴下端的大皮带轮按逆时针方向转动时，抱簧处于旋松状态，离合套与外套轴分离，而扭簧将脱水轴抱紧，进一步保证洗涤时内桶不转动。齿轴按逆时针方向转动时，经过行星齿轮减速器带动波轮轴及波轮按逆时针方向转动。

综上所述，洗涤过程中，波轮按照下述规律周而复始地运转：顺时针转动（正转）—停—逆时针转动（反转）—停—顺时针转动（正转）—…，而此时内桶不转动。

3）电容器

洗衣机采用的是电容运转式单相交流异步电动机，电容器是其中一个重要组成部分。正确选择电容器的容量，是电动机在额定或给定负载条件下获得旋转磁场的先决条件。电容运转式单相交流异步电动机使用的电容器通常为金属化纸介质或聚丙烯薄膜介质电容器，容量为 $12\sim15\mu F$，耐压 400V，外形有圆柱形的，也有长方体形的。

4．进水/排水系统

全自动洗衣机的进水/排水系统主要由进水电磁阀、水位开关和排水电磁阀等组成。

1）进水电磁阀

进水电磁阀又称为进水阀或注水阀，其作用是实现对洗衣机自动注水和自动停止注水。洗涤桶的水位由水位开关检出，通过水位开关内触点开关的转换来转换程控器的控制电路，进而控制进水电磁阀的通断。通电时，进水电磁阀开启，并注水，断电时，进水电磁阀关闭，停止注水，进水电磁阀起到水流开关的作用。进水电磁阀由电磁线圈、可动铁芯、橡皮膜、弹簧等组成，其结构如图 9-18 所示。橡皮膜（橡皮阀）是用来堵塞阀中注水口的部件，橡皮膜中心有一个导流孔，当电磁线圈中没有电流通过时，可动铁芯由于自身的重量与弹簧推力而下落，压住橡皮膜中心的导流孔，此时水从橡皮膜的周边进入橡皮膜的上方，整个橡皮膜受到很大的水压而把注水口紧紧堵死，如图 9-18（a）所示。

当电磁线圈中通入电流以后，可动铁芯受电磁力的吸引而向上移动，从而打开了橡皮膜中心的导流孔，橡皮膜上方的水能通过导流孔向注水口泄放，这部分的水压顿时降低，于是橡皮膜被进水的水压顶起，整个注水口全部打开，洗衣机得以进水，如图 9-18（b）所示。

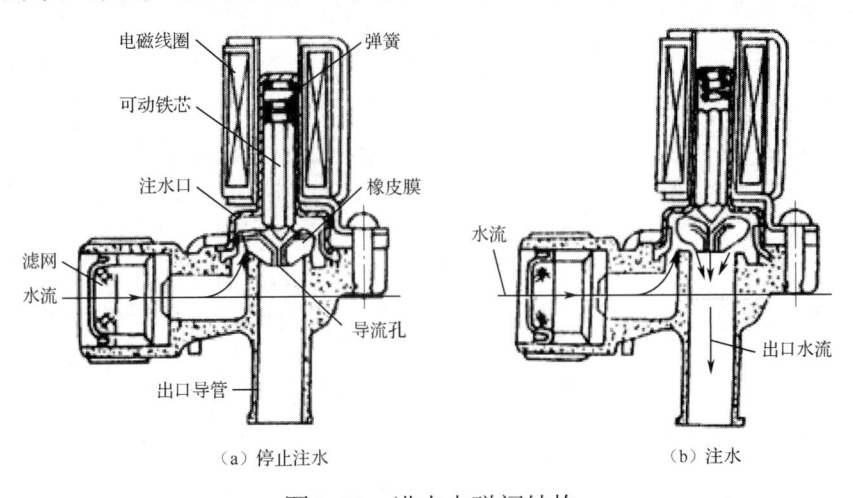

图 9-18 进水电磁阀结构

进水电磁阀的特点是利用橡皮膜的上、下压差来实现阀门的开启或关闭，所以电磁线圈只需要较小的电流就可以使洗衣机注水或停止注水。至于电磁线圈中的电流通断，则是由水位开关来控制的。

2）水位开关

水位开关与进水电磁阀配合，根据洗涤桶内水位的高低，控制进水电磁阀的关闭或开启。水位开关与程控器配合，根据洗涤程序与洗涤桶内水位的高低控制洗涤电动机的通断（洗涤桶注水水位达到要求后，自动接通洗涤电动机运转）。水位开关又称为水位压力开关、水位传感器、水位控制器，它利用洗涤桶内水位所产生的压力来控制触点开关的通断，其基本结构及水压传递系统如图9-19所示。

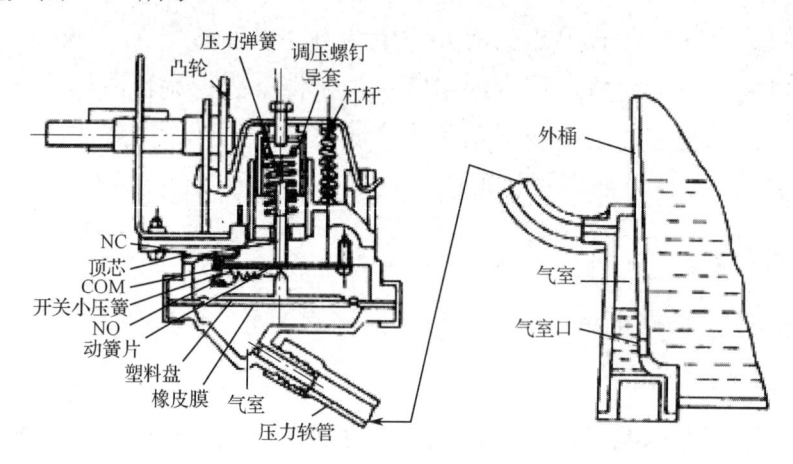

图9-19 水位开关基本结构及水压传递系统

水位开关的基本结构可分为三部分：下部的气室和橡皮膜组成压力传感部分；中间的一组触点、弹簧和开关小压簧组成电气开关部分；上部的压力弹簧、杠杆、凸轮等组成压力调整部分。当水注入洗涤桶时，气室很快被封闭，随着水位上升，封闭在气室内的空气压力也在不断提高，压力经软管传到水位开关气室，水位开关气室内的空气压力向上推动橡皮膜和塑料盘，推动动簧片中的内簧片向上移动，压力弹簧被压缩。当注水到选定水位时，此时内簧片移动到预定的力平稳位置，开关小压簧将拉动外簧片，并产生一个向下的推力，使开关的常闭触点NC与公共触点COM迅速断开，常开触点NO与公共触点COM闭合，从而传出信号或改变控制电路（前者用于微型计算机式全自动洗衣机，后者用于机电式全自动洗衣机）。水位开关动作示意图如图9-20所示，排水时，当水位下降到规定的复位水位时，水位产生的压力减小，压力弹簧恢复伸长，推动顶芯，使动簧片中的内簧片向下移动。当内簧片继续移动到预定的力平稳位置时，开关小压簧对外簧片产生一个向上的推力，使开关的常开触点NO与公共触点COM迅速断开，常闭触点NC与公共触点COM闭合，从而改变控制电路的通断。

正常工作时，常闭触点NC经程控器内的触片组与进水电磁阀相通，常开触点NO经程控器内的触片组及洗涤选择开关与电动机相通。进水时，常开触点NO与公共触点COM闭合，进水到预定水位后，公共触点COM与常闭触点NC断开，使进水电磁阀断电，停止进水，同时公共触点COM与常开触点NO闭合，进入洗涤运转。水位开关的连接作用如图9-21所示，排水时，当水位降到一定限度时，常开触点NO与公共触点COM断开，常闭触点NC与公共触点COM闭合，为下次进水做好准备。旋转水位开关的旋钮选择水位，就是旋转凸轮（见图9-19），凸轮在各挡水位位置的半径不同，对杠杆的压迫程度也不同，这样压力弹簧的预压力也不同，所以水位开关动作所需的水位不同，即控制了洗涤桶内的水位高低。

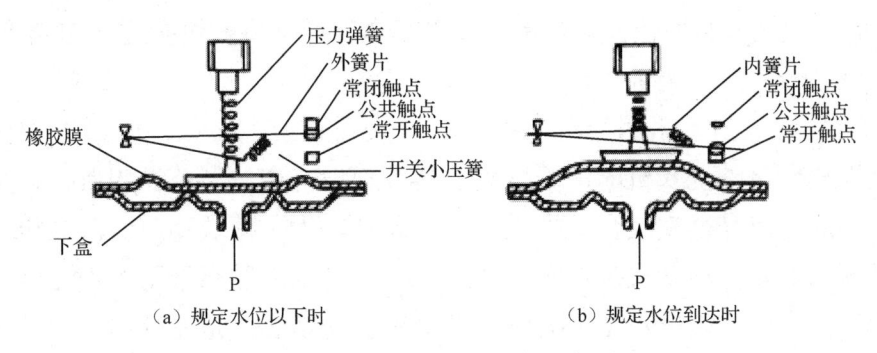

图 9-20 水位开关动作示意图

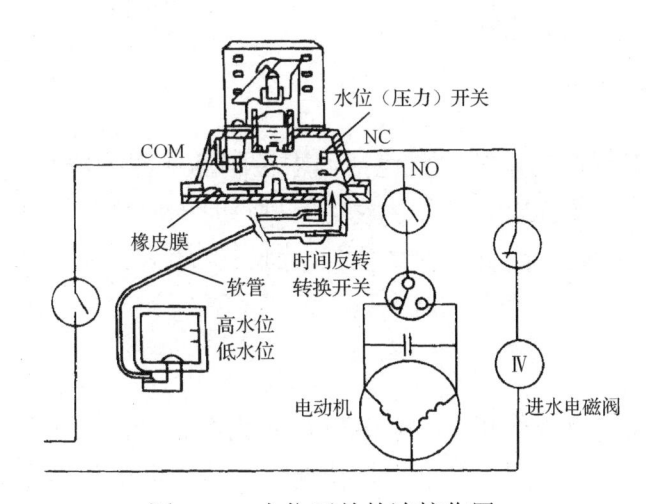

图 9-21 水位开关的连接作用

3）排水电磁阀

排水电磁阀由电磁铁和排水阀组成，如图9-22所示，电磁铁和排水阀是两个独立的部件，两者之间以排水阀杆相连。

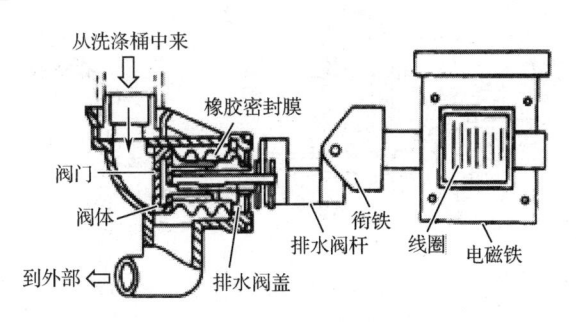

图 9-22 排水电磁阀的组成

排水程序开始时，电磁铁由于线圈通电而吸合衔铁（动铁芯），衔铁通过排水阀杆拉开排水阀中与橡胶密封膜连成一体的阀门，从洗涤桶中来的污水，因阀门开放而排到机外。

排水结束，电磁铁因线圈断电而将衔铁释放，阀中的压缩弹簧推动橡胶密封膜，使阀门与阀体端口平面贴紧，排水阀关闭。

在排水阀杆上，还用螺钉固定着离合器的拉杆，用以推动减速离合器的拨叉，在电磁铁动作的同时转换减速离合器的工作状态。当电磁铁线圈通电时，随着衔铁的吸合，打开排水阀排水，与此同时，推动减速离合器的拨叉，松开刹车带，拨叉的棘爪将棘轮松开，抱簧将离合套与脱水轴抱紧，保证脱水的正常进行。当电磁铁线圈断电时，动铁芯被释放，排水阀关闭，与此同时，拨叉恢复原位，刹车带抱紧刹车盘，棘爪将棘轮拨过一定角度，松开抱簧，离合套与脱水轴分开，进入漂洗过程。

机电式全自动洗衣机多采用交流电磁铁，若采用直流电磁铁则必须增加全波型整流装置。微型计算机式全自动洗衣机的计算机程控器上都设有全波型整流装置，都采用直流电磁铁。直流电磁铁的优点是衔铁吸合过程噪声低。此外，为了降低噪声，洗衣机上常用液压控制的排水电磁阀和电动机拖动式排水阀，液压控制的排水电磁阀采用了液压（油压）控制的缓冲方式，无论排水电磁阀排水还是关闭，电磁铁的动铁芯都是在硅油液内缓缓移动的，明显降低了噪声（约可降低 10dB）。电动机拖动式排水阀将微型电动机为动力的旋转式牵引器代替电磁阀里的电磁铁，以降低噪声。

5．电气控制系统

全自动洗衣机的电气控制系统主要包括程序控制器（程控器）、水位开关、安全开关及其他功能选择开关等。程控器用来对各洗衣工序进行时间安排和控制，水位开关和安全开关对洗衣机进行工序条件控制，即只有在条件具备时，才能进入下一道运转工序，可防止洗衣机发生误动作。

1）安全开关

安全开关又称盖开关或微动开关。图 9-23 所示为全自动洗衣机的防振型安全开关，它与普通洗衣机脱水桶的盖开关不同，多了一种功能：当洗涤桶出现异常振动时，能自动切断电源。安全开关串联在脱水电路中，脱水时打开洗衣机盖，图 9-23 中的杠杆处于虚线所示的位置，安全开关断开，电源断开而使电动机断电，同时由于电磁铁也断电，因此离合器转换为洗涤状态，制动装置制动而使脱水桶迅速停转，以防误伤操作者。当洗涤桶异常振动时，撞击到调节螺钉，并带动杠杆使安全开关断开，电源断开，洗涤桶停转。

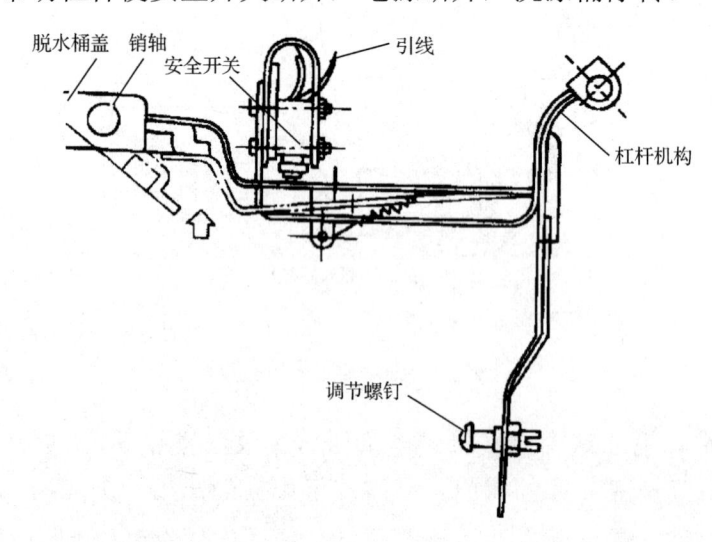

图 9-23 全自动洗衣机的防振型安全开关

对于微型计算机式程控器全自动洗衣机，当脱水时，由于衣物的不平衡而产生振动，因此安全开关瞬间断开，向计算机提供不平衡的信号，计算机控制停止脱水，并自动转入脱水不平衡自动修正程序，即注水—储水漂洗—排水，以对不平衡现象进行修正。若连续三次漂洗修正后，衣物的分布仍不平衡，则计算机控制停止，并视为异常发出蜂鸣报警；若经漂洗修正，衣物的分布转为平衡状态，则洗衣机转入正常程序。

2）程控器

全自动洗衣机的程控器有两大类：机电式程控器（又称电动机驱动式程控器）、微型计算机式程控器（又称电子式程控器）。程控器是全自动洗衣机的控制中枢，通过接收指令、发出指令控制着洗衣机的整个工作过程。

机电式程控器以微型单相 5W16 极永磁式同步电动机 TM 为运转的动力，同时兼作运转计时用，TM 驱动齿轮减速系统带动装配在轴上的凸轮系统运转。机电式程控器的控制接点被预先加工在凸轮上，凸轮在旋转进程中随其外形凹凸的变化使其所控制的触片组上的触点开关通与断，从而接通或断开程控器内的电路，形成一定的控制程序，实现控制洗衣机的进水、洗涤、脱水、漂洗等程序。

微型计算机式程控器以安装在印制电路板上的单片微型计算机（芯片）IC 和双向晶闸管为主体，另配外围元件及微动按钮选择开关，构成对 IC 的输入/输出操作电路、显示系统、双向晶闸管的控制系统。采用 IC 后，改变洗衣机的洗涤程序十分便捷，时间控制十分容易。许多硬件功能都可由软件实现，使电路及机械控制部分大大简化，还可以在运行过程中自动进行故障检测，及时进行保护。

9.1.4 相关知识：滚筒式全自动洗衣机的基本结构

滚筒式全自动洗衣机尽管型号很多，但其基本结构大致相同，如图 9-24 所示，从整体上可分为洗涤部分、传动部分、操作部分、支承部分、进水/排水系统和电气部分。

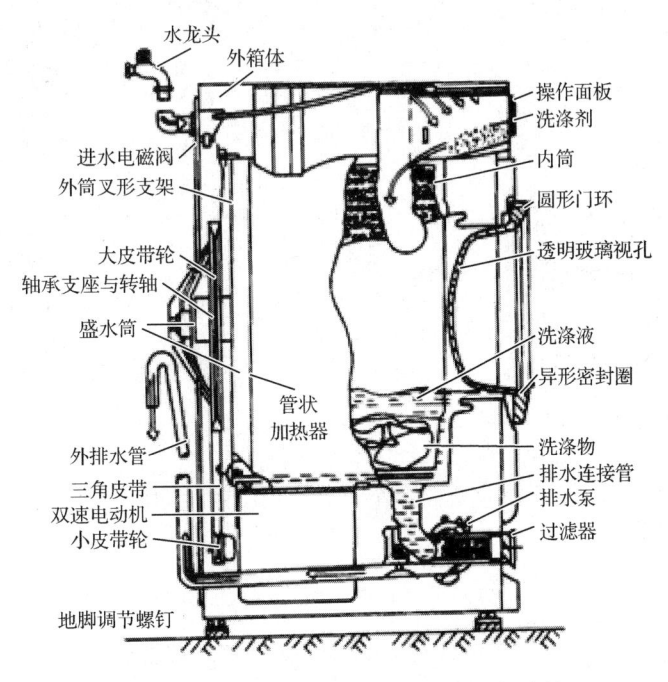

图 9-24 滚筒式全自动洗衣机基本结构

1. 洗涤部分

洗涤部分主要由内筒（滚筒）、外筒（盛水筒）、内筒叉形支架、转轴、外筒叉形支架、轴承等组成。

内筒又称滚筒，主要用来盛装需要洗涤和脱水的衣物。由圆桶、前盖、后盖等构成，这三个部件均采用0.4mm厚的不锈钢板制成。圆桶的圆周壁上布满直径为4mm的圆孔，孔与孔的间距为15～20mm。圆孔自内向外冲制，翻边向外，内壁光滑，以免挂坏衣物。前盖中心有一个大圆孔，衣物由此孔投入。桶内壁沿轴向有三条凸筋，称为提升筋或举升筋，提升筋主要用来在内筒转动时举起衣物和增大衣物与筒壁的摩擦，产生抛掷、搓洗动作。内筒叉形支架、轴套被铸成一体，用螺栓固定在内筒后端面上，用来支持内筒。

外筒是用来盛放洗涤液和水的容器，同时对双速电动机、加热器、温控器、减振器等部件起支承作用，由筒体、前盖、后盖和外筒叉形支架组成。外筒叉形支架中心孔外面还有轴承支架与之相连，内筒主轴穿过外筒叉形支架中心孔后，再穿过轴承支架的轴承内孔，在轴端安装上大皮带轮。大皮带轮通过皮带与电动机皮带轮相连，当电动机运转时，内筒转动。

2. 传动部分

滚筒式全自动洗衣机的传动部分由双速电动机、大皮带轮、小皮带轮、三角皮带等构成。如图9-25所示，双速电动机为电容运转式单相异步电动机，有两套绕组装在同一定子上。脱水时，接通高速线圈2极绕组，电动机转速可达3000r/min；洗涤时，接通低速线圈12极绕组，电动机转速仅为500r/min。这样通过皮带传动减速就可以得到350r/min左右的脱水速度和55r/min左右的洗涤、漂洗速度。

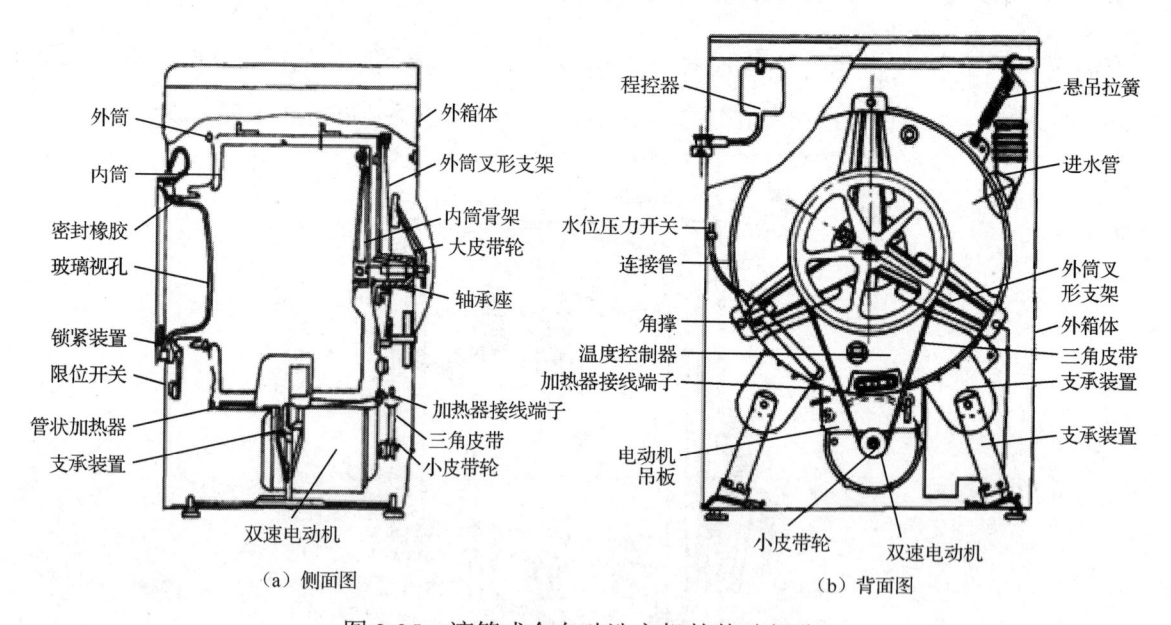

图9-25 滚筒式全自动洗衣机的传动部分

3. 操作部分

滚筒式全自动洗衣机的操作部分主要由操作盘和前门结构组成。洗衣机的操作部分都装配在操作盘上，通常由前面板、程序标牌、琴键开关及指示灯、程控器旋钮等组成。前门结构主要由玻璃窗、门手柄、手柄按钮、门开关、门开关抓钩等组成。将衣物放入滚筒，关好前门，门开关抓钩钩住箱体，同时压下箱体上的门开关，使洗衣机进入正常工作过程。如果门没有关或关闭不严，那么门开关没压下，洗衣机不能运转。

4．支承部分

支承部分由拉伸弹簧、弹性支承减振器、外箱体及地脚等组成。洗衣机外筒采用整体吊装形式，上部采用 4 个拉伸弹簧，将外筒吊装在箱体的 4 个顶角上，使洗衣机在工作时有较好的随机性；外筒底部采用了 2 个弹性支承减振器支承在箱体的底部。这样的弹性连接使外筒的振动通过上部的拉伸弹簧和下部的弹性支承减振器得以衰减，这样洗衣机在工作时，特别是在脱水高速旋转时就具有足够的稳定性。

5．进水/排水系统

由于滚筒式全自动洗衣机具有自动添加洗衣粉、漂白剂、软化剂和香料的功能，因此进水系统除包括进水电磁阀等部件外，还包括洗涤剂盒。洗涤剂盒分格装着洗衣粉、漂白剂、软化剂和香料，在程控器的作用下，随着水流自动冲进筒内。进水电磁阀的基本结构和波轮式全自动洗衣机进水电磁阀的基本结构相同。滚筒式全自动洗衣机一般采用上排水方式，不设排水阀，而用排水泵排水。排水泵电动机为开启式单相罩极电动机，功率为 90W，排水泵扬程为 1.5m 左右，排水量为 25L/min，一般安装在洗衣机外箱体内的右下方。

6．电气部分

滚筒式全自动洗衣机的电气部分由程控器、水位开关、加热器、温控器、门开关和滤噪器等组成。

滚筒式全自动洗衣机的整个工作过程控制是由程控器来实现的，洗衣机的所有指令和动作过程都由程控器统一指挥，它是洗衣机中最复杂的电气部件，同波轮式全自动洗衣机一样，滚筒式全自动洗衣机的程控器也有机电式（机械电动式）、微型计算机式两种。

水位开关又称压力开关和水位控制器，在多数滚筒式全自动洗衣机上使用的是双水位开关，能够控制两种水位，一种是标准洗涤水位，另一种是节水洗涤水位。其结构与波轮式全自动洗衣机的水位开关基本相同。

滚筒式全自动洗衣机的加热器用来加热洗涤衣物的洗涤水，使洗涤效果比采用冷水洗涤效果好，该加热器是一个水浸式管状加热器，是一种封闭式电热元件，外壁为不锈钢管，内装一根电热丝。加热器功率一般为 0.8～2.0kW，通常安装在外筒与滚筒的下部间隙里，离滚筒稍远而离外筒略近，以保证滚筒在脱水甩干振动时不会碰撞加热器。

温控器的作用是控制洗涤液的温度，通常控制为 40～60℃，常见的有机械式温控器和电子式温控器。机械式温控器，通过感温元件将洗涤液的温度变化转换成机械力的变化，进而切换电触点；电子式温控器，通过感温元件将洗涤液的温度变化转换成电阻变化或电动势变化，进而切换电触点。

门开关是安装在洗衣机前门内侧的微动电源开关，其串联在电源电路中，起到保护操作者安全的作用。滤噪器是防止洗衣机使用时对其他家电产生干扰而增加的由电阻和电容组成的滤波电路，其接在供电电路中，能够吸收洗衣机工作时产生的多次谐波，从而避免对其他家电的干扰。

现在大多数机型已采用电动门锁。电动门锁一般固定在洗衣机前门右侧的箱体内，接在电源电路中。当洗衣机前门关好后，前门手柄上的爪钩顶住电动门锁，电动门锁动作，此时门锁内的 PTC 元件发热，加热内部的双金属片，使其变形，变形后的双金属片将塑料挡块顶住，从而锁住门把手，使前门在通电的情况下不能打开，同时电动门锁内的开关导通，主电源被接通。打开时要在洗衣机断电后等待两分钟左右，这样可起到安全保护作用。

9.1.5 实践操作：洗衣机的拆装

1. 双桶洗衣机的拆装

双桶洗衣机结构比较简单，它的洗涤电动机、波轮轴组件、水阀组件及脱水系统立体分解图如图 9-26、图 9-27、图 9-28 及图 9-29 所示。

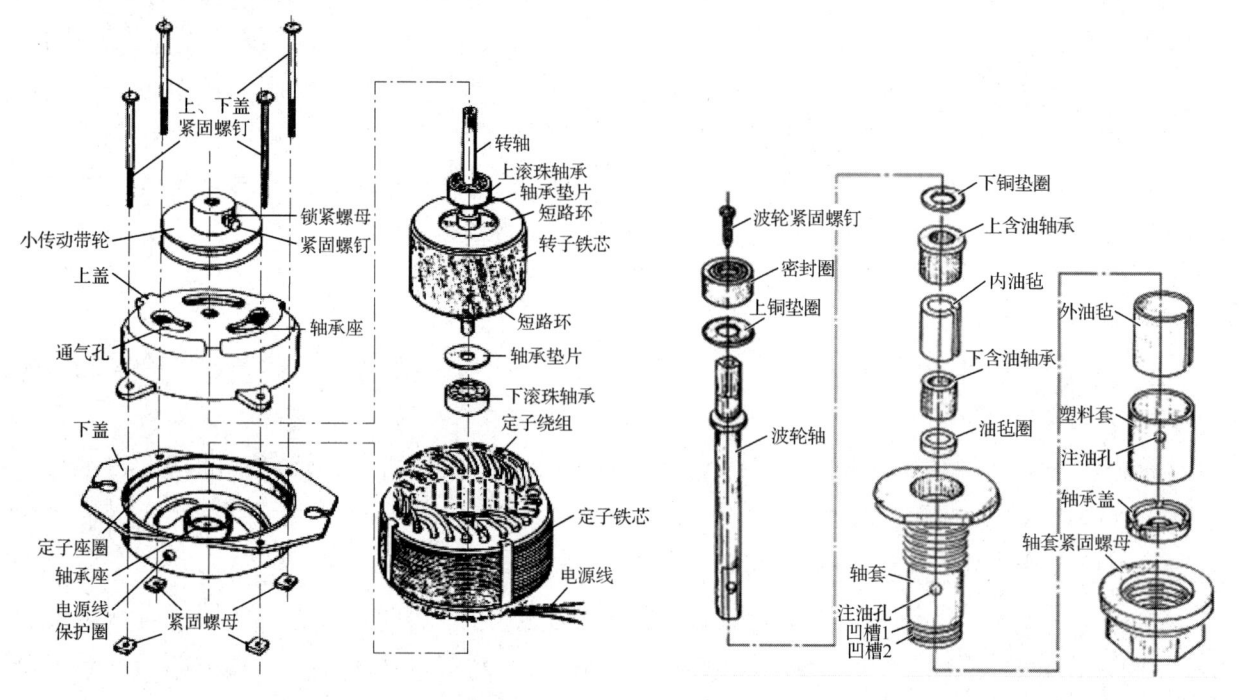

图 9-26 洗涤电动机立体分解图

图 9-27 波轮轴组件立体分解图

（1）洗涤电动机的拆装和检查方法如下。

无论是检查和更换轴承或转子，还是更换定子绕组，都必须将洗涤电动机拆开。洗涤电动机有采用滚珠轴承的，也有采用含油轴承的。

① 旋松小传动带轮上的锁紧螺母和紧固螺钉，取下小传动带轮。

② 旋下 4 个上、下盖紧固螺钉，在上盖、定子铁芯和下盖上记下三者的相对位置，以便于装配时复原。

③ 用左手握住电动机转轴的上端。提起后，右手用木锤敲打下盖，使定子铁芯同上盖分离，转子的下滚珠轴承同下盖的轴承座分离。

④ 把转子连同上盖翻过来，左手握住电动机转轴的另一端，把电动机转轴和上盖提起，右手用木锤敲打上盖，使转子的上滚珠轴承同上盖的轴承座分离。

⑤ 用左手握住并提起定子铁芯，右手用木锤敲打下盖，使定子铁芯同下盖分离。

更换已损坏的零件后，可依相反的步骤进行装配。在旋紧 4 个紧固螺钉时，应采用对角轮换的方式，边旋紧螺钉，边检查转子转动是否灵活，转子与定子铁芯有无碰擦现象等。装配好以后，要用万用表测量绕组电阻阻值，用兆欧表测量绝缘电阻阻值，合格后方能通电试运转。

⑥ 按与①～⑤相反的步骤安装电动机。

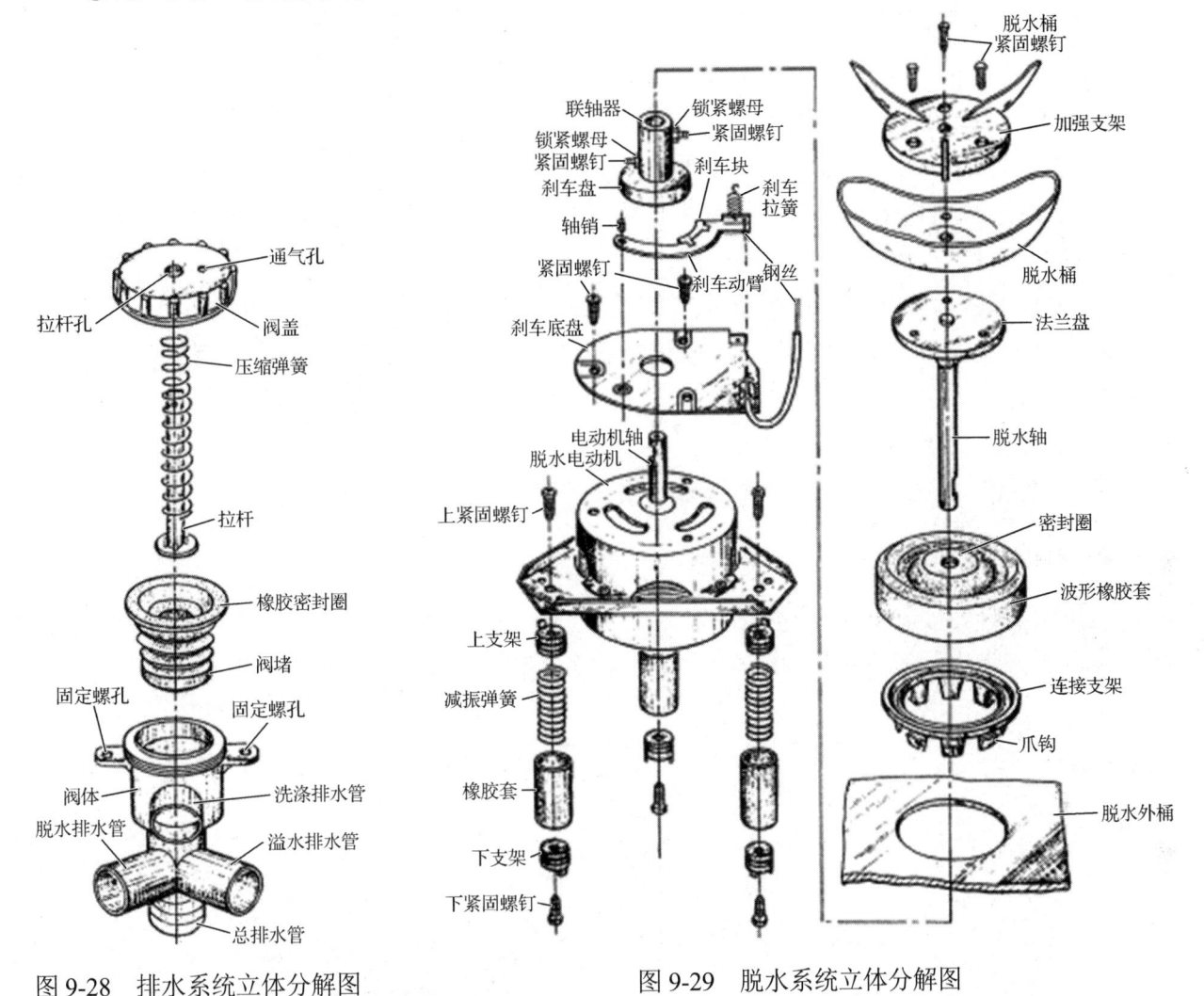

图 9-28 排水系统立体分解图

图 9-29 脱水系统立体分解图

（2）波轮轴组件的拆装和检查方法如下。

① 旋下波轮紧固螺钉，取下波轮。

② 打开箱体后面的检修窗，用手转动大传动带轮，将传动带从大传动带轮上卸下来。

③ 旋松固定大传动带轮的紧固螺母，取下大传动带轮。

④ 旋下轴套紧固螺母，从洗涤桶里将波轮轴组件取出，注意放好轴套和洗涤桶之间的橡胶垫。

⑤ 仔细检查波轮轴组件有无锈蚀、密封圈是否老化或变形，若有则进一步拆卸波轮轴组件，若无则不再拆卸。

⑥ 按与①～④相反的步骤安装波轮轴组件及波轮。

（3）排水系统的拆装和检查方法如下。

① 打开箱体后面的检修窗，卸下排水拉带。

② 用手旋开排水四通阀的阀盖，取出压缩弹簧、拉杆和橡胶密封圈。

③ 仔细检查压缩弹簧是否严重锈蚀、断裂、失去弹性等，若失效则应更换。

④ 仔细检查橡胶密封圈有无老化、破损、变形等，若有则应更换。

⑤ 检查阀体、排水管等有无破损，若有则应更换。

⑥ 清除阀体内的杂物。

⑦ 把拉杆插入橡胶密封圈，并固定在阀堵里。把压缩弹簧套在拉杆上，并把橡胶密封圈放入阀体，将阀盖旋紧在阀体上。

⑧ 按与①～⑦相反的步骤安装排水系统。

(4) 脱水系统的拆装和检查方法如下。

① 打开检修窗口，旋下联轴器上的紧固螺钉及锁紧螺母。

② 打开脱水桶外盖和内盖，向上拔出脱水桶。

③ 拆开脱水电动机与电路的连接线（记下连接位置）。

④ 翻倒洗衣机，旋下减振弹簧下的紧固螺钉，将脱水电动机连同刹车机构等一起拆下。

⑤ 旋松联轴器上的紧固螺钉及锁紧螺母，将联轴器从脱水电动机轴上取下。

⑥ 仔细检查刹车块是否磨损，刹车拉簧有无锈蚀、变形，刹车动臂是否转动灵活等，损坏或失效的应更换。

⑦ 按与①～⑤相反的步骤将脱水系统安装、连接好。

2. 套桶洗衣机的拆装

这里主要介绍波轮式全自动套桶洗衣机的洗涤、脱水系统，以及进、排水系统的拆装。传动系统、排水电磁阀立体分解图分别如图 9-30（洗衣机桶底向上）和图 9-31 所示。

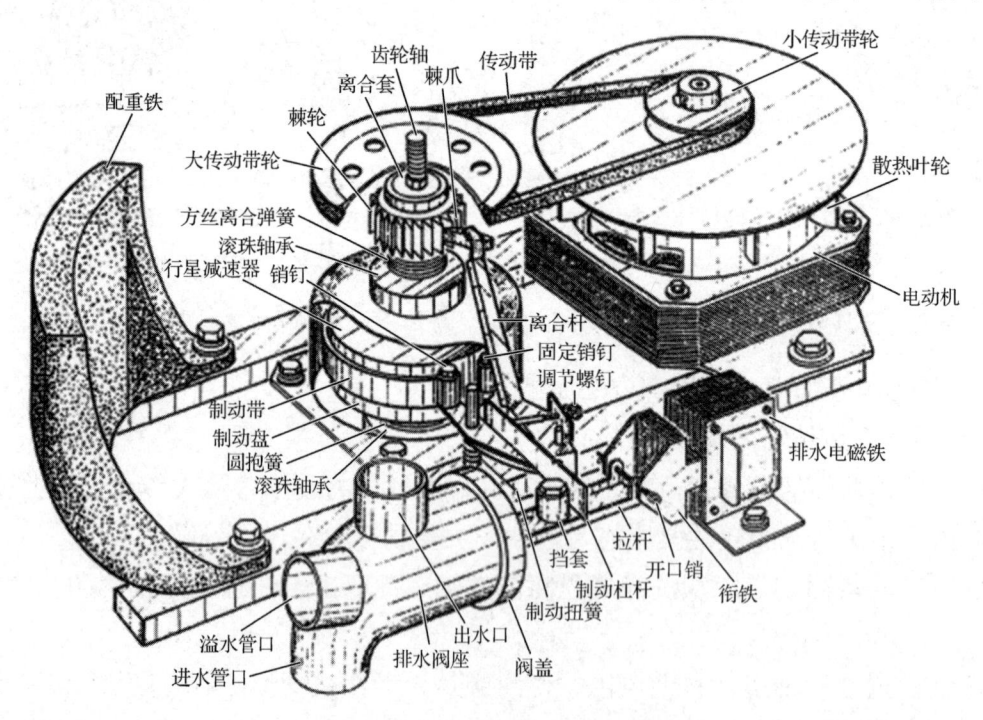

图 9-30 传动系统立体分解图

(1) 洗涤、脱水系统的拆卸方法如下。

① 旋下控制台与箱体的紧固螺钉，向上抬起控制台，将它挂在箱体背后（注意防止导线被拉断或割破），卸下盛水桶上部的密封圈。

② 用螺丝刀旋下波轮中心的紧固螺钉，向上拉出波轮，使其脱离洗涤轴。

③ 卸下固定离心桶的螺母，将离心桶轻轻摇晃松动。两手握住平衡圈两边向上提起，由于配合较紧，因此要反复提放数次，才能取下。

（2）进、排水系统的拆卸和检查方法如下。

① 拆开控制台后，拔下进水电磁阀的连接线，旋下固定螺钉，便可拆下进水电磁阀。

② 仔细检查压力式水位开关的连接管及连接部位有无破损或松脱。若损坏则应更换，若松脱则应重新固定好。

③ 将固定在机箱上的导线松开，找出排水电磁铁的连接头，将其拆开（注意记下接线位置）。

④ 卸下旋在底盘上的排水电磁铁紧固螺钉。

⑤ 用尖嘴钳拔出固定衔铁的开口销，卸下排水电磁铁。

⑥ 仔细观察排水电磁阀是否完好，用手拉拉杆，检查其内弹簧是否具有足够大的弹性。

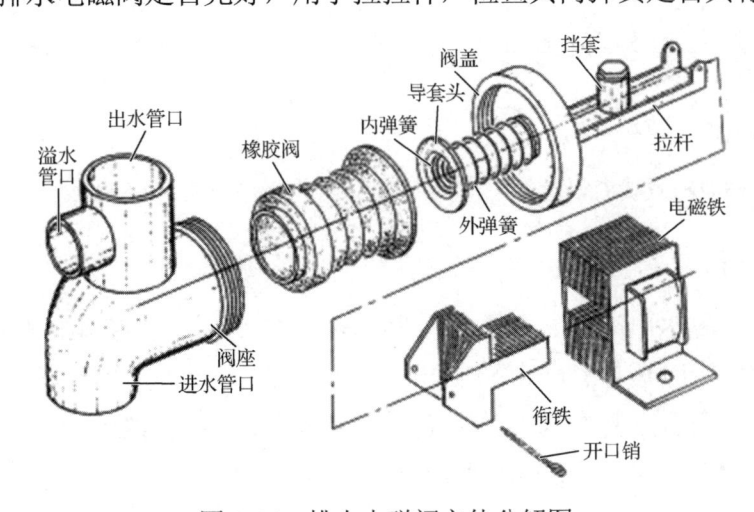

图 9-31 排水电磁阀立体分解图

9.1.6 相关知识：洗衣机的洗涤原理

1. 普通双桶波轮式洗衣机典型电路分析

图 9-32 所示为普通双桶波轮式洗衣机电气原理图，它由两部分组成：一部分是洗涤控制电路；另一部分是脱水控制电路。这两部分电路是相互独立的，可以独立操作。

1）洗涤控制电路

洗涤控制电路主要包括洗涤定时器、洗涤选择开关（琴键开关）、洗涤电动机及启动电容等，其中洗涤定时器用来控制洗涤电动机按规定时间旋转。同时，洗涤定时器按规定时间把启动电容与洗涤电动机的两个绕组轮流串接以改变洗涤电动机的旋转方向。洗涤定时器的主触点开关和洗涤选择开关串联在电路中，顺时针转动洗涤定时器旋钮，主触点就接通，此时若不按下洗涤选择开关中的某个按键，则电动机仍不旋转。

使用洗衣机时，首先按下所需要的洗涤选择开关，如按下强洗（单向）洗涤按键，如图 9-33 所示，然后按顺时针方向转动洗涤定时器至需要设定的时间位置，此时主触点闭合，电源经洗涤定时器主触点开关 S 和单向洗涤选择开关向洗涤电动机供电，洗涤电动机单方向旋转工作，直至洗涤定时器主触点断开，洗涤电动机停止旋转。如果按下标准（或轻柔）洗涤按键，并设定洗涤定时器的时间，则此时电源经洗涤定时器主触点开关 S 和标准（或轻柔）洗涤按键，通过洗涤定时器内控制时间组件的触点开关 S_1（或 S_2），向洗涤电动机供电，这时洗涤电动机在洗涤定时器控制时间组件的控制下，按预定时间分别完成正转—停—反转的周期性动作，从而实现标准（或轻柔）洗涤。一般标准洗涤时，洗涤电动机正转或反转 25～30s，停 3～5s；轻柔洗涤时，正转或反转 3～5s，停 5～7s。

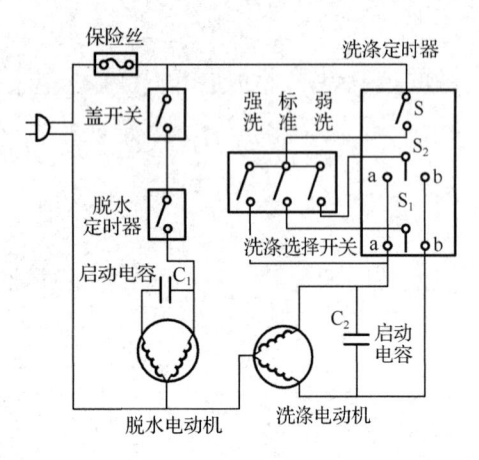

图 9-32　普通双桶波轮式洗衣机电气原理图　　图 9-33　强洗（单向）洗涤状态

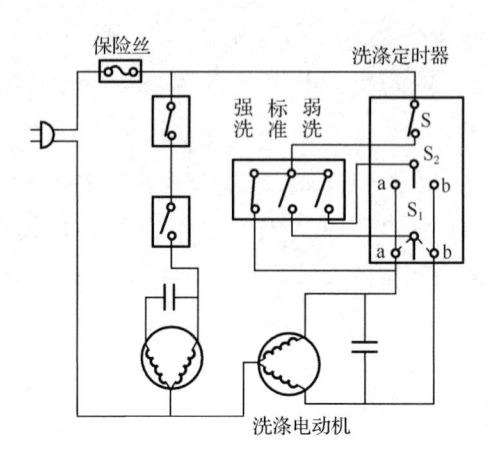

2）脱水控制电路

脱水控制电路由脱水电动机、脱水定时器、盖开关、启动电容等组成。由于脱水桶只单方向转动，所以脱水定时器只有一个触点开关。在电路中脱水定时器与盖开关串联。由盖开关原理可知，只有完全合上脱水桶外盖，盖开关才闭合，因此需要脱水时，首先将衣物放入脱水桶，合上盖板，然后顺时针旋转脱水定时器至需要设定的时间位置，此时电源经盖开关、脱水定时器向脱水电动机供电，脱水电动机运转，洗衣机进入脱水工作状态，直到脱水定时器预定的时间到为止，定时器的触点开关断开，脱水电动机停转，脱水操作结束。

2．波轮式全自动洗衣机的电气原理

波轮式全自动洗衣机能够自动完成进水、洗涤、漂洗、排水、脱水等一系列洗衣过程，各过程之间的转换不需要人工操作，使用者只需要选定合适的工作程序，向洗衣机中放入待洗的衣物，接通电源即可。目前，全自动洗衣机已在我国大、中城市和经济发达地区迅速普及。

全自动洗衣机依据程控器的种类可分为微型计算机式程控器全自动洗衣机和机电式程控器全自动洗衣机两种。微型计算机式程控器全自动洗衣机通过将人类对洗衣机的动作编成语言，汇聚在芯片内，由芯片发出各种指令，控制电气部件运行，这类洗衣机在运行中，强电和弱电是分开的。机电式程控器全自动洗衣机通过程控器内的各个触点分别接通和断开，改变电流的通路来接通和断开线路，控制电气部件的运行。无论哪种类型的电气控制系统，它们控制的对象都是一样的，即进水电磁阀、排水电磁阀和电动机；它们的检测机构也是一样的，即盖（安全）开关和水位（压力）开关。因此，从控制对象和检测机构的角度出发，全自动洗衣机控制系统方框图如图 9-34 所示。

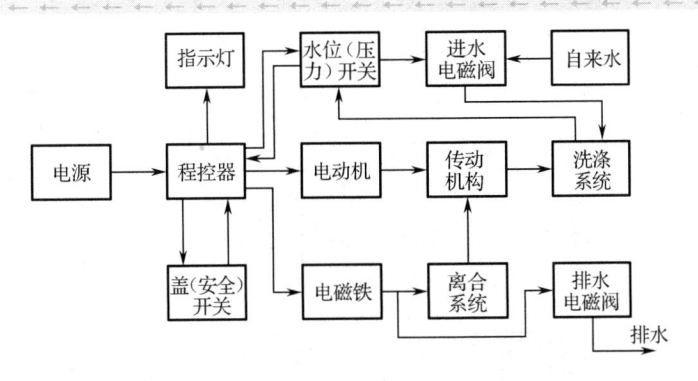

图 9-34 全自动洗衣机控制系统方框图

1）机电式程控器全自动洗衣机

机电式程控器全自动洗衣机以机电式程控器为核心，依靠电气控制系统和机械系统相互配合，改变电路的通断来完成整个洗涤过程。不同型号的洗衣机控制电路也有所不同，但大同小异，基本原理是一样的。图 9-35 所示为机电式程控器全自动洗衣机的电气原理图，可见程控器共有 10 个触点开关，$C_1 \sim C_7$ 为低速凸轮控制，$S_1 \sim S_3$ 为高速凸轮控制，其中 C_1 为电源触点开关，$S_1 \sim S_3$ 是控制电动机运转的触点开关。图 9-36 所示为标准全自动程序的逻辑时序图，图中列出了所具有的运转程序、各程序时间、在各程序中程控触点所处的通断状态和各电气部件所处的通断状态。

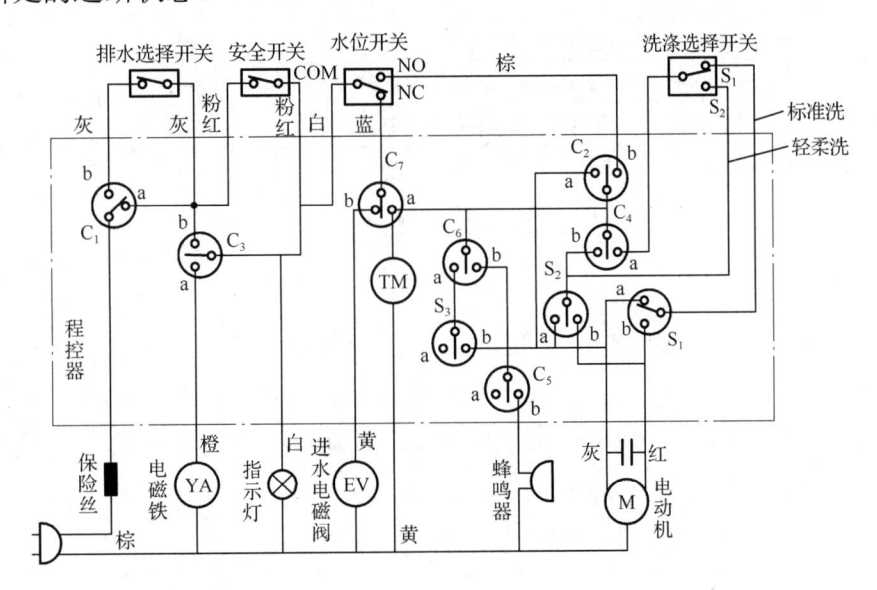

图 9-35 机电式程控器全自动洗衣机的电气原理图

现结合标准全自动程序的逻辑时序图分别介绍进水、洗涤（漂洗）、排水、脱水、蜂鸣等运转状态的控制电路及洗衣机的运转状况。

① 进水。

插上洗衣机电源，将程控器旋钮按顺时针方向旋转到洗涤起点位置或洗涤中的某一位置，将旋钮向外拉出，洗衣机进入进水状态。由图 9-35 可知，此时程控器内闭合的触点有 C_1a、C_2b、C_3b、C_4a、C_7b。在进水时，洗涤桶无水和水量不足，这时水位开关的公共触点 COM 和常闭触点 NC 是闭合的，因此，220V 交流电源经过保险丝、C_1a 和 C_3b 后分为两路：一路点亮指示灯；另一路经水位开关的 COM→NC→C_7b 后向进水电磁阀 EV 供电，进水电磁阀打开，洗衣机开始执行注水功能，这时程控器中同步微型电动机 TM 没有通电，凸轮组没有工作，即程控器没有运转。C_2b 和 C_4a 接通为下一洗涤运转做好准备。该控制电流回路也可以用下列方式表示：

$$220V（AC）\rightarrow 保险丝 \rightarrow C_1a \rightarrow C_3b \rightarrow COM \rightarrow NC \rightarrow C_7b \rightarrow EV$$
$$\hookrightarrow 指示灯$$

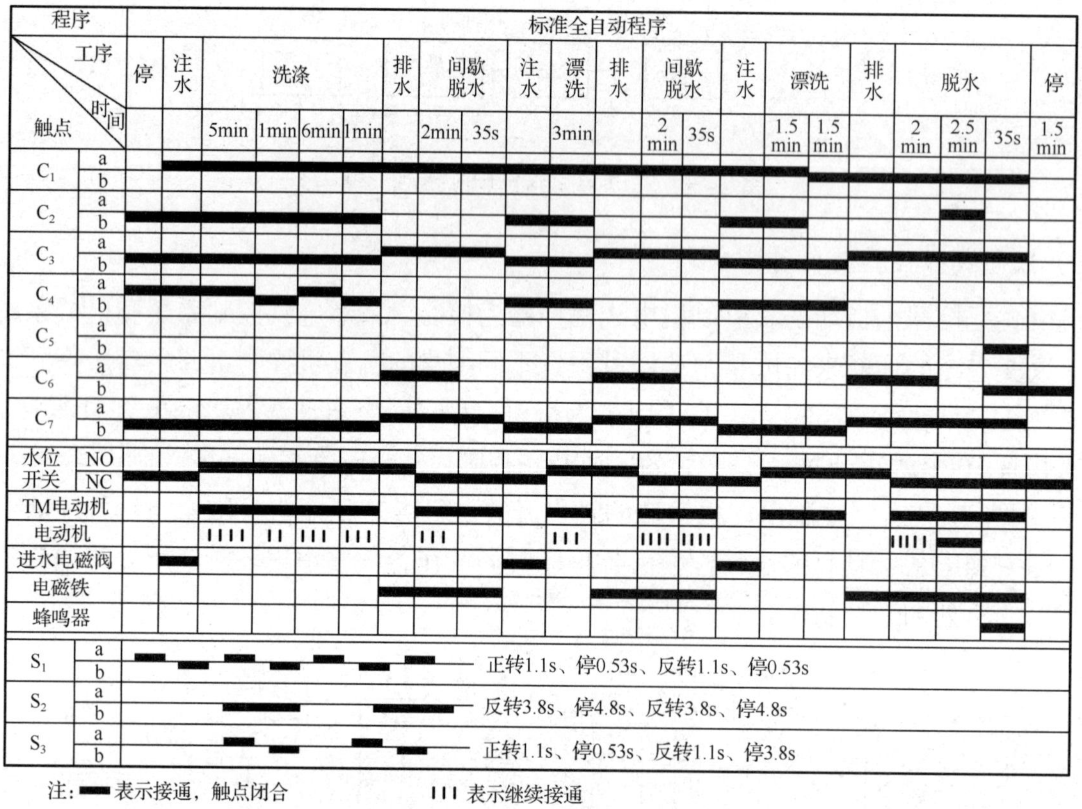

图 9-36　标准全自动程序的逻辑时序图

② 洗涤（漂洗）。

当洗涤桶内的水位达到选定的水位时，水位开关的触点自动由常闭触点 NC 转换到常开触点 NO（以 COM→NO 表示），这时电源回路进行切换，进水电磁阀断电，进水停止，同时接通洗涤电动机和程控器中同步微型电动机 TM，同步微型电动机运转，驱动程控器中凸轮组工作。洗涤电动机在 S_1（标准洗涤方式）或 S_3（轻柔洗涤方式）控制下，驱动波轮交替正转—停—反转进行洗涤。电路的控制过程可用下列方式表示：

$$220V（AC）\rightarrow 保险丝 \rightarrow C_1a \rightarrow C_3b \rightarrow COM \rightarrow NO \rightarrow C_2b \rightarrow C_4a \rightarrow 洗涤选择开关 \rightarrow S_1（或S_3）\rightarrow M$$
$$\hookrightarrow 指示灯 \qquad\qquad \hookrightarrow TM$$

由标准全自动程序的逻辑时序图可知，在洗涤时 C_4 开关的 a、b 以 5min 和 1min 的时间交替闭合。当 C_4a 接通时，产生的洗涤方式取决于洗涤选择开关；当 C_4b 接通时，电流直接经 S_3 触片组流过电动机，产生轻柔水流。如果选择的是标准洗，则在交替时使用两种水流；如果选择的是轻柔水流，则只使用一种水流。漂洗时是通过 C_4b 接通电动机的，所以洗涤选择开关不起作用，产生的都是轻柔水流。由标准全自动程序的逻辑时序图可知，通过 S_1 产生的标准洗周期：正转 1.1s，停 0.53s，反转 1.1s，停 0.53s。通过 S_3 产生的轻柔洗运转周期：正转 1.1s，停 0.53s，反转 1.1s，停 3.8s。由标准全自动程序的逻辑时序图还可知，漂洗时 C_7b 接通，由于水位开关 COM 和 NC 不接通，故进水电磁阀没有得电，由此可知，漂洗为储水漂洗。

③ 排水。

当程控器中同步微型电动机 TM 带动凸轮走完所设定的洗涤时间后，凸轮组的 C_3a、C_7a 接通，C_2 和 C_4 转到中间位置，此时电磁铁通电吸引，将排水电磁阀拉开排水，同时将减速离合器由洗涤状态转换为脱水状态，程控器内 C_6a 和 C_7a 接通，为脱水做好准备。排水时，同步微型电动机 TM 不通电，故程控器不运转计时。排水时电路的控制过程如下：

220V（AC）→保险丝→C_1a→安全开关→C_3a→YA（排水电磁铁）
　　　　　　　　　　　　　　　　└→指示灯

由排水电路的控制过程可见，该电路在排水时，安全开关要接通，机盖关闭才能使安全开关接通，所以排水时要关好机盖。在排水过程中，若打开机盖则断开电路，电磁铁断电将使排水电磁阀关闭而停止排水。

C_1 触点组在全自动程序最后一次漂洗前 1.5min，由 a 转换到 b，此时若排水选择开关能接通，则电源经 C_1b 和排水选择开关后又进入程控器，程控器仍通电，可完成排水程序，实现全程序运转。若选择了不排水程序（排水选择开关断开），则程控器断电，运转停止，洗涤程序终止。较干净的漂洗水和洗涤物留在洗衣桶内，漂洗水可供洗第二批衣物。

④ 脱水。

排水时水位降低到一定程度，水位开关触点自动由常开触点 NO 转接到常闭触点 NC，此时的电路控制过程如下：

220V（AC）→保险丝→C_1a→安全开关→$\begin{cases}指示灯\\ C_3a→YA\\ COM→NC→C_7a→\begin{cases}TM\\ C_6a→S_2b→M\end{cases}\end{cases}$

同步微型电动机 TM 转动，带动凸轮组控制脱水时间，电磁铁 YA 吸引继续开启排水电磁阀。由标准全自动程序的逻辑时序图可知，第一次和第二次脱水时，经 S_2b 接通电动机 M，S_2b 为高速凸轮控制，接通 3.8s，停 4.84s。电动机断续通电，脱水为间歇脱水，这既可以防止衣物偏置于一边或抱团，又可以将桶内未排出的水尽快排出。间歇脱水 2min 后，C_6b 转至中间位置，电动机断电，内桶靠惯性运转至停止。在第三次脱水时，前 2min 为间歇脱水，由于 C_2a 接通，形成 $C_7a→C_2a→M$ 的电路，电动机连续通电 2.5min，进行正式脱水程序。脱水程序结束前 35s，凸轮控制的 C_2 和 C_6 复位（中间位置），电动机断电，脱水桶靠惯性运转，速度变慢。接着由于 C_1a 转换至中间位置，断开电源，电动机运转停止，这时电磁铁断电，使减速离合器制动，内桶停转，这样可避免高速制动影响洗衣机的寿命。

⑤ 蜂鸣。

在全自动程序结束前 35s，程控器凸轮 C_5b、C_6b 接通，使蜂鸣器通电，蜂鸣器发出声音表示标准洗涤结束。蜂鸣器控制过程如下：

220V（AC）→保险丝→C_1b→排水选择开关→安全开关→$\begin{cases}指示灯\\ C_3a→YA\\ COM→NC→C_6b→C_5b→蜂鸣器\\ →TM\end{cases}$

C_5 的 b 触点是专为蜂鸣器所设的，故叫蜂鸣触点，C_5b 是低速凸轮控制，故蜂鸣声为一个长声。在蜂鸣器发声期间，排水电磁阀仍打开，但电动机不通电，脱水桶进行惯性运动。在 TM 的驱动下，C_1 触点开关转换至中间位置，切断电源，蜂鸣声停止，洗涤程序结束。

2）微型计算机式程控器全自动洗衣机

相对于机电式程控器全自动洗衣机来说，以单片机为核心的微型计算机式程控器已成为洗衣机向高层次发展的趋势。微型计算机式程控器全自动洗衣机洗衣进程的控制一般可分为时间控制和条件控制两种。时间控制是指对洗衣机内桶每次注水、正反向运转洗涤、排水、脱水等程序的编排与时间有关的控制。条件控制是指根据洗衣机所处的工作状态满足设计条件后的控制。例如，注水时，若水位不到选定水位，条件不具备，则水位开关（压力开关）不动作。条件不具备，程控器也不能进入下一程序。洗衣机只有在满足了控制元件的特定条件时，方能进入下一程序的工作，这与洗衣机从洗涤过程到排水过程的转换按时间控制进行是不同的。

当按下电源开关，选定水位，选定洗衣功能和程序，按动洗衣机启动按钮后，洗衣机的微型计算机式程控器就开始按照设定的程序，对洗衣机进行自动控制，以实现对衣物的洗涤、漂洗和脱水。

微型计算机式程控器全自动洗衣机中计算机式程控器电路基本上是大同小异的，由于所用单片机IC不同，所构成电路也有所不同，但各部分电路结构相似，功能基本相同。

微型计算机式程控器一般采用一块印制电路板（称为P板或计算机板），直流供电电路所用的变压器和其他元器件均在印制电路板上，用树脂封装在一起（也有的采用两块印制电路板，一块主要承受220V电压，称为电源驱动板，另一块承受直流低电压，并有程序选择按钮和指示灯，单片机即安装在此板上，称为程序操作板）。

微型计算机式程控器一般由直流电源电路、单片机IC电路、同步检测电路、按钮开关电路、显示电路、复位电路、报警电路、双向晶闸管驱动及触发电路等组成。

直流电源电路是将交流220V的电源电压经变压器降压为交流12V电压，经桥式整流、滤波、稳压后输出直流5V电压，作为IC电路、LED显示电路、三极管放大电路和驱动双向晶闸管的直流电源。

IC电路是程控器的控制中心，由算术逻辑单元、存储器、输入/输出接口、计时、分频、扫描、定时、时间设定等电路组成。它在工作时对各功能键（按钮）进行扫描，发出相应的控制信号和显示信号。

同步检测电路由分压电阻和脉冲信号电路组成，是将与交流电源过零点所产生的同步脉冲信号提供给IC电路，作为晶闸管过零触发的同步控制信号，IC电路按此同步脉冲信号周期对各功能键、发光二极管巡回定时扫描。

按钮开关电路是按一定的阵列而组成的电路。当按动不同功能的按钮开关时，其信号由此按钮所在的行输入IC接口，由IC电路进行识别处理，以设定不同的功能并转入相应的运转程序，由对应的IC电路输出接口输出控制信号。

显示电路由发光二极管按一定的阵列排列组成，由IC电路输出接口巡回输出显示信号，使显示电路的发光二极管交替发光显示，以显示洗衣机的运转状态。

复位电路的作用：当单片机IC电路接电源后，对存储器进行清零处理，各标志位置于初始状态，而利用LC（或晶体）元件与IC电路组成的振荡电路向IC提供时钟信号，使IC按此时钟信号取指令并执行指令。

报警电路的作用是当功能键按下，程序执行终了和出现异常运转状态时，由IC输出控制信号向蜂鸣器发出2~3kHz的音频信号，使蜂鸣器发声，以便告诉操作者。

双向晶闸管驱动及触发电路的主要作用是由 IC 输出控制信号，经过三极管反相放大变为触发信号，触发双向晶闸管，控制各电气驱动部件通电工作。

微型计算机式程控器全自动洗衣机电气原理图如图 9-37 所示。当洗衣机接通电源，选择全自动程序，按动"启动/暂停"按钮后，指令信号送入程控器的 IC，由 IC 向晶闸管 VS_3 的控制极提供触发信号，VS_3 导通，进水电磁阀通电开启，洗衣机开始注水。当洗涤桶内达到选定的水位（少量、低、中、高）时，水位开关动作而接通，向 IC 发出停止注水的信号，IC 输出端发出触发信号使 VS_1 和 VS_2 导通，同时使 VS_3 截止，注水停止，洗衣机转入下一程序。控制 VS_1 和 VS_2 导通的触发信号根据水流选择开关所选定的电动机运转周期，有规律地传给 VS_1 和 VS_2 的控制极，使其截止和交替导通，实现电动机的正转—停—反转洗涤程序。

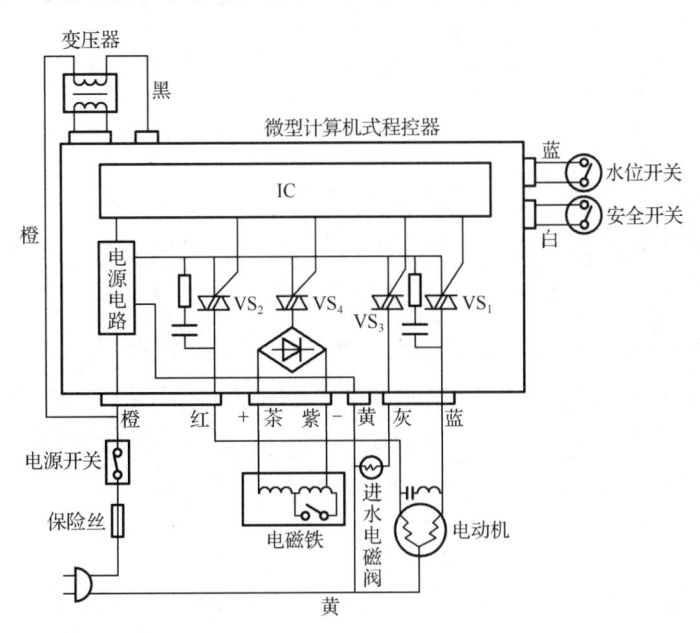

图 9-37 微型计算机式程控器全自动洗衣机电气原理图

3．滚筒式全自动洗衣机电路的控制原理

滚筒式全自动洗衣机在欧美国家比较普及，其产量占世界洗衣机总产量的 50% 以上。近年来，我国已从欧洲国家引进技术生产滚筒式全自动洗衣机。滚筒式全自动洗衣机逐渐进入我国家庭。

滚筒式全自动洗衣机的工作过程是由程控器来控制实现的。无论是机电式控制方式还是微型计算机式控制方式，洗衣机工作过程的控制都可分为时间控制与条件控制两种方式。时间控制是指滚筒每次进水、加温、正向运转洗涤、排水、脱水、结束等程序的编排与时间有关的控制。条件控制是指洗衣机工作状态的改变有一定条件限制的控制。进水时，水位未达到额定水位，条件不具备，水位开关不动作；加热时，洗涤液温度未达到所设定的温度，温度控制器不动作；若上一个程序未完成，则不能进入下一个程序等。下面介绍常用的微型计算机式滚筒式全自动洗衣机的控制原理，也就是分析洗衣机控制电路是如何通过程控器和各电气控制元件的组合来实现各种逻辑控制，进而实现洗涤、漂洗、脱水等各项功能的。微型计算机式滚筒全自动洗衣机整机电气原理图如图 9-38 所示，主要由微型计算机式程控器（DNK）、双水位开关（L）、温度传感器（WD）、加热器（RR）、电动机（M）、进水电磁阀（EV）、排水泵（PS）、温度控制器（TH）、电动门锁（IP）等组成。

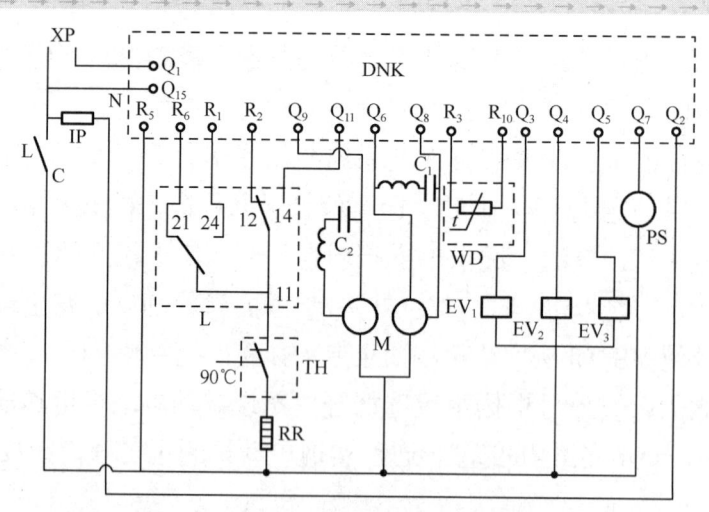

图 9-38 微型计算机式滚筒全自动洗衣机整机电气原理图

1）供电电路

洗衣机接通电源后，微型计算机式程控器从 Q_{15}、Q_1 两端得电，经内部变压器降压、整流、滤波、稳压后获得的直流电压加至单片机 IC 上，单片机此时可以接收指令工作。若 10s 内面板上无按键输入信号，则微型计算机式程控器自动执行内部设定程序；若有信号输入，则执行相应程序。程序启动后，由 DNK 的 Q_2 端输出电流，经电动门锁内 PTC 发热元件形成回路，热敏电阻发热，双金属片变形使电动门锁内部触点闭合，DNK 的 R_5 得电，从而使 DNK 中强电部分得电工作。如果程序启动后 8s 内，门没有关好，造成 DNK 在 8s 内从 R_5 处检测不到电压信号，则单片机 IC 触发蜂鸣器电路，使洗衣机报警。

2）供水电路

洗衣机的预洗、主洗或漂洗程序选定后，微型计算机式程控器首先检测用户是否选择了节能功能，若选择了节能功能，则 DNK 检测其 Q_{11} 端，看与其相接的水位开关触点 11、14 是否接通。若接通，表明水位达到，则不给 DNK 的 Q_3（或 Q_4、Q_5）端供电，切断进水电磁阀的电源，停止进水。若未接通，表明无水或水位未达到，则 DNK 的 Q_3（或 Q_4、Q_5）输出电压，启动进水电磁阀进水，在进水过程中，DNK 仍不断检测触点 11、14，直到检测到水位开关触点 11、14 接通的信息后，再切断进水电磁阀电源，停止注水。如果未选择节能功能，则 DNK 不断检测 R_6 和 R_1 端，看与其相接的水位开关 21、24 是否接通。若未接通，表明水位未达到，则 Q_3（或 Q_4、Q_5）输出电压，接通进水电磁阀，进行注水；若接通，表明水位已达到，则切断进水电磁阀电源，停止注水。DNK 具体触发 Q_3、Q_4、Q_5 中哪一端，要视程序编排而定。当洗衣机执行预洗程序时，Q_3 得电，接通进水电磁阀 EV_1，向洗衣粉盒 A 格进水，将放在 A 格内的洗衣粉冲入洗衣机；当洗衣机进行主洗程序时，Q_4 端得电，接通进水电磁阀 EV_2，向洗衣粉盒 B 格进水，将放在 B 格内的香料冲入洗衣机；当洗衣机进入漂洗程序时，Q_5 得电，向洗衣粉盒 C 格进水，将放在 C 格内的软化剂冲入洗衣机。

3）加热电路

当选择加热功能时，在相应加热程序段中，DNK 不断检测 R_3 和 R_{10} 端外接的温度传感器 WD 的电阻阻值，WD 实际上是一个热敏电阻，因此检测了电阻阻值，就相当于检测了温度。当洗涤液温度低于设定值时，DNK 给 Q_{11} 端输出电压接通加热回路，给洗涤液加热，直到检测出洗涤液温度达到设定温度值为止，才切断给 Q_{11} 端的供电。加热电路中串有 90℃温控器 TH，当洗涤液温度达到 90℃时，其触点断开，切断加热电路，使水温保持在 90℃以下。

4）洗涤电路

由 DNK 控制其 Q_6、Q_8 端的交替接通、断开，从而控制电容器 C_1 接入洗涤电动机绕组的位置，使电动机正、反向转动。

5）排水电路

当洗衣机执行排水程序时，DNK 给 Q_7 端供电，接通排水电路，洗衣机排水。

6）脱水电路

当洗衣机执行脱水程序时，先检测 R_2 端，看低水位是否复位，待低水位复位后，在 R_2 端检测到复位信号后，微型计算机式程控器给 Q_9 端供电，接通电动机进行脱水。

9.1.7 实践操作：洗衣机的使用与保养

1. 使用注意事项

（1）在使用洗衣机，特别是全自动洗衣机前，由于其自动化程度高、功能多，需要有一定的操作规程，因此必须认真阅读使用说明书，了解产品的一般功能和特殊功能，学会正确使用。

（2）在衣物洗涤前，应先清理并检查，取出衣物口袋内的硬币、别针、钉子等坚硬物品，抖掉衣物上的砂土。这些坚硬物品容易磨伤洗涤桶和波轮，甚至卡住波轮造成电动机过载，也容易卡在排水系统，使排水不畅，影响脱水效果。

（3）洗涤物的投放量不应超过洗衣机的额定洗涤容量，若超过则会使电动机过载，损坏电动机。同时使衣物翻转不良，洗涤不均匀。

（4）应根据衣物的脏污程度、颜色深浅程度、新旧程度等分类洗涤，避免各类衣物混在一起影响洗涤效果。

（5）对于双桶洗衣机来说，进水及取出洗涤好的衣物时，不要将水溅到控制面板上，以免使电气部件受潮或进水，发生意外事故。在进行脱水时，为避免脱水桶出现不正常的振动和噪声，应将衣物均匀地放置在脱水桶内，且要在脱水衣物上放置水盖，以保护衣物在旋转时不被抛出。

（6）对于采用机电式程控器的洗衣机，在洗涤时如果需要改变进水水位，则不能直接转换水位调节旋钮，而要先将旋钮旋至"补给水"的位置上，再调节旋钮至所需水位刻度上。

（7）对于采用微型计算机式程控器的洗衣机，洗涤结束进入漂洗操作时不能再变更洗涤程序。如果需要变更洗涤程序，则应先关掉电源，再重新设定新的洗涤程序。

2. 保养

（1）洗衣机的外表面部件，如箱体、装饰面板、旋钮，虽经过喷塑、涂漆层或镀铬，但使用中一定要防止机械冲击、碰撞或擦伤。否则会影响外表面美观并加快外表面锈蚀。

（2）洗衣机应放在通风、干燥的地方，以防机件生锈。长期放置时，不要套塑料袋，以免造成密闭不通风。

（3）在洗衣机用完后，洗衣桶中不要存水。

（4）全自动洗衣机进水电磁阀处应定期清洗，保持过滤网清洁，以便排水畅通。

（5）在洗衣机内无水情况下，勿随意通电开机，以避免密封圈磨损。

（6）定期给机械运转部位加润滑油。有些洗衣机波轮主轴设有加油孔，每隔三个月或半年应给洗衣机加一次油，以保证机轴运转时的润滑。在加油时要注意，传动机构的皮带轮上不要沾上润滑油。

（7）每隔一段时间，应检查一次接地电阻，并注意检查电源线，不可有绝缘皮破损或露出导电芯的现象，确保洗衣机始终处在安全状态。

9.1.8 实践操作：洗衣机的常见故障分析及维修方法

1. 普通双桶波轮式洗衣机的常见故障分析及维修方法

普通双桶波轮式洗衣机的常见故障大致可分为电气故障与机械故障两大类。洗衣机的电气部分包括电动机（洗涤电动机与脱水电动机）及其控制电路（洗涤定时器、脱水定时器、洗涤方式选择开关、电容器等）；机械部分包括机械传动系统（皮带轮、波轮轴总成、脱水的制动装置等）、桶组件（洗涤桶、脱水桶、箱体等）。普通双桶波轮式洗衣机的常见故障分析及维修方法如表 9-1 所示。

表 9-1 普通双桶波轮式洗衣机的常见故障分析及维修方法

常见故障	产生原因	维修方法
洗衣机通电后不能工作	① 电源线插头与插座接触不良 ② 电源线断裂或机内导线接头处接触不良 ③ 保险丝烧断	① 将电源线插头拔下，重新插入插座，使其接触良好或换新的插座 ② 换电源线或重新接好导线接头（若是焊接的，则应重新焊接好，若是用绝缘塑料套夹子接的，则应用钳子重新夹紧） ③ 更换保险丝。在更换保险丝时，应同时检查机内电器线路中有无短路现象，若有，则必须及时排除
只是洗涤部分不能启动	① 洗涤定时器损坏，触点接触不良或引线断落 ② 洗涤电容器变质、开路或击穿短路 ③ 洗涤方式选择开关接触不良 ④ 洗涤电动机烧毁，不能转动	① 修理或更换洗涤定时器，引线断落可重新焊上 ② 更换同规格洗涤电容器 ③ 修理或更换洗涤方式选择开关（通常为琴键开关） ④ 修理或更换洗涤电动机
波轮不转但洗涤电动机有声	① 波轮被衣物缠住，被纽扣、硬币等杂物卡住不能旋转 ② 轴套内的含油轴承碎裂，卡住波轮轴，或缺油，使波轮轴不能转动 ③ 皮带损坏断裂或皮带从皮带轮上掉下 ④ 电压过低，电动机启动不了 ⑤ 电动机绕组有一相断路 ⑥ 电容器容量下降 ⑦ 衣物过多，电动机过载	① 拔掉电源，清除缠住的衣物和杂物 ② 取出波轮，更换含油轴承或波轮轴总成 ③ 更换或重新安装皮带 ④ 停止使用，等待电源正常 ⑤ 修理损坏的绕组或更换电动机 ⑥ 更换同规格的电容器 ⑦ 减少洗涤衣物
波轮转动慢	① 电源电压过低 ② 洗涤衣物过多 ③ 传动皮带过松、打滑 ④ 大皮带轮或小皮带轮紧固螺钉松动 ⑤ 电容器的容量减少 ⑥ 波轮轴与轴承配合较紧	① 待电源电压正常时使用 ② 控制洗涤衣物量 ③ 松开电动机安装螺钉，重新调整皮带张力或更换三角皮带 ④ 重新拧紧螺钉 ⑤ 更换同规格的电容器 ⑥ 添加润滑油或拆开清洗

续表

常见故障	产生原因	维修方法
运转时噪声大	① 洗衣机未放稳 ② 电动机轴承或传动轴承磨损过大或碎裂 ③ 皮带过松、过紧 ④ 波轮变形与洗涤桶摩擦 ⑤ 紧固件松动,引起共振 ⑥ 洗涤电动机的减振橡胶垫圈变质或脱落 ⑦ 波轮轴与密封圈之间缺少润滑剂	① 重新放稳洗衣机 ② 更换轴承 ③ 调整洗涤电动机的位置 ④ 更换波轮 ⑤ 旋紧紧固件 ⑥ 更换减振橡胶垫圈 ⑦ 在密封圈内唇口上添加润滑剂或调换密封圈
波轮时转时停或不能反向转动	① 洗涤定时器故障 ② 电气元件接触不良 ③ 波轮与轴打滑 ④ 皮带过松	① 修复或更换洗涤定时器 ② 检查电气元件连接点,重新紧固或焊牢 ③ 拧紧固定螺钉或更换波轮与轴 ④ 调整洗涤电动机的位置
洗涤桶漏水	① 洗涤桶破裂 ② 紧固波轮轴的紧固螺母松脱,水从轴套周围漏出 ③ 波轮轴的密封圈破裂 ④ 排水管外部被划破 ⑤ 排水管与桶底部或排水管与排水阀连接处密封不严	① 更换洗涤桶 ② 拧紧紧固螺母 ③ 更换同规格的密封圈 ④ 更换排水管 ⑤ 拆下排水管重新安装,或添加密封胶
洗涤桶不排水或排水不畅	① 排水旋钮内孔磨损严重,拧动排水阀杆时打滑 ② 排水拨杆损坏 ③ 排水拉带与排水阀架连接不牢固或脱开 ④ 排水拉带过长或断开 ⑤ 排水阀弹簧损坏	① 更换排水旋钮 ② 更换排水拨杆 ③ 将排水拉带挂在排水阀架的挂钩处 ④ 更换排水拉带 ⑤ 更换排水阀弹簧
脱水桶内桶不转	① 脱水定时器损坏 ② 盖开关失灵、不闭合 ③ 脱水电容器损坏 ④ 刹车钢丝过长或脱钩,刹车块或刹车鼓不能离开 ⑤ 脱水电动机损坏 ⑥ 脱水电动机与脱水桶的联轴器松脱	① 更换脱水定时器 ② 调整修复或更换盖开关 ③ 更换脱水电容器 ④ 调整钢丝长度使脱水桶外盖打开5cm,使刹车块与刹车鼓能靠紧 ⑤ 修复脱水电动机或更换 ⑥ 紧固装牢脱水电动机与脱水桶的联轴器
脱水桶抖动	① 放入脱水桶的衣物未压平 ② 脱水电动机的减振弹簧支座损坏,造成脱水电动机倾斜 ③ 联轴器上的螺钉松动	① 将衣物压平、压好 ② 更换损坏的减振弹簧支座 ③ 拧紧螺钉
脱水桶内桶转动时有异常声响	① 脱水桶内桶转轴处的含油轴承碎裂 ② 脱水桶内桶与脱水桶外桶之间有异物 ③ 刹车块放置不当,如距离太近,运转过程中有部分接触产生刺耳声	① 更换含油轴承 ② 先取下脱水桶内桶,再取出异物 ③ 重新安装刹车块,使其与刹车鼓的距离适中
脱水桶制动性能不佳	① 刹车拉杆与刹车板的连接太紧,造成制动时刹车块与刹车鼓的接触面小,产生的摩擦力小,使刹车时间延长 ② 刹车拉簧太软,或长期使用后弹性下降 ③ 刹车块的材质不好,磨损严重 ④ 刹车动臂失灵	① 调整刹车拉杆与刹车挂板的孔眼位置,使刹车块与刹车鼓的距离适宜 ② 更换刹车拉簧 ③ 更换刹车块 ④ 在刹车动臂转动轴处滴几滴润滑油,并转动几次使其转动灵活
脱水效果不佳	① 脱水桶转速低(如电源电压低,或电容器容量不足等) ② 脱水衣物过多 ③ 脱水桶排水不良	① 等待电源恢复正常或更换电容器等 ② 适当减少衣物 ③ 清理脱水桶排水口的杂物

续表

常 见 故 障	产 生 原 因	维 修 方 法
脱水桶底部漏水	① 密封圈损坏 ② 脱水桶外桶破裂	① 修复或更换 ② 用电烙铁进行烫焊修补
漏电	① 电动机、电容器、开关等部件受潮引起绝缘不良 ② 导线接头封闭不好、受潮、漏电或带电部分碰触金属部件 ③ 机壳没有接地，或接地不良	① 烘烤后浸漆或更换部件 ② 用绝缘胶布包好接头，加强绝缘处理 ③ 接好地线

2. 波轮式全自动洗衣机的常见故障分析及维修方法

全自动洗衣机相对普通双桶洗衣机来说要复杂得多，检修时维修者应先了解洗衣机的型号、控制方式、结构、正常运转程序。检修中尽可能应用电气原理图、使用说明书等资料，以充分了解其结构原理、性能特点和操作方法，避免把正常现象当成故障。表 9-2 所示为波轮式全自动洗衣机的常见故障分析及维修方法。

表 9-2　波轮式全自动洗衣机的常见故障分析及维修方法

常 见 故 障	产 生 原 因	维 修 方 法
不进水	① 进水电磁阀线圈开路、短路或过滤器堵塞 ② 程控器触头接触不良或连接线路故障 ③ 水位开关性能不良	① 更换进水电磁阀、清理过滤器 ② 检修或更换程控器，重新接好线 ③ 检修或更换水位开关
进水缓慢	① 水压太低 ② 进水电磁阀过滤网堵塞 ③ 固定接头漏水 ④ 进水电磁阀动铁芯受异物限制	① 调整水压至正常即可 ② 清理过滤网 ③ 重新安装 ④ 清理异物或更换进水电磁阀
进水不止，波轮不转动	① 排水系统漏水 ② 空气管路堵塞、漏气，或水位开关不良 ③ 程控器或连接导线接触不良	① 检修排水系统 ② 检修或更换空气管路、水位开关 ③ 检修或更换程控器，接好导线
进水不止，波轮转动	① 进水电磁阀损坏 ② 控制进水电磁阀的晶闸管击穿	① 更换进水电磁阀 ② 更换同规格的晶闸管
洗涤过程中波轮不转动	① 程控器损坏 ② 电动机损坏 ③ 电容器损坏或引线断开 ④ 离合器故障 ⑤ 异物卡住波轮	① 修理或更换程控器 ② 检修或更换电动机 ③ 更换电容器或重新焊好断线 ④ 检查修理离合器 ⑤ 清除异物
洗涤时波轮不能换向	① 离合器故障 ② 紧固件松动，导致换向不到位 ③ 程控器失灵 ④ 大水封漏水使离合器弹簧折断 ⑤ 电容器处有一根断线	① 修理离合器 ② 重新固定紧固件 ③ 检修或更换程控器 ④ 换大水封，更换弹簧 ⑤ 重新焊好断线
洗涤时脱水桶跟转	① 离合器扭簧折断或滑动 ② 刹车带磨损或松动	① 更换扭簧或离合器 ② 调整挡套和制动杆之间的间隙或更换刹车带
洗涤时有异声、异味	① 波轮下有异物 ② 离合器弹簧有故障 ③ 电动机本身有异声 ④ 电压过低，电动机或排水电磁铁过热 ⑤ 三角皮带严重磨损 ⑥ 洗涤物过多，电动机超载运行	① 清理异物 ② 更换弹簧 ③ 检查修理电动机 ④ 调整电压至正常即可 ⑤ 更换三角皮带 ⑥ 减少洗涤物

续表

常见故障	产生原因	维修方法
洗涤时振动过大	① 洗衣机放置不平稳 ② 减振机构松脱 ③ 波轮严重磨损，造成偏心严重 ④ 波轮轴偏心或弯曲 ⑤ 皮带轮安装不在一个平面	① 调整支脚，使其放置平稳 ② 修理并紧固减振机构 ③ 更换波轮 ④ 更换波轮轴 ⑤ 调整两个皮带轮
脱水时脱水桶不转	① 安全开关触点接触不良 ② 脱水桶与盛水桶之间有异物 ③ 三角皮带过松或脱落 ④ 大水封未装好，卡住脱水轴 ⑤ 刹车带未松开 ⑥ 程控器损坏 ⑦ 程控器与排水电磁铁之间断线 ⑧ 离合器弹簧损坏 ⑨ 电容器或电动机故障	① 检修或更换安全开关 ② 清理异物 ③ 重新安装、调整 ④ 重新安装大水封 ⑤ 重新调整、检修离合器 ⑥ 检修或更换程控器 ⑦ 接好断线 ⑧ 检修或更换弹簧 ⑨ 检修或更换电容器、电动机
脱水时振动过大	① 洗衣机放置不平稳 ② 脱水桶本身松动，上下窜动 ③ 脱水桶内衣物严重偏在一侧 ④ 吊杆脱落 ⑤ 平衡圈漏盐水	① 调整支脚，使其放置平稳 ② 重新拧紧紧固螺母 ③ 停机将衣物放均匀 ④ 重新安装吊杆 ⑤ 补充浓盐水，将渗漏处补好
不排水	① 排水管曲折或堵塞 ② 程控器损坏 ③ 排水电磁铁线圈短路、断路 ④ 排水线路导线短路、虚焊 ⑤ 排水电磁阀阀芯弹簧断裂	① 拉直排水管或清除异物 ② 检修或更换程控器 ③ 检修或更换排水电磁铁 ④ 重新焊接 ⑤ 检修或更换排水电磁阀
程序紊乱工作异常	① 程控器损坏 ② 离合器故障 ③ 传动部件失灵或严重磨损 ④ 电源插头松动	① 更换程控器 ② 检修或更换离合器 ③ 检修或更换传动部件 ④ 重新插紧

3．滚筒式全自动洗衣机的常见故障分析及维修方法

滚筒式全自动洗衣机的基本维修程序、维修方法与波轮式全自动洗衣机的基本维修程序、维修方法基本相同，现将常见故障分析及维修方法列表说明，如表 9-3 所示。

表 9-3　滚筒式全自动洗衣机的常见故障分析及维修方法

常见故障	产生原因	维修方法
按下电源开关，指示灯不亮，洗衣机不工作	① 电源接头与插座接触不良 ② 门微动开关损坏 ③ 电源开关损坏 ④ 电动门锁损坏或连接导线接触不良	① 重新插入，使其接触良好 ② 修理或更换门微动开关 ③ 修理或更换电源开关 ④ 修理或更换电动门锁，重新连接导线
电源指示灯亮，但洗衣机不进水，不工作	① 进水电磁阀损坏 ② 水位开关或有关导线接触不良 ③ 进水电磁阀塑料过滤网被堵塞 ④ 程控器、进水电磁阀等相关的导线断开、脱落或接触不良	① 更换进水电磁阀 ② 检修或更换水位开关，连接好相关导线 ③ 清理异物 ④ 检查相关部位，将导线重新连接好

续表

常见故障	产生原因	维修方法
进水结束后，不洗涤	① 双速电动机连接导线脱落 ② 不加热开关或连接导线存在问题 ③ 水位开关常开触点接触不良 ④ 温度控制器故障，不能转入洗涤程序 ⑤ 电动机或电容器损坏	① 重新连接好导线 ② 检修或更换不加热开关，重新连接导线，插紧接头 ③ 检修或更换水位开关 ④ 检修或更换温度控制器 ⑤ 检修或更换电动机，更换同规格电容器
选择加热洗涤程序时，不能加热	① 加热器损坏 ② 程控器与不加热开关、节能开关、加热器、温控器等连线接触不良	① 更换加热器 ② 检查故障点，重新连接导线
不排水或排水太慢	① 排水滤清器被异物堵塞 ② 排水泵受潮生锈，转子不能转动 ③ 内、外筒之间进入小衣物，堵塞了排水口 ④ 程控器与排水泵之间相关导线接触不良	① 清除异物 ② 拆下排水泵，清除锈斑，添加润滑剂 ③ 打开洗衣机后盖，取下加热器或波纹管，用镊子将小衣物取出 ④ 检查故障点，重新连接导线
不脱水	① 水位开关故障，不能复位进入脱水程序 ② 程控器触点未接通或接触不良 ③ 电动机损坏或相关连接导线松脱	① 检修或更换水位开关 ② 检修程控器，排除故障 ③ 检修或更换电动机，重新插紧接线

任务 9.2　吸尘器的拆装与维修

9.2.1　相关知识：吸尘器概述

1. 吸尘器的类型及特点

吸尘器的种类很多，分类方法也不尽相同，通常按吸尘器外形、使用功能和电气安全等级进行分类。

（1）按照外形分类：吸尘器可以分为立式、卧式和便携式等，立式与卧式吸尘器外形如图 9-39 所示。

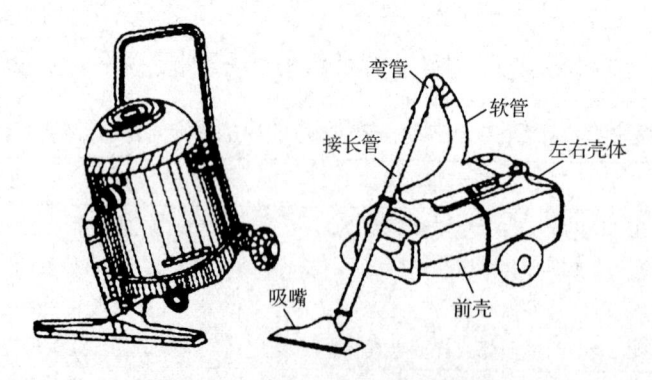

图 9-39　立式与卧式吸尘器外形

立式吸尘器外形为圆桶状，圆桶壳体内上半部安装着电动机和风机，下半部安装着集尘室与过滤装置。卧式吸尘器外形近似于圆锥体，前半部稍细，安装着集尘室与过滤装置，后半部稍粗，安装着电动机和风机。便携式吸尘器体积小、重量轻，可以拿在手中工作，但它的使用范围较窄。

（2）按照使用功能分类：吸尘器可以分为干式吸尘器、干湿两用吸尘器、旋转刷式地毯吸尘器和打蜡吸尘器等。

干式吸尘器不能吸水，干湿两用吸尘器可以吸肥皂水之类的多水性泡沫污物，常用于洗脸间、厨房等水分较多的地方。旋转刷式地毯吸尘器专门用于清洁地毯，它的底部装有特殊的刷子，可以一边刷一边将灰尘吸入吸尘器。打蜡吸尘器底部装有2个或3个高速旋转的刷子，在打蜡时将灰尘吸掉，它的吸力较小，主要以打蜡上光为主。

（3）按电气安全等级分类：吸尘器可以分为Ⅰ类吸尘器、Ⅱ类吸尘器、Ⅲ类吸尘器。

Ⅰ类吸尘器、Ⅱ类吸尘器的额定电压均在42V以上。Ⅰ类吸尘器一般只有基本绝缘，如果损坏则有触电危险，故其机壳的金属部分应可靠接地。Ⅱ类吸尘器采用双重绝缘，除基本绝缘外，还有一层保护绝缘，不用接地。Ⅲ类吸尘器的额定电压低于42V，设有安全隔离变压器或采用直流蓄电池供电，安全可靠，一般用于火车、汽车、船舶等。

吸尘器的规格是按其输入功率来划分的，统一规格有小于100W、100W、150W、200W、250W、400W、500W、600W、700W、800W及1000W以上的吸尘器，如立式吸尘器和卧式吸尘器的输入功率一般为400～1000W。

2. 吸尘器的主要技术指标

吸尘器的主要技术指标：输入功率、吸入功率、效率、真空度、噪声、绝缘电阻等。

1）输入功率

输入功率是指吸尘器稳定运转时的电功率，即在额定电压（交流220V）、额定频率（50Hz）、安装附件和进风道畅通的条件下，吸尘器稳定运转所需要的电功率，以W为单位。因为吸尘器运转时所需要的电功率随风量的增大而增大，所以上述条件下的电功率是吸尘器的最大输入功率。输入功率的允许偏差为±15%。

2）吸入功率

吸入功率是指吸尘器吸嘴处的空气流所具有的功率，如果不考虑各连接处的泄漏，则吸入功率就是风机的有效功率。

3）效率

吸尘器的效率：

$$\eta=(P_2/P_1)\times100\%$$

式中，η为吸尘器的效率（用百分数表示）；P_1为吸尘器的输入功率（W）；P_2为吸尘器的吸入功率（W）；P_1和P_2应为同一条件下的对应值。

4）真空度

真空度是指吸尘器正常稳定运转时，吸嘴处与外界大气之间的负压差，一般为8820～11760Pa。

5）噪声

吸尘器的噪声应不高于75dB，国际上的先进产品噪声控制在54dB以下。吸尘器的噪声主要来源于电动机，为了降低噪声，应选用高质量的电动机，并在吸尘器结构设计与制造时充分考虑吸音与隔音。

6) 绝缘电阻

使用 500V 的兆欧表，对吸尘器电气系统与机壳之间施加电压 1min 读取测量值，即绝缘电阻阻值，要求 I 类吸尘器的绝缘电阻阻值≥2MΩ，II 类吸尘器的绝缘电阻阻值≥5MΩ。

9.2.2 相关知识：吸尘器的基本结构

吸尘器主要由外壳体、吸尘部、电动机、风机、消声装置及附件等组成。立式吸尘器结构图如图 9-40 所示，其主轴垂直于地面安装，壳体分上、下两部分，上壳体主要用于安装电动机、风机、消音装置、出风口及电源开关等，顶部还设有手柄，灰尘指示器、阻塞保护阀等功能性机构也安装于上壳体；下壳体内主要安装吸尘部和轮子等，桶壁上设有吸入口。

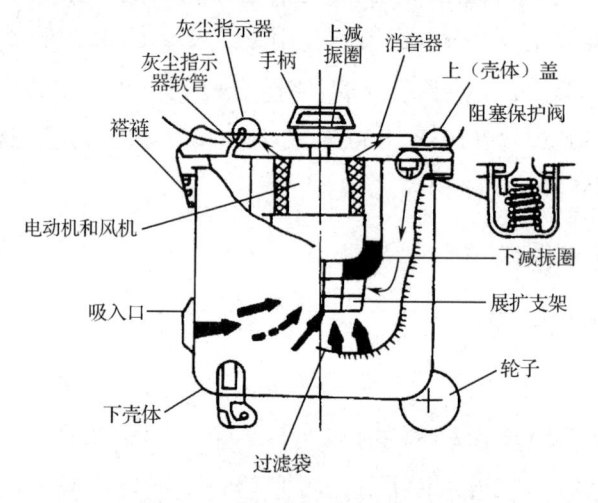

图 9-40 立式吸尘器结构图

卧式吸尘器电动机的主轴平行于地面安装，电动机、风机、过滤器及集尘室在壳体内沿水平方向顺序安装，如图 9-41 所示。

旋转刷式地毯吸尘器结构图如图 9-42 所示，其吸嘴固定连接在吸尘器的主体上，不能更换，吸嘴处装有能转动的毛刷，通过皮带转动，带动毛刷转动而将地毯或地板上的尘土吸走，其底座及立柱部分的角度可自由调节，以适应在各种场合下吸尘。

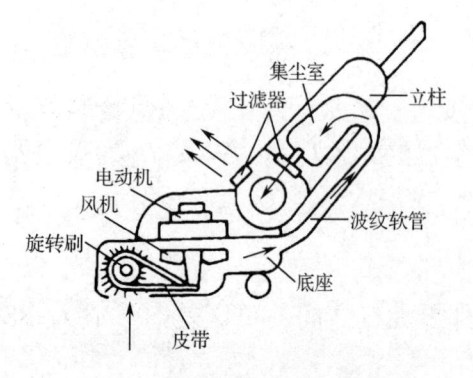

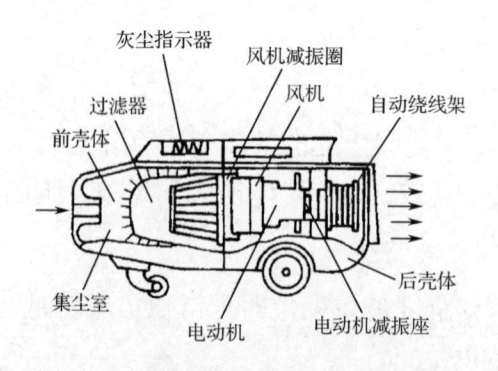

图 9-41 卧式吸尘器结构图　　图 9-42 旋转刷式地毯吸尘器结构图

吸尘器的壳体起支撑和装饰作用，一般用金属材料冲制而成或用塑料一次注塑成型，要求具有较高的机械强度，电源开关、灰尘指示器等部件安装在壳体外面，电动机和其他附件装在壳体里面，壳体一般由 2 部分或 3 部分接合而成，连接处缝隙较小，密封程度高，以便提高吸尘器的吸力。壳体上还设有吸风口与出风口。壳体下面留有几个滚轮，使吸尘器可以方便移动。

吸尘器的吸尘部由过滤器和集尘室（又称集尘箱、储灰箱）两部分组成。从外界吸进的灰尘和垃圾首先到达吸尘部，吸尘部吸进的高速气流通过过滤器滤出垃圾和灰尘后，变成清洁空气进入风机，而灰尘和垃圾则被收集在集尘室内。过滤器由过滤袋与展扩支架组成，过滤袋有 1 层或 2 层，2 层过滤袋的滤尘效果更佳；展扩支架的作用是吸尘时扩大过滤袋的有效面积，提高滤尘效果。当灰尘积集到一定量时，可以打开吸尘器壳体，将集尘箱取出，倒掉灰尘后重新装入即可。

吸尘器广泛采用串激整流子电动机，在工频电源下可获得高转速（20000r/min 以上）、大转矩。风机是吸尘器产生负压的部件，一般由叶轮、导轮和风罩等组成，具体结构如图 9-43 所示。风机的叶轮由电动机直接驱动，转速可达 20000～25000r/min，导轮静止固定在机壳上，当叶轮高速旋转时，叶轮中各部分空气也被带动一起旋转，此时叶轮中心处的空气，因受到离心力的作用被甩向叶轮的边缘，在叶轮中心处形成真空，于是吸入口附近的空气在压力差的作用下不断地流入，补充到叶轮中心处，这就使风机具备了吸入空气的能力。吸尘器一般在电动机后面及风机前面安装橡胶防振圈，以消除风机及整机振动所产生的噪声。

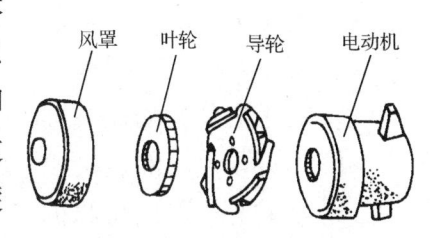

图 9-43 风机结构图

吸尘器的附件主要包括吸管和吸嘴，吸管有硬管和软管两种。硬管包括直管和弯管，一般由几段有一定锥度的管串接而成，它一端与软管相连，另一端与吸嘴相连，硬管上留有把手（手柄）和装有吸力调节装置。软管一端通过连接器与硬管相连，另一端与进气口相连，软管有一定的强度，能受压和弯曲。吸嘴是吸尘器的工作头，按清洁对象的不同，可分为平刷、圆刷、长形刷、扁吸嘴等形式。清洁面积大且平坦的地方用平刷；清洁衣物、门窗等小面积的地方用圆刷或长形刷等。

9.2.3 实践操作：吸尘器的拆装及主要零部件的检测

图 9-44 和图 9-45 分别为吸尘器前部零部件展开图和吸尘器后部零部件展开图。

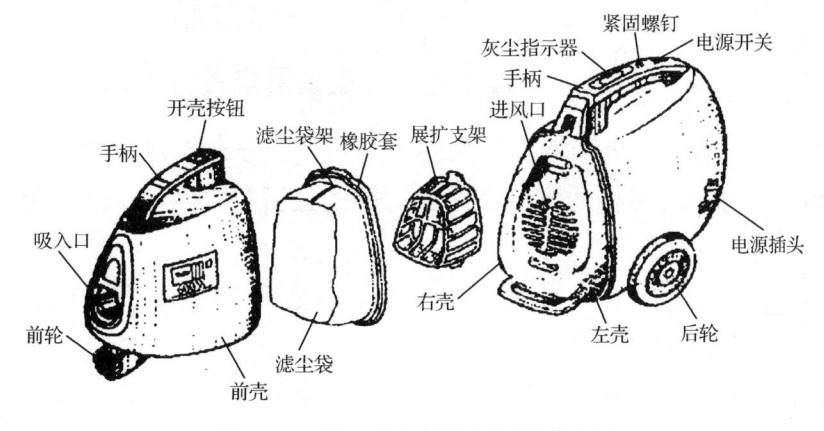

图 9-44 吸尘器前部零部件展开图

1. 吸尘器的拆装

（1）吸尘器前部的拆装步骤如下。

① 从吸尘器吸入口拔下接头。

② 将前部与后部分开。

③ 取出滤尘袋，倒出集尘箱中的积灰。

④ 清除滤尘袋上的灰尘。

⑤ 卸下展扩支架。

⑥ 按①～⑤的相反步骤安装吸尘器前部。

（2）吸尘器后部的拆装步骤如下。

① 旋下吸尘器后部手柄上的紧固螺钉，取下手柄盖。

② 旋下左右壳紧固螺钉，取下左壳。

③ 右手握住自动盘线机，左手握住风机和电动机，将两者分开。

④ 拆开电动机的连接线，取出电动机。

⑤ 从右壳中取出盘线机。

⑥ 从右壳中取出制动机构。

⑦ 卸下灰尘指示器。

⑧ 按与①～⑦相反的步骤安装吸尘器后部。

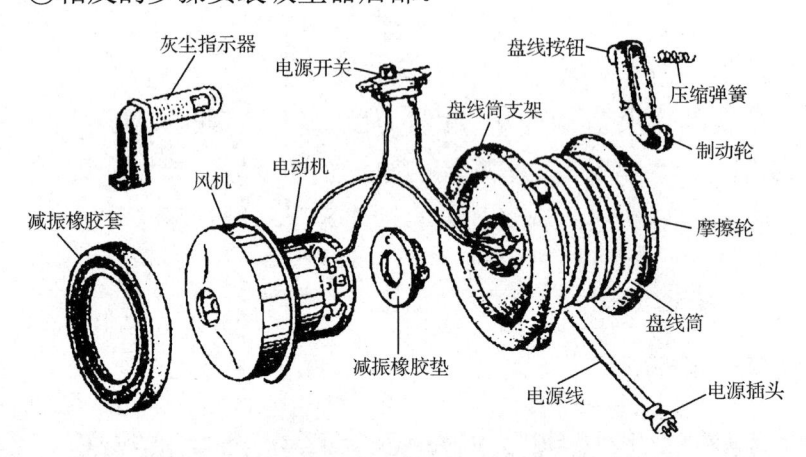

图 9-45 吸尘器后部零部件展开图

2. 电动机的检测

由于一般家用吸尘器的功率都在几百瓦以上，因此它的电动机直流电阻阻值较小，检测时应该用万用表的 R×1 挡，且检测前要先调零。电动机定子绕组两个线圈的直流电阻阻值是相同的，正常时均为几欧。如果测得的结果为∞，则说明存在断路故障；如果测得的结果为0，则说明存在短路现象。还可以通过比较两个线圈的直流电阻阻值，来判断某个线圈内部是否存在短路故障。

电枢绕组也可用万用表的 R×1 挡检测。换向器上每两片铜片之间的电阻阻值在正常情况下应该是相同的，功率为 600W 的吸尘器的阻值约为 0.7Ω。

如果检测结果证明电动机确有故障，则应拆开电动机进行修理。损坏严重无法修复的，应予以更换。经检修过的电动机，还要用 500V 兆欧表测量电动机的绝缘电阻阻值，绕组与外壳之间的绝缘电阻阻值应大于 2MΩ。

9.2.4 相关知识：吸尘器的工作原理及控制电路

吸尘器的控制电路的作用是控制电动机的通断。按吸尘器的功能，电动机有一速、二速及无级调速等类型。电动机转速通过开关及电子调速电路来实现。当吸尘器接通电源时，电动机直接驱动风机高速旋转，风机叶轮带动空气以极高的速度向机壳外排放，此时，在风机前面形成局部真空，使吸尘器内部与外界产生很高的负压差。在此负压差的作用下，位于吸嘴旁的含尘气体源源不断地补充到风机中去，通过吸嘴和管道，使充满灰尘和脏物的空气被吸入吸尘器的集尘室内，经过滤器过滤，使灰尘和脏物留在集尘室内，过滤后的清洁空气从风机、电动机的后部出气口排出，重新送入室内，达到吸尘的目的。

1. 开关控制的吸尘器电路

图 9-46 所示为单转速单开关的吸尘器电路图，开关闭合，电动机单速运转，吸尘器工作；开关断开，电动机断电、停转，吸尘器停止工作。由于电动机在换向时产生火花及电弧，因此电网电流和电压产生连续频谱的急剧振荡脉冲，并在空间以电磁波方式传播。因为会在无线电通信范围内产生干扰，所以一般在吸尘器电路中设有抑制无线电干扰的装置（滤波器），最简单的滤波器是在电动机上并联容量为 0.1～1μF 的电容器，将电动机产生的高频干扰信号滤除。

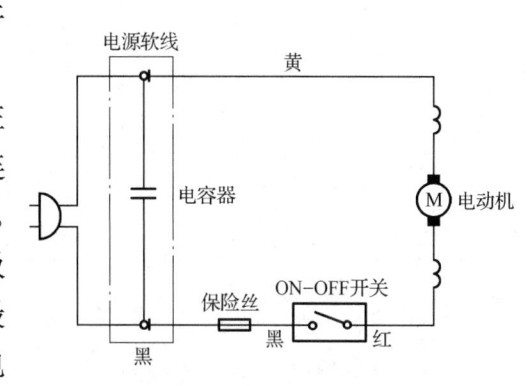

图 9-46 单转速单开关的吸尘器电路图

2. 充电式吸尘器电路

图 9-47 所示为充电式小型吸尘器的电路图。该类吸尘器具有充电器，充电时，变压器将交流电转换为低压交流电，低压交流电经限流电阻 R_1 和整流二极管 VD_1 整流成直流电，对电池充电。使用时，接通开关，吸尘器即工作，在图 9-47（b）中还具有充电指示灯 VD_2 和电动机转速（吸力）选择开关 S。在充电期间，充电电流有部分流过 VD_2，VD_2 点亮；充电快要结束时，充电回路中电流很小，VD_2 微亮；充电结束后，充电回路中无电流，VD_2 灭。当开关 S 的 2 接通时，电动机以全电压（4.8V）工作，转速高；当开关 S 的 1 接通时，4.8V 电压经 R_2 降压后加到电动机上，电动机转速低。

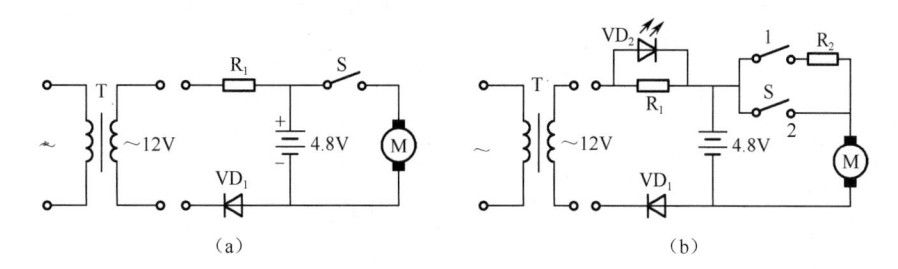

图 9-47 充电式小型吸尘器的电路图

3. 电子调速的吸尘器电路

电子调速的吸尘器电路一般由晶闸管等电子元器件组成，通过调整晶闸管的控制角，来改变施加到电动机上的平均电压,从而实现改变电动机的转速,达到调节吸尘器吸力的目的。

(1) 双速电子调速吸尘器的电路。

图 9-48 所示为双速电子调速吸尘器电路图。该吸尘器采用两挡调速,功率分别为 620W 和 400W,由开关 S 控制。当开关 S 的 2-1 接通时,双向晶闸管调速电路被短路,电动机 M 直接与 220V 交流电源接通,此时,电动机转速最高,吸力最强,功率达到 620W。当开关 S 的 2-3 接通时,双向晶闸管调速电路被接入,与电动机串联,交流 220V 经电感 L 和电阻 R_1 降压后,开始对电容器 C_2 充电,当 C_2 两端电压达到双向触发二极管 VD 的转折电压时,VD 导通,C_2 放电,使双向晶闸管控制极流过触发电流而被触发导通,电动机得电工作。由于受到双向晶闸管的作用,电动机两端的工作电压小于 220V,因此电动机转速下降,输出功率约为 400W。图 9-48 中 L 和 C_1 组成滤波电路,用来抑制电动机产生的电磁干扰。

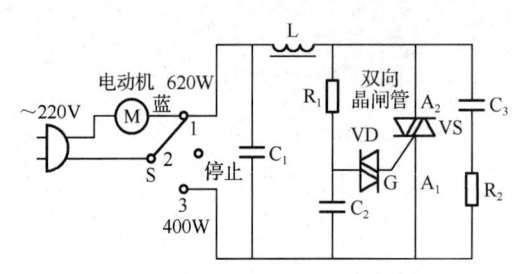

图 9-48 双速电子调速吸尘器电路图

(2) 无级调速的吸尘器电路。

图 9-49 所示为无级调速的吸尘器电路图。该电路以 IC(LM555)为核心,与外围电路组成脉冲触发器。220V 交流电源电压经电源变压器 T_1 降压和 $VD_2 \sim VD_5$ 组成的桥式整流电路整流后,形成与电源保持同步的单向脉动电源。这一单向脉动电源一路经二极管 VD_1 隔离、电容 C_1 滤波后为 IC 提供直流工作电压;另一路经电阻 R_2、R_3 分压后为 IC 的触发端第 2 脚 TR 端提供外触发同步信号。IC 接成外触发单稳工作模式。

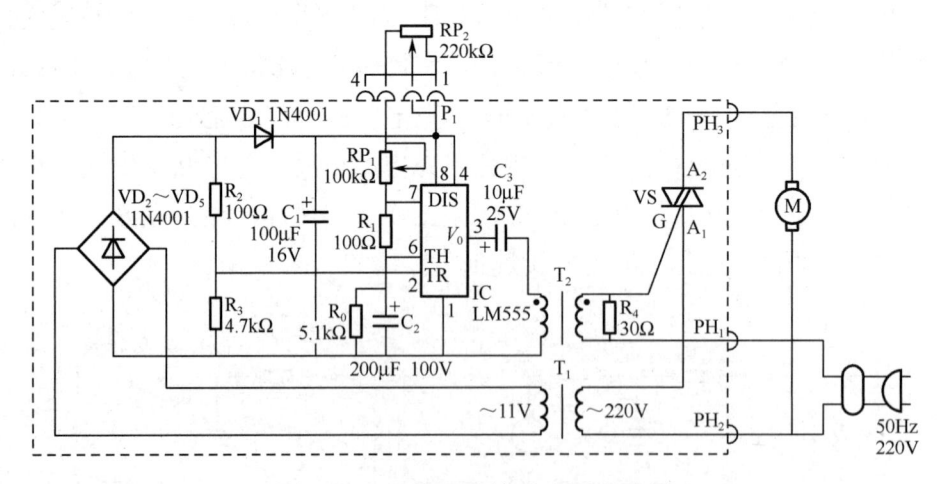

图 9-49 无级调速的吸尘器电路图

当 IC 的第 2 脚信号电压下滑到等于 $1/3V_{CC}$ 时,IC 内触发器翻转,IC 输出端第 3 脚 V_0 上跳为高电平,IC 放电端第 7 脚截止开路,RC 定时电路工作,电源经调速电位器 RP_2(安装在操作手柄上),微调电阻 RP_1,电阻 R_1 对定时电容 C_2 进行充电。经过一段时间后,当电容 C_2 上充电电压达到 IC 第 6 脚 TH 端阈值电平($2/3V_{CC}$)时,IC 触发器翻转,输出端 V_0

由高电平下跳为低电平，这个下跳负脉冲经电容器 C_3、脉冲变压器 T_2 为双向晶闸管 VS 输入一个触发电流而使其导通；与此同时，IC 放电端对地短路，定时电容 C_2 上的电荷经电阻 R_1、IC 放电端第 7 脚对地形成放电回路，将 C_2 上的电荷放掉，为下一次充电工作做准备。

当下半周 IC 第 2 脚的信号电压又下降到 $1/3V_{CC}$ 时，IC 内触发器又翻转，工作过程与上述过程相同。定时电容 C_2 每次充电的起始时间是由 IC 触发端第 2 脚电平控制的，并且与电源电压保持同步，这样晶闸管的导通角也保持同步，其波形如图 9-50 所示。

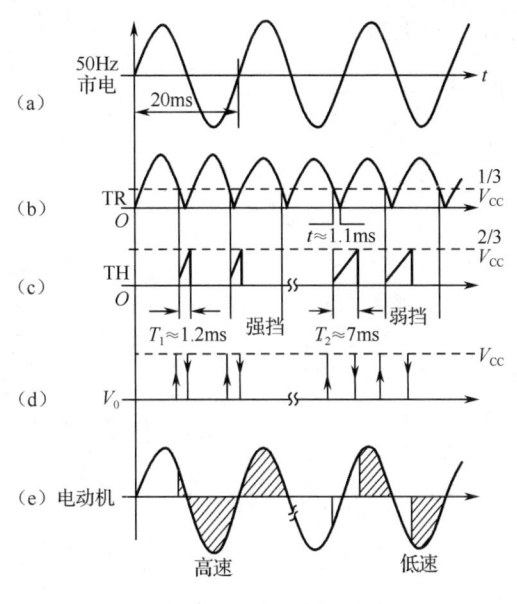

图 9-50 电压波形图

当调节操作手柄上的强弱开关时，即改变 RP_2 的阻值，也就改变了电容 C_2 充电到 IC 阈值电平所需的时间。当 RP_2 为最小值时（相当于强挡位置），由 RP_2、RP_1、R_1、C_2 所组成的定时电路定时时间约为 1.2ms；当 RP_2 为最大值时（相当于弱挡位置），定时时间约为 7ms，由图 9-50 可见，改变 RP_2 即改变了晶闸管的导通角，从而使吸尘器电动机转速在一定范围内实现无级调速。

9.2.5 实践操作：吸尘器的使用与保养

（1）在使用吸尘器前，应仔细阅读使用说明书，了解各操作部件的用途及使用方法。

（2）吸尘器的连续工作时间应不超过使用说明书规定的时间，以免机身发热及电刷磨损等影响吸尘器的寿命。

（3）使用时不要用吸尘器吸取正在燃烧的灰烬、金属粉屑和带电物质上的灰尘等，以免损坏吸尘器内的部件。

（4）每次使用完毕，应及时清除内部的灰尘杂物，使集尘室和过滤器保持清洁。同时应及时把电源线卷回，放置到干燥且凉爽的地方，不要受潮、受压。

（5）在清洁吸尘器外壳时，可用软布蘸肥皂水擦洗，不可用汽油、苯之类的有机溶剂擦洗，以免塑料褪色、变色，甚至出现破裂。当擦洗外壳时，还应注意，不要使开关等电气部件受潮，以免造成短路或漏电。

（6）维护保养好电动机是延长吸尘器寿命的关键，维护保养电动机的根本要求是务必保持通风系统畅通。

9.2.6 实践操作：吸尘器的常见故障分析及维修方法

吸尘器的常见故障分析及维修方法如表 9-4 所示。

表 9-4 吸尘器的常见故障分析及维修方法

常见故障	产 生 原 因	维 修 方 法
合上开关，电动机不转动	① 电源插头与插座接触不良 ② 保险丝烧断或电源线断 ③ 开关接触不良 ④ 电动机整流子与碳刷严重磨损或烧毁 ⑤ 电动机绕组断路、短路 ⑥ 电动机轴承严重磨损 ⑦ 卷线器触点失灵	① 重新插好插头，保持接触良好 ② 更换同规格保险丝，检查断线处并连接好 ③ 检修或更换开关 ④ 更换碳刷 ⑤ 检修或更换电动机 ⑥ 更换轴承 ⑦ 修整弹簧触片，保证接触良好
电动机能转动，但吸力不足	① 吸尘器的集尘箱灰尘、垃圾过多 ② 软管、吸嘴或过滤袋、出风口堵塞 ③ 吸尘部分与电动机部分之间密封不良 ④ 电动机转速低 ⑤ 吸尘转刷刷毛严重磨损	① 清理灰尘、垃圾 ② 清除堵塞异物，使通道畅通 ③ 检修或更换橡胶密封圈 ④ 检修或更换电动机 ⑤ 调节转刷的位置或更换转刷
吸尘器过热	① 连续使用时间太久 ② 吸尘器风路系统（包括吸嘴、软管、过滤器、出风口等）堵塞 ③ 轴承缺油或严重磨损 ④ 碳刷或整流子磨损 ⑤ 电动机绕组短路	① 停机休息 ② 清除堵塞异物，使风路通畅 ③ 清洗加油或更换轴承 ④ 更换碳刷，修磨整流子 ⑤ 修理或更换电动机
运转时噪声过大	① 轴承缺油或严重损坏 ② 风叶变形或移位 ③ 碳刷与整流子接触不良 ④ 紧固件松动	① 清洗加油或更换轴承 ② 更换叶轮或调整位置 ③ 更换碳刷，使其接触良好 ④ 重新进行紧固
漏电	① 电动机绝缘失效 ② 带电部分与金属壳体相碰 ③ 吸尘器受潮严重	① 更换电动机绕组 ② 移开接触部分并加强绝缘 ③ 干燥吸尘器

小结

（1）洗衣机是利用机械作用代替手工劳动来洗涤衣物的，是现代家庭中不可缺少的一种家用电动清洁器具。

（2）洗衣机一般按照自动化程度、洗涤方式和结构形式分类。洗衣机的规格是指一次能洗涤干衣物的最大质量。

（3）水、洗涤剂和机械力是洗涤三要素。

（4）普通波轮式双桶洗衣机主要由箱体、洗涤桶、脱水桶、波轮、传动机构、电动机、定时器，以及进、排水系统等部分构成。

（5）全自动洗衣机能自动完成进水、洗涤、漂洗、排水、脱水等一系列洗衣过程。但因其功能繁多，在初次使用时必须详细阅读使用说明书。

（6）波轮式全自动洗衣机主要由机械支承系统、洗涤脱水系统、传动系统、电气控制系统和进水、排水系统等组成。

（7）波轮式全自动洗衣机的洗涤和脱水在同一个桶内进行，离合器是关键部件，其电气控制系统的核心部件是机电式或微型计算机式程控器。

（8）滚筒式全自动洗衣机从整体上可分为洗涤部分、传动部分、操作部分、支承部分、给排水系统和电气部分。

（9）吸尘器利用电动机高速旋转产生真空的原理来达到吸尘的目的，是现代家庭、酒店等场所广泛使用的一种电动器具。

（10）吸尘器通常按其外形、使用功能等进行分类，吸尘器的规格是按其输入功率来划分的。

（11）吸尘器主要由壳体、吸尘部、电动机、风机、消音装置及附件等组成。

思考与练习题

1．填空题

（1）洗衣机的发展十分迅速，发展的趋势是向_____、_____方向发展；向_____、_____和_____方向发展；向_____、_____和_____方向发展；向_____的静音化方向发展；向_____全自动洗衣机方向发展。

（2）洗衣机按照结构形式分类，可以分为_____、_____、_____、_____、_____洗衣机等。

（3）洗衣机中的波轮轴总成是支撑_____、传递_____的关键部件，其质量的好坏将直接影响洗衣机的_____、_____、_____及洗衣机的寿命。波轮轴总成由_____、_____、_____等构成。

（4）普通双桶波轮式洗衣机的洗涤控制电路主要包括_____、_____、_____及_____等，其中_____用来控制电动机按规定时间运转。同时，按规定的时间把_____与_____的两个绕组轮流串接以改变电动机的____方向。

（5）普通双桶波轮式洗衣机的脱水控制电路由_____、_____、_____等组成。由于脱水内桶只_____转动，所以脱水定时器只有_____。

（6）全自动洗衣机依据程控器的种类可分为_____程控器全自动洗衣机和_____程控器全自动洗衣机两种。无论哪种类型的电气控制系统，它们控制的_____都是一样的，即_____、_____和_____；它们的_____也是一样的，即_____开关和_____开关。

（7）虽然滚筒式全自动洗衣机的型号很多，但其基本结构大致相同，其结构从整体上可分为_____、_____、_____、_____、_____和_____。

（8）电动吸尘器是利用_____原理，将_____从地面、地毯、家具，甚至织物上吸除干净，它具有_____、_____、使用_____、_____和高效的特点。

2．简答题

（1）洗衣机有哪些类型？

（2）波轮式双桶洗衣机由哪些主要部分构成？
（3）洗衣机中的洗涤电动机有什么突出特点？
（4）波轮轴总成中密封圈的作用是什么？
（5）波轮由什么材料制成？波轮的作用是什么？
（6）怎样检修洗衣机的漏水故障？
（7）波轮式全自动洗衣机有哪些类型？
（8）波轮式全自动洗衣机主要由哪些系统组成？各系统主要包括哪些部件？
（9）减速离合器的作用是什么？
（10）弹性支承结构的作用是什么？
（11）进水电磁阀的作用是什么？主要由哪些部件构成？
（12）水位开关的作用是什么？主要由哪些部件构成？
（13）排水电磁阀的工作原理是怎样的？
（14）安全开关的作用是什么？
（15）全自动洗衣机采用的电动机主要由哪些部件构成？
（16）程控器有哪些类型？各有什么特点？
（17）吸尘器有哪些类型？各有什么特点？
（18）吸尘器由哪些主要部分构成？
（19）吸尘器的主要技术指标有哪些？
（20）简述吸尘器的工作原理。

项目 10 厨房用电动器具的拆装与维修

学习目标
1. 理解厨房用电动器具的类型和结构。
2. 学会厨房用电动器具的拆装及主要零部件的检测。
3. 掌握厨房用电动器具的工作原理、常见故障分析及维修方法。
4. 理解大国工匠、高技能人才作为国家战略人才的重大意义。

随着人们生活水平不断提高,现代家庭厨房用电动器具也越来越多。常用的厨房用电动器具有抽油烟机、多功能食品加工机和全自动豆浆机等。

任务 10.1 抽油烟机的拆装与维修

抽油烟机是专供厨房使用的电动器具。它能迅速有效地排除厨房由于烹饪产生的油烟和有害气体,保持厨房的清洁卫生和空气清新,因此深受人们的欢迎,普及率较高。

10.1.1 相关知识:抽油烟机的类型与特点

(1)抽油烟机按照集油罩的深浅分为深形罩抽油烟机和浅形罩抽油烟机两种,深形罩抽油烟机便于集油烟,油烟易被排出室外,但价格较贵。

(2)抽油烟机按照控制方式可分为普通型抽油烟机和全自动型抽油烟机两种。全自动型抽油烟机具有油烟、煤气等气体传感器(气敏元件),当空气中的油烟或煤气的浓度达到一定值时,抽油烟机自动启动并及时排出这些气体。

(3)抽油烟机按照吸气孔数可分为单孔抽油烟机和双孔抽油烟机。由于家庭中使用灶台有两个灶头,因此使用双孔抽油烟机的家庭较多。

10.1.2 相关知识:抽油烟机的基本结构

抽油烟机主要由风机系统、滤油装置、控制系统、外壳、照明灯、排烟管等组成,基本结构如图 10-1 所示。

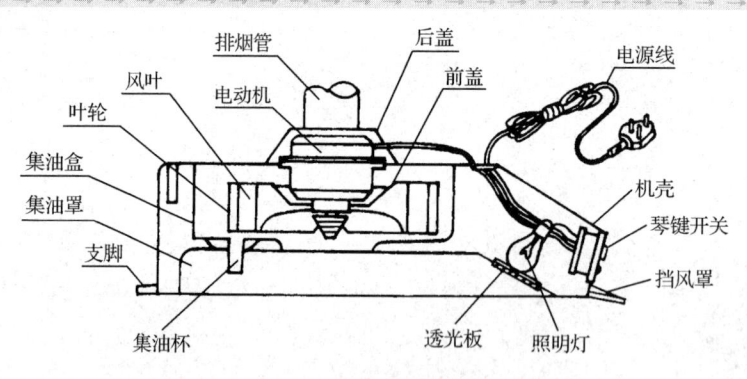

图 10-1 抽油烟机的基本结构

抽油烟机的风机系统主要由电动机、风叶、导风框等组成。电动机是抽油烟机的主要部件，是抽油烟机的动力源，通常均采用电容运转型单相异步电动机，功率为 30～100W。抽油烟机的风叶大都采用离心式风叶，即利用离心式抽气扇将油烟吸进，滤除油污成分再经过排烟管排出室外。电动机与风叶性能决定抽油烟机排烟效果。

抽油烟机的滤油装置由集油盒、排油管和集油杯组成。抽油烟机将吸入的油烟经分离后，其中油污成分被甩向集油盒，顺着排油管流入集油杯。

抽油烟机的控制系统一般由四至五挡琴键开关连接有关元件构成，可进行高速、低速、停止及照明控制，或者进行左、右、自动、停止、照明控制等。

10.1.3 实践操作：抽油烟机的拆装及主要零部件的检测

1. 抽油烟机的拆卸

抽油烟机的结构分解图如图 10-2 所示。

（1）拆下钢网护罩，将钢网护罩从集油罩吸烟孔的扣卡中卸下来。

（2）卸下出风孔中的回止阀隔板，从出风孔的装配槽口中抽出即可。

（3）拆卸集油罩，用螺丝刀旋下集油罩与框架的紧固螺钉，取下集油罩，并拆下盘式吸油密封圈。

（4）拆卸抽油烟机上盖板。旋下上盖板与支架的紧固螺钉，取出上盖板。

（5）拆卸电动机及风机。旋下电动机与支架的紧固螺钉，取出电动机，再从电动机上卸下风机。

（6）拆卸控制电路，将印制电路板保护盒与框架的紧固螺钉旋下，取出印制电路板。

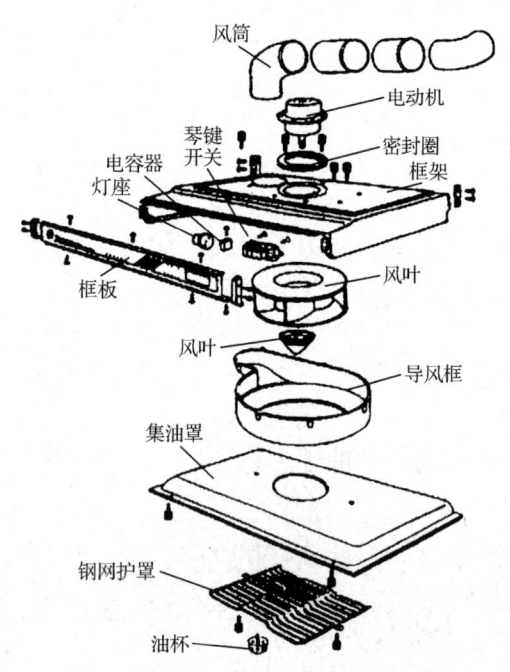

图 10-2 抽油烟机的结构分解图

2. 抽油烟机主要零部件的检测

1）电动机的检测

抽油烟机使用的一般都是电容式电动机。主绕组线径粗，阻值较小，一般不到 100Ω；而副绕组线径细，阻值较大，一般超过 100Ω。电动机有三根引出线，用万用表测量其中任意两根引线之间的直流电阻都有一定的阻值。如果测量时发现有两根引线间的阻值为∞，则可以确定绕组内部一定已经断路。用万用表的 R×1 挡或 R×10 挡测量电动机引线间的阻值，如果为 0 或阻值明显减小，则说明该绕组内部已出现短路。检查电动机外壳带电，可先用万用表的电阻挡（R×10k）粗测。如果绕组引线与外壳间阻值为 0，则说明绕组已接地。如果测得阻值为几百千欧，则说明绝缘不良。为准确判断，可用兆欧表进行进一步检查。当绝缘电阻阻值小于 3MΩ 时，表明绕组受潮，需要进行干燥处理。

2）电容器的检测

检测时，用万用表的直流电阻挡（R×1k 挡）。如果正常，则在测量时应看到万用表的指针先按顺时针（向右）转过一个角度，再逐渐按逆时针（向左）摆回原点。如果万用表指针摆到最右端后不再逆时针返回，则说明电容器内的电介质已被击穿。如果指针一开始便不动，始终指在"∞"处，则表明电容器开路。如果指针虽能逆时针返回，但回不到"∞"处，而是停在中间某个位置，则说明电容器漏电，指针所指的位置便是漏电电阻阻值。电容器出现击穿、开路或漏电等故障后，都只能被更换。

3）琴键开关的检测

检查琴键开关好坏可用万用表进行。就琴键开关而言，某个键杆被按下后，对应的触点闭合，直流电阻阻值为 0。因各键杆之间的互锁作用，其他触点均应被断开，直流电阻阻值为∞。键杆弹起后，触点断开，直流电阻阻值为∞。对开关机械机构的检查可用操作法进行，打开外壳后，可通过观察在转换时其内部零件的动态表现，来确定故障的确切部位。

3．抽油烟机的组装

按拆卸相反的顺序进行抽油烟机的组装。

10.1.4　相关知识：抽油烟机的工作原理

1．普通型抽油烟机

普通型抽油烟机的控制电路如图 10-3 所示。使用时，将电源插入 220V 市电插座，按下左键或右键，左风道电动机或右风道电动机运转，电动机带动离心式叶轮以 1300r/min 左右的速度高速旋转，造成进气口内的空气压力大于排气口外的空气压力，迫使排气口内的空气向排气口外流动。这样，含有油烟的空气不断被吸入进气口，在风叶轮离心力的作用下，将油烟污甩在风道的内侧壁上（集油盒内），顺着内壁流入排油管进入集油杯，而其余气体则从排气口进入排烟管被排出室外。当按下双风道按键时，左右风道电动机同时运转抽油烟机；当按下 S 的照明灯按键时，照明灯亮；当按下停止按键时，各按键自动复位，整机停止工作，照明灯熄灭。有些抽油烟机的照明灯不受停止键控制。

2．监控式自动抽油烟机

监控式自动抽油烟机的控制电路如图 10-4 所示，它是在普通型抽油烟机的基础上，增加了气敏监控电路和报警元件的监控器。使用时，按下自动按键，进入自动监控状态，当室内的烟雾或可燃性气体（如煤气、液化气等）的浓度达到一定量时，抽油烟机就会自动启动，将这些气体排出，同时发出声光报警。当室内空气中烟雾或有害气体的浓度低于一定值时，抽油烟机工作几分钟便自动停止工作，恢复监控状态。

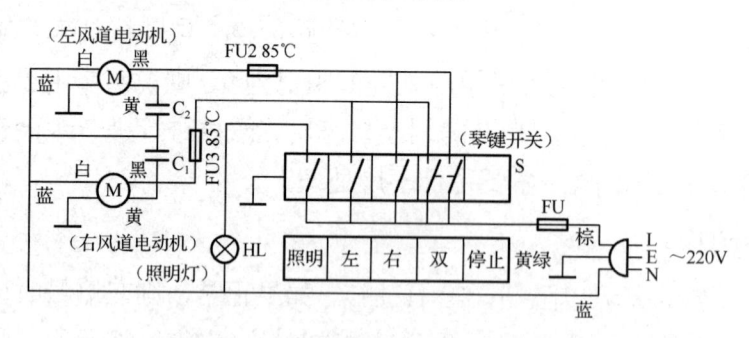

图 10-3 普通型抽油烟机的控制电路

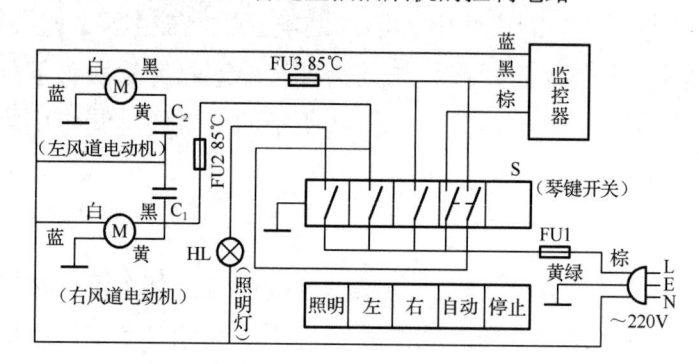

图 10-4 监控式自动抽油烟机的控制电路

常用的气敏监控电路如图 10-5 所示，该电路主要由气敏传感器（气敏电阻）QM 和四运放比较器 LM324 组成。IC_1 构成气敏检测控制电路，IC_2 构成报警控制电路，IC_3 构成误动作限制电路，IC_4 构成排烟延时电路。当抽油烟机的自动按键被按下后，监控电路接通电源，绿色发光管 LED_1 亮，1～3min 后自动投入有害气体监控工作。当有害气体浓度超过安全标准时，红色发光管 LED_2 亮，讯响器发出报警声，同时继电器触点 Kr 闭合，通过面板上的自动控制开关，启动左、右风道电动机，将有害气体排出。当有害气体浓度降到一定程度后，工作几分钟自动恢复到原先的监控状态。控制电路各部分的工作原理如下。

1）气敏检测控制电路

QM 是气敏电阻，工作时，引脚 f～f'的热丝通有电流，此时其输出端 F 的电压将随环境空气中的油烟及有害气体的浓度而变化。浓度越高 U_F 越大。正常时，$U_F≈4.5V$，IC_3 输出低电平，通过调节灵敏度电位器 RP 使 $U_A<U_B$，此时 IC_1 输出低电平，LED_1（绿）被点亮，LED_2（红）熄灭，与此同时 IC_2 输出低电平，讯响器不工作，IC_4 也输出低电平，三极管 VT 截止，继电器断电，触点 Kr 断开，电动机不运转。当有害气体浓度达到一定值时，即 U_F 升高到某一值时，使 $U_A>U_B$，IC_1 输出高电平，LED_1 灭，LED_2 亮，IC_2 输出高电平，讯响器报警，同时 IC_1 输出高电平经 VD_3 向 C_3 充电，当 C_3 的电压升到一定值时，IC_4 状态翻转，输出高电平，三极管 VT 导通，继电器工作，触点 Kr 吸合，启动左、右风道电动机进行排烟。

2）排烟延时电路

当室内烟雾浓度降到一定值时，使得 $U_A<U_B$，IC_1 又转为低电平，此时 VD_3 截止，C_3 上所充的电压只能经过 R_9（2.7MΩ）缓慢放电，使 IC_4 输出高电平的时间延长，抽油烟机将继续运转一段时间，直到 IC_4 状态翻转为止。

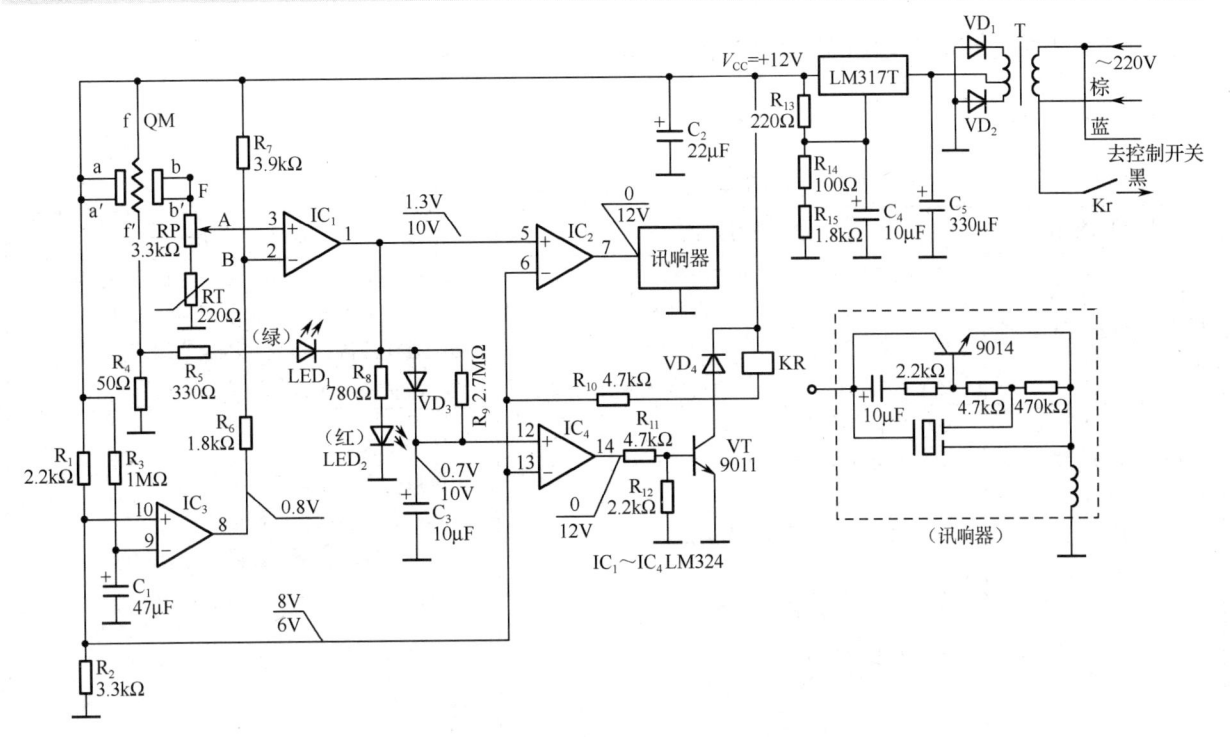

图 10-5　常用的气敏监控电路

3）误动作限制电路

由于刚接通电源时，电路存在过渡过程，IC_1 可能瞬间出现高电平输出，误使电动机运转。为防止误动作，在 IC_3 的反相输入端接有大容量 C_1 和电阻 R_3，在通电瞬间，C_1 上的电压不能突变，IC_3 输出高电平，迫使 $U_A<U_B$，IC_1 输出低电平，直到过渡过程结束电路达到稳态为止，此时，C_1 已被充电，IC_3 输出低电平，A 和 B 间恢复了正常的电压关系，IC_1 进入正常工作状态。

10.1.5　实践操作：抽油烟机的安装与常见故障分析及维修方法

1. 抽油烟机安装的注意事项

1）安装的位置

抽油烟机安装的位置应尽可能接近室外，以利于缩短排烟管的有效长度，且要求折弯次数尽可能少，以减小排烟阻力。应尽量避免抽油烟机的周围门窗过多，否则会产生很多空气对流，影响抽油烟效果。

2）安装的高度

应将抽油烟机安装在离灶具上方 650～750mm，若安装得过高，则势必影响排烟效果，甚至抽不出油烟。

3）安装的倾斜角

安装时应使抽油烟机机体的前端向后倾斜，倾角一般在 5°～7° 为宜，这样才能使分离后的油污流入集油杯中。

2. 抽油烟机的常见故障分析及维修方法

抽油烟机的常见故障分析及维修方法如表 10-1 所示。

表 10-1 抽油烟机的常见故障分析及维修方法

常见故障	产生原因	维修方法
按下琴键开关，风机不转，整机无任何反应	① 电源插头与插座接触不良 ② 琴键开关损坏或触点接触不良 ③ 保险丝烧断 ④ 电动机定子绕组引线开路或绕组烧毁	① 检修插头与插座，或更换插头与插座 ② 打开集油罩，检修或更换琴键开关 ③ 查明原因，换同规格保险丝 ④ 将引线焊牢，修理或更换绕组
按下琴键开关，风机不转，但电动机有"嗡嗡"声	① 轴承损坏或磨损，导致转子、定子相碰 ② 启动电容开路失效 ③ 定子绕组损坏 ④ 叶轮轴套紧固螺钉松动，叶轮脱出与机壳相碰卡死	① 更换轴承 ② 换同型号电容器 ③ 修理或更换定子绕组 ④ 调整叶轮位置，将螺钉重新拧紧
电动机时转时不转	① 电源线折断或电源插头与插座接触不良 ② 琴键开关接触不良 ③ 机内连接导线焊接不良 ④ 电容器引线焊接不牢	① 检修或更换 ② 检修或更换琴键开关 ③ 重新焊牢 ④ 重新焊牢
电动机转速变慢	① 电容器容量减小 ② 定子绕组匝间短路	① 换同型号电容器 ② 检修或更换定子绕组
工作时噪声大	① 轴套紧固螺钉松动，叶轮脱出与机壳相碰 ② 叶轮严重变形 ③ 叶轮装配不良，与顶壳相碰	① 调整叶轮位置，将紧固螺钉拧紧 ② 调校变形量，使之恢复原状 ③ 正确安装叶轮
排烟效果差	① 抽油烟机与灶具距离过高 ② 排气管太长，拐弯过多 ③ 出烟口方向选择不当或有障碍物阻挡 ④ 排气管道接口严重漏气 ⑤ 集油盒封条破损	① 重新调整高度 ② 正确安装排气管 ③ 改变位置，清除障碍物 ④ 密封好排气管道 ⑤ 更换粘牢
监控失灵	① 监控电路有故障 ② 监控电路至气敏头之间连接导线脱落 ③ 气敏头污垢太多或损坏	① 找出故障点，修理或更换 ② 重新焊牢连接导线 ③ 清洗或更换气敏头
漏油	① 排油管破损或脱离 ② 集油盒封条破损 ③ 集油杯安装不良	① 更换或将脱离端重新插牢 ② 更换粘牢 ③ 重新装好集油杯

任务 10.2 多功能食品加工机的拆装与维修

家用多功能食品加工机，也称多功能搅拌机或多功能食品处理机，它是一种集绞肉、碾磨粉碎、打浆榨汁、混合搅拌于一体的现代家庭理想厨具，具有造型美观、功能多、使用方便、节能省力等优点。

10.2.1 相关知识：多功能食品加工机的分类

多功能食品加工机按其结构大致可分为台式、座式和手提式三种。本节将重点介绍家庭常用的台式、座式多功能食品加工机的结构原理与常见故障的维修方法。

10.2.2 相关知识：多功能食品加工机的基本结构

1. 家用台式多功能食品加工机外形及基本结构

家用台式多功能食品加工机主要由电动机、皮带传动系统、调速选择开关、刀轴总成、组合刀具和壳体等构成，其外形及结构如图 10-6 所示。

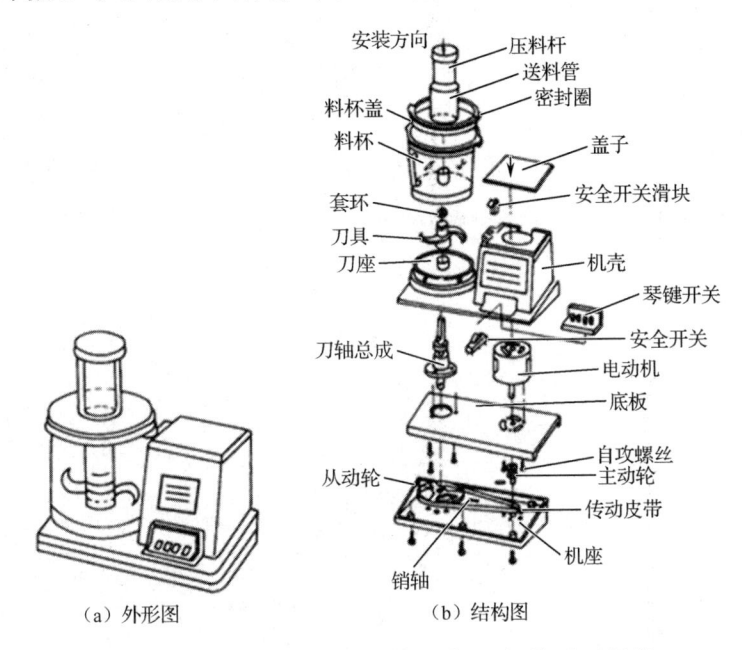

图 10-6 家用台式多功能食品加工机外形及结构

1）电动机

电动机是多功能食品加工机的核心部件，一般采用单相串激式电动机，其特点是定子绕组通过电刷换向与电枢绕组串联起来，因而具有体积小、启动转矩大、转速高（一般为 8000～16000r/min）、调速方便等特点。

2）皮带传动系统

皮带传动系统采用一级皮带减速，由主动轮、从动轮和传动皮带组成，皮带由聚酯塑料与化学纤维制成。

3）调速选择开关

调速选择开关由琴键开关组成，各挡互锁。琴键开关具有四挡：高速挡、中速挡、低速挡和点动挡。点动挡是指手按着该挡键，电动机才旋转，手松开则电动机停转。

4）刀轴总成

刀轴总成由轴承座、上下含油轴承和不锈钢刀轴组成。组装后，轴承座安装在底板上，刀轴下端与从动轮用销轴锁紧在一起。

5）组合刀具

组合刀具主要有切片刀、绞刀、细方丝刀、粗方丝刀和圆丝刀等。使用时应根据食物的性质和加工需要分别选用刀具。

6）壳体

壳体包括底座、底板和外壳，外壳采用工程塑料注塑而成，底板（钢板）上安装单相串激式电动机与刀轴总成。

2. 家用座式多功能食品加工机的基本结构

典型的家用座式多功能食品加工机结构如图10-7所示，主要由电动机、轻触开关、碾磨盒、搅拌杯、底座和外壳等组成。电动机也采用单相串激式。碾磨盒由碾磨盖、碾磨盒体和碾磨刀构成，碾磨刀为一字形结构，采用不锈钢冲压而成，具有一定的硬度和锋利度，它与人字形轴共同被铸为一体，适用于干类食物的碾磨。搅拌杯主要由搅拌杯盖、搅拌杯体、搅拌刀和橡胶传动套等组成，使用时，将搅拌杯三爪插脚插入碾磨盒内，同时使橡胶传动套底部人字形槽对准人字形轴，将搅拌杯逆时针旋入碾磨盒，放好食品，盖好杯盖，即可通电搅拌。

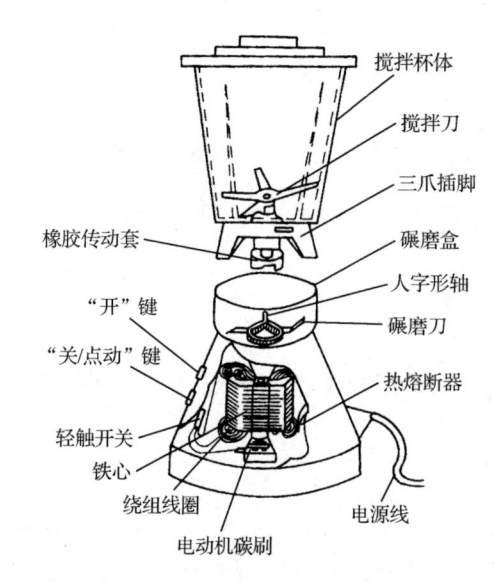

图10-7 典型的家用座式多功能食品加工机结构

10.2.3 实践操作：多功能食品加工机的拆装及主要零部件的检测

1. 多功能食品加工机的拆装

多功能食品加工机的拆装分解图如图10-6（b）所示。

（1）逆时针旋下料杯盖，向上拔出刀具。

（2）逆时针旋动料杯后向上取下料杯。

（3）旋下机座下面的紧固螺钉，取下机座。

（4）用手拨动传动皮带，卸下传动皮带。

（5）旋下刀轴底部的紧固螺母，卸下从动轮，向上拔出刀轴。

（6）旋下底板上的紧固螺钉，取下底板。

（7）旋下底板上固定电动机的紧固螺钉，卸下电动机。

（8）旋下固定琴键开关的紧固螺钉，拆下琴键开关。

（9）如果需要检测电动机或琴键开关，则应将电路连接导线拆下。

（10）进行检测后，按与（1）～（9）相反的步骤装配好多功能食品加工机。

2．电动机的检测

台式多功能食品加工机普遍采用转速高、启动力矩大的串励电动机，功率一般为200～300W。在传动皮带卸下后，可用手拨动小传动轮，检查电动机转动是否灵活。如果明显存在阻滞，则应拆开电动机外壳后进行进一步检查或更换。

励磁绕组和电枢绕组的直流电阻阻值较小，检测时应该用万用表的R×1挡，且检测前要先调零。电动机定子绕组两个线圈的直流电阻阻值是相同的，正常时均为十几欧。如果测得结果为∞，则说明存在断路故障；如果测得结果为0，则有短路现象。还可以通过比较两个线圈的阻值，来判断某个线圈内部是否存在短路故障。电枢绕组也可用万用电表的R×1挡检测。换向器上两相邻铜片之间的电阻阻值在正常情况下应该是相同的，阻值约为几欧。如果有一组阻值与其他各组阻值相差很大，则说明该组绕组已损坏，应更换或重新绕组。

检测结果证明电动机确有故障，应拆开电动机进行修理。损坏严重无法修理的，应予以更换。经检修过的电动机，还要用500V兆欧表测量电动机的绝缘电阻阻值，绕组与外壳之间的绝缘电阻阻值应大于2MΩ。

10.2.4 相关知识：多功能食品加工机的工作原理

1．家用台式多功能食品加工机的工作原理

多功能食品加工机的控制电路如图10-8所示。

多功能食品加工机采用双重保护机构，其中安全开关S_2只有在料杯和杯盖放好、放正后才能被接通，否则将不能通电。热保护开关S串接于电动机的绕组中，当工作时间过长或负载过重造成绕组温度超过115℃时，热保护开关断开，自动切断电源，保护电动机不致烧毁，待绕组温度降至45℃以下时，该开关自动复位，电路接通。使用时，将料杯放好，杯盖旋紧（S_2闭合），按下琴键开关S_1的高速挡（点动挡），刀具以高速旋转切削、搅拌食物；当按下中速挡时，单相串激式电动机通过整流二极管进行半波整流降压供电，电动机转速降低，刀具以中速旋转；当按下低速挡时，电源经二极管半波整流后，又经降压电阻降压，使得电动机供电电压更低，因此电动机转速最低，刀具以低速旋转切削、搅拌食物。

2．家用座式多功能食品加工机的工作原理

座式多功能食品加工机的原理图如图10-9所示。

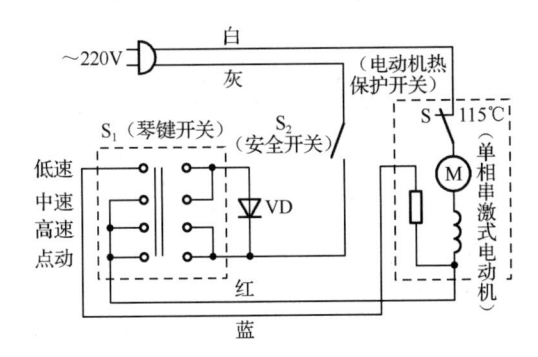

图10-8 多功能食品加工机的控制电路

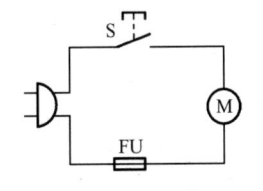

图10-9 座式多功能食品加工机的原理图

使用时，接通电源，按下电源"开"键，电动机通电高速旋转，其转轴直接驱动刀具高速旋转切削、搅拌食物；此时若按下"关/点动"键，"开"键复位，电动机断电停转；若轻触"关/点动"开关"点动"位置，则电动机旋转切削、搅拌食物；松开手，开关即复位，电动机停转，切削停止。有的座式多功能食品加工机只有点动开关，实行点动控制。图10-9中FU为热熔断器，当电动机温升异常时，切断电源，保护电动机不致被烧毁。

10.2.5 实践操作：多功能食品加工机的使用与常见故障分析及维修方法

1. 使用注意事项

（1）拆开多功能食品加工机时，一定要把电源插头拔下，以免发生伤害事故。

（2）使用时，必须间歇运转，且不宜空载运转。单相串激式电动机空载时转速极高，易造成电动机损坏。

（3）切肉时，应剔除骨头，以免损坏刀具，并且一次不要放入肉太大或肉量太多，以免电动机过载，轻则影响切削效果，重则损坏电动机。

（4）每次使用完毕，应及时将料杯、刀具清洗干净。清洗时，不要使清洗液、水流入或溅进电动机和控制电路内，以免影响电气绝缘或造成机件锈蚀。

2. 常见故障的检修

家用多功能食品加工机的常见故障及维修方法如表10-2所示。

表10-2 家用多功能食品加工机的常见故障及维修方法

常见故障	产生原因	维修方法
开机，电动机不转动	① 电源线断或电源插头与插座接触不良 ② 轻触式开关、琴键开关接触不良 ③ 台式食品加工机盖子没放好，安全开关没有闭合 ④ 热保护开关处于开路状态或损坏 ⑤ 电刷磨损与换向器接触不良或接触不到 ⑥ 电动机绕组断路、短路、通地 ⑦ 轴承损坏、锈死	① 接牢或更换电源线，插好插头 ② 检修或更换开关 ③ 盖好盖子，使安全开关闭合 ④ 待降温后使用或修理更换 ⑤ 修理或更换电刷 ⑥ 修理或更换电动机绕组 ⑦ 更换轴承，清除铁锈
刀具转动无力	① 所搅拌的食物太稠、阻力很大 ② 电刷严重磨损与换向器接触不良 ③ 定子或电枢绕组匝间或局部短路 ④ 台式食品加工机皮带变长与主动轮或从动轮打滑、脱落 ⑤ 电源电压过低	① 停止搅拌，稀释后再进行搅拌 ② 修理或更换电刷 ③ 重绕或更换损坏的绕组 ④ 调整主、从动轮之间的距离或更换皮带 ⑤ 待电压正常后使用
电动机一直转不停	① 轻触式开关压簧锈断或两触头粘死 ② 琴键开关锁片拉簧脱钩或两触头粘死	① 修理或更换轻触式开关压簧 ② 修理或更换琴键开关锁片拉簧
电动机过热	① 搅拌的食物过多或太稠，负荷太重 ② 运转时间太长 ③ 轴承严重缺油 ④ 电动机绕组匝间或局部短路	① 减少食物，稀释食物 ② 按说明书规定使用 ③ 适当注油 ④ 修理或更换电动机绕组

续表

常 见 故 障	产 生 原 因	维 修 方 法
运转时振动大、噪声大	① 搅拌食物中有过大、过硬的异物，如骨头等 ② 轴承缺油、磨损或损坏 ③ 轴承严重磨损，电动机的转子与定子相摩擦、相碰撞或换向器表面凹凸不平 ④ 转轴安装不正或弯曲，造成刀具与料杯相摩擦、磕碰 ⑤ 搅拌杯、碾磨盒、料杯嵌装不正，刀具转动时产生振动 ⑥ 机座放置不稳	① 去除异物 ② 注油、更换轴承 ③ 更换轴承，用细砂布打磨换向器 ④ 重新安装或更换转轴 ⑤ 重新嵌好 ⑥ 变换位置、放稳放平
漏水	① 刀具转轴与轴承之间密封圈破烂 ② 搅拌杯轴承严重磨损，间隙变大 ③ 搅拌杯、碾磨盒、料杯塑料破裂	① 更换密封圈 ② 更换轴承 ③ 更换新品

任务 10.3　全自动豆浆机的检测与维修

豆浆是我国传统饮料，它含有丰富的蛋白质、氨基酸、维生素和多种人体所必需的微量元素。经常饮用豆浆，对人体有非常重要的作用，因此豆浆被越来越多的人接受。家用全自动豆浆机就是为了满足这种需要而设计生产的一种小家电产品。这种全自动豆浆机从间歇打浆、自动煮熟、反复沸腾到蜂鸣出浆，全过程由程序控制自动完成。

10.3.1　相关知识：全自动豆浆机的基本结构

全自动豆浆机的基本结构如图 10-10 所示，主要由破碎部分、过滤部分、加热部分和控制部分等组成。

1．破碎部分

破碎部分主要由单相串激式电动机、主轴和破碎刀等组成。当电动机以 1200r/min 的速度旋转时，通过主轴带动破碎刀对过滤网内的豆子进行破碎加工，通常情况下，电动机在控制系统的控制下间歇工作 4 次，每次运转时间为 15s 左右。

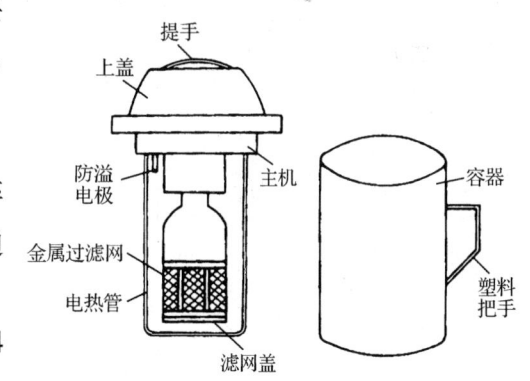

图 10-10　全自动豆浆机的基本结构

2．过滤部分

豆浆机的过滤部分主要由金属过滤网及滤网盖等构成，可从主机上拆下进行清洗。豆浆机在对金属过滤网内的豆子进行间歇破碎加工过程中，打出的豆子浆汁被溶于水中，而把豆子的残渣留在滤网里，实现豆浆与豆渣的完全分离。

3．加热部分

加热部分主要由电热元件构成。电热元件多采用电热管，其加热功率一般为 550～750W。

4. 控制部分

控制部分主要由程序控制电路和防溢电极构成。程序控制电路包括电动机程序控制电路和加热自动控制电路两部分。电动机程序控制电路控制电动机运转时间，即打浆时间；加热自动控制电路控制电热元件通电时间，即煮豆浆的时间。防溢电极的作用是防止豆浆在煮的过程中溢出。

10.3.2 相关知识：全自动豆浆机的工作原理

使用全自动豆浆机时，首先将滤网盖打开，并将经浸泡 5～8h 的黄豆约 100g 放入滤网中，再将滤网盖旋紧，加入 1200～1500ml 水。接通电源，电热管开始加热，此时电动机按程序工作，约 2min 的时间内进行 4 次间歇破碎加工，即间歇打浆。打浆结束后，控制电路控制继电器 KR_1 的触点断开，电动机停转，容器内的豆汁随着电热管加热温度上升，直至豆浆沸腾。其间防溢电极控制豆浆沫上升溢出，约需15min，蜂鸣器蜂鸣，豆浆煮好。

全自动豆浆机的典型控制电路如图 10-11 所示。电路由 IC_1 LM324、IC_2 三输入或非门 CD4025、IC_3 二输入或非门 CD4001 和 IC_4 二进制（14 分频）计数器 CD4060 组成，其中 IC_1（③、⑤、⑩、⑫脚为同相输入端，②、⑥、⑨、⑬脚为反相输入端）构成溢水开关、水位开关和蜂鸣信号振荡器，IC_2 和 IC_3 构成逻辑控制门，IC_4 为定时控制中心。

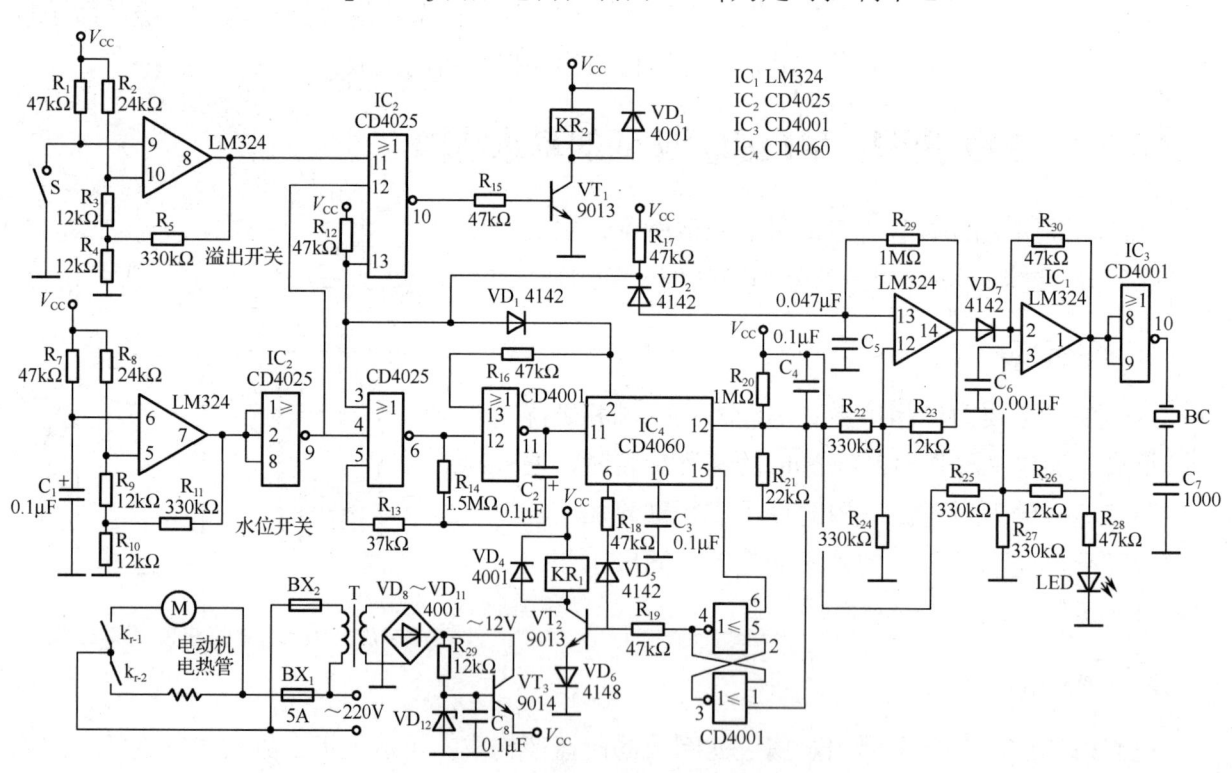

图 10-11 全自动豆浆机的典型控制电路

将泡好的黄豆放入豆浆机内，并加入适量水，接通电源，IC_4 的⑫脚由 1（高电平）转为 0（低电平），将 IC_4 复位清零。水位开关的 IC_1 的⑥脚，因为有水为 0，⑦脚为 1，IC_2 的⑨脚为 0。同理，溢水开关 IC_1 的⑨脚为 1，⑧脚为 0。由于 IC_4 复位后开始工作，其②脚为 0，IC_2 的⑬脚因 V_{CC} 经 R_{12}，VD_1 进入 IC_4 的②脚而成为 0，IC_2 的⑪、⑫、⑬脚全为 0，⑩脚输出 1，

开关管 VT_1 导通,继电器 KR_2 得电闭合,加热管开始加热。此时 IC_2 的③、④、⑬脚全为 0,两个或非门及定时元件 R_{14}、C_2 构成的 CP 时钟信号振荡器工作,产生并提供周期为 $T=1.4R_{14}C_2=0.21s$ 的信号给 IC_4 的⑪脚,IC_4 在该信号频率的基础上进行分频,其中②脚进行 13 分频后,输出先低后高的周期为 $T_②=2^{13}T=29min$ 的脉冲信号,前半周为低电平,CP 时钟信号振荡器工作,后半周开始的脉冲上升沿使 CP 时钟振荡器停振,计数器不工作,同时由于②脚输出高电平,使 IC_2 的⑬脚为高电平,⑩脚为低电平,VT_1 晶体管截止,KR_2 断电,加热管停止加热,整个加工过程结束,共需时间约 14.5min。

IC_4 的⑥脚为 7 分频输出 $T_⑥=2^7T=27s$ 的脉冲信号,用以触发驱动电动机,前半周为低电平,电动机停转,后半周(约 14s)高电平触发驱动电动机运转,电动机能否运转打浆还取决于 IC_3 的④脚是否为高电平;IC_4 的⑮脚为 10 分频输出端,输出周期 $T_⑮=2^{10}T=3.6min$ 的脉冲,前半周(1.8min)的低电平允许打浆 4 次,因为 IC_3 的④脚输出高电平。当⑮脚输出脉冲进入后半周的上升沿时,IC_3 的④脚锁在 0 状态,使 VT_2 截止,继电器 KR_1 断电,触点 K_{r-1} 断开,电动机停转,结束打浆过程,并保持加热。

VD_6 是为防止电动机误触发运转而设的抗干扰保护器件,当豆浆加热煮沸时,溢出开关 S 相当于闭合,IC_1 的⑨脚由 1 变为 0,⑧脚则由 0 变为 1,IC_2 的⑪脚变为 1,⑩脚由 1 变为 0,VT_1 截止,KR_2 断电,触点 K_{r-2} 断开,停止加热。当煮沸的豆浆沫下降使 S 断开时,豆浆机便又进入加热过程,直至 IC_4 的⑮脚脉冲上升沿的到来,结束加热过程。

水位开关的作用是检测容器里是否有水。当容器中没有水时,IC_1 的⑥脚为高电平(1 状态),⑦脚输出 0,IC_2 的⑨脚输出 1,此时继电器 KR_2 断电,电热管不工作,CP 时钟信号振荡器停振,IC_4 的⑥脚输出低电平,VT_2 截止,电动机不工作。

蜂鸣器的音频信号由 IC_1 的另两个运放电路产生,前一个频率为 $f_1=1/(2.2R_{29}C_5)=10Hz$,后一个频率为 $f_2=1/(2.2R_{30}C_6)=10kHz$,前者由 VD_7 控制调制后者。当全自动豆浆机结束整个加工过程时,IC_3 的⑬脚由 0 变为 1,一方面强行中止加热,另一方面使 CP 时钟信号振荡器停振,同时使 VD_2 负端由 0 变为 1,允许蜂鸣音频信号产生、调频及输出,驱动 LED 发光和蜂鸣器蜂鸣,提醒用户加工完毕。

10.3.3 实践操作:全自动豆浆机的常见故障分析及维修方法

全自动豆浆机的常见故障分析及维修方法如表 10-3 所示。

表 10-3 全自动豆浆机的常见故障分析及维修方法

常 见 故 障	产 生 原 因	维 修 方 法
溢浆	防溢电极表面太脏,接触不良	用细纱布擦净,保持干净
豆浆结块不出豆浆	大豆浸泡时间过长发霉、发酸	减少浸泡时间,用清水浸泡,浸泡时间为 5~8h
电动机不工作	① 内部接线松脱或断头 ② 电刷与整流子接触不良 ③ 定子线圈或电枢线圈断路 ④ 继电器 KR_1 损坏 ⑤ 控制电路损坏	① 重新接好或焊好 ② 修理或更换电刷 ③ 检修或更换线圈 ④ 更换同规格继电器 ⑤ 重点检修相关的二极管、三极管、电容和集成块,更换损坏的元器件

小结

（1）抽油烟机是改善厨房环境的理想设备，主要由风机系统、滤油装置、控制系统、外壳、照明灯、排烟管等组成。

（2）多功能食品加工机是现代家庭理想厨具，主要由电动机、皮带传动系统、调速选择开关、刀轴总成、组合刀具和壳体等构成。

（3）全自动豆浆机主要由破碎部分、过滤部分、加热部分和控制部分等组成。

思考与练习题

1．填空题

（1）抽油烟机按照集油罩的深浅，分为_____抽油烟机和_____抽油烟机两种；按照控制方式可分为_____抽油烟机和_____抽油烟机两种；按照吸气孔数可分为_____抽油烟机和_____抽油烟机。

（2）多功能食品加工机按其结构大致可分为_____、_____和_____三种，是一种集_____、_____、_____、_____于一体的现代家庭理想厨具。

（3）全自动豆浆机的破碎部分主要由_____、_____和_____等组成，过滤部分主要由_____及_____等构成，加热部分主要由_____构成，控制部分主要由_____和_____构成。

2．简答题

（1）抽油烟机由哪些部件组成？
（2）抽油烟机在安装时应注意什么？
（3）多功能食品加工机主要由哪些部分构成？
（4）多功能食品加工机使用时应注意什么？
（5）全自动豆浆机主要由哪些部分组成？
（6）简要叙述全自动豆浆机的工作原理。

项目 11
美容保健用电动器具的拆装与维修

学习目标
1. 理解美容保健用电动器具的类型和结构。
2. 学会美容保健用电动器具的拆装及主要零部件的检测。
3. 掌握美容保健用电动器具的工作原理、常见故障分析及维修方法。
4. 理解大国工匠、高技能人才作为国家战略人才的重大意义,自觉成长为堪当民族复兴大任的时代新人。

常用的美容保健用电动器具有电动剃须刀、电吹风和电动按摩器等。本项目重点介绍其结构、工作原理及常见故障的维修方法。

任务 11.1 电动剃须刀的检测与维修

11.1.1 相关知识:电动剃须刀的类型

电动剃须刀又称电动刮胡刀,是一种可以代替传统刮脸刀的小型电动工具,其种类较多。
(1) 按照刀片的运动方式分类:可分为旋转式和往复式。
(2) 按照使用的电源不同分类:可分为交流、直流和交直流两用式。
(3) 按照功能不同分类:可分为单功能、双功能(剃须兼修鬓角)、多功能(剃须、理发和按摩等)和干式、干湿两用式等。

11.1.2 相关知识:电动剃须刀的基本结构

电动剃须刀主要由外刀片(又称固定刃、外刀刃,俗称网罩)、内刀片、电动机、开关和外壳等组成。旋转式电动剃须刀的结构图和往复式电动剃须刀的结构图分别如图 11-1 和图 11-2 所示。

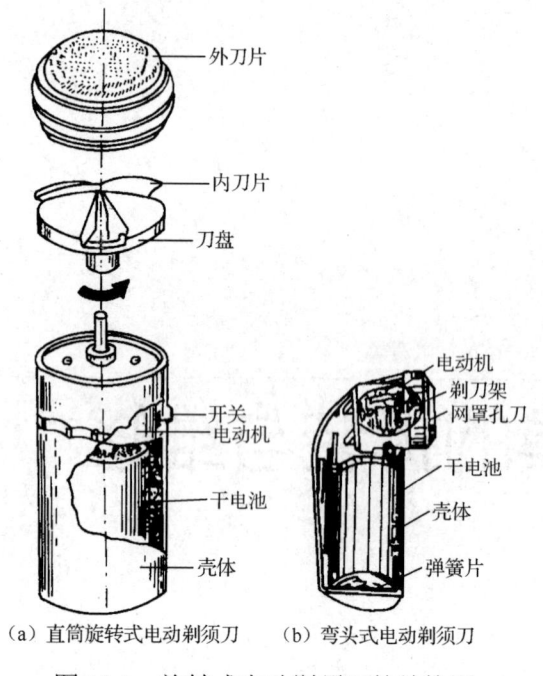

图 11-1　旋转式电动剃须刀的结构图

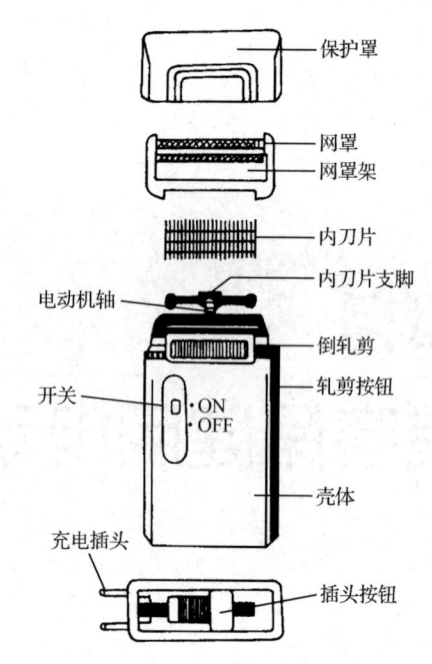

图 11-2　往复式电动剃须刀的结构图

1. 外刀片

外刀片是电动剃须刀中最精密、最关键的零件，直接影响电动剃须刀的锋利度、剃须效果与使用寿命。一般用碳钢或不锈钢经加工冲制而成。旋转式电动剃须刀的外刀片为圆形，往复式电动剃须刀的外刀片为槽形。

2. 内刀片

内刀片是电动剃须刀形成剃须运动的部件。旋转式电动剃须刀的内刀片一般为3片（高档剃须刀为36片），内刀片安装在刀架上，直接由电动机带动旋转。往复式电动剃须刀的内刀片一般为32片左右，安装在内刀片支架（又称刀盘）上，内刀片刃口与外刀片保持接触，电动机通过机械偏心杠杆机构带动内刀片支架往复运动。

3. 电动机

电动剃须刀一般采用永磁式电动机，额定电压一般为 1.5V 或 3V，转速为 6000～8000r/min。要求电动机运转平稳，否则会影响剃须效果。需要指出的是，采用电磁铁驱动的电磁振动式电动剃须刀不用电动机，其振动部分由电磁铁、衔铁与机械传动机构组成。电磁铁接通交流电源后产生交变磁场，交替吸引释放衔铁，通过与衔铁连在一起的机械传动机构带动内刀片支架高速往复运动。

11.1.3　相关知识：电动剃须刀的工作原理

电动剃须刀是以剪切动作进行剃须的，对于旋转式电动剃须刀，当接通电源开关后，电动机高速旋转，带动刀架上的内刀片与网罩的刃口进行无间隙的相对运动，将伸入网罩孔内的胡须切断，以达到剃须的目的。往复式电动剃须刀的电气原理图如图 11-3 所示，工作时，将电源开关推至 ON 位置，电动机通电而旋转，带动与电动机转轴相连的偏心机构推动刀架上的内刀片与网罩形成无间隙的相对运动，将伸入网罩内的胡须切断。当推上轧剪按钮时，轧剪被推动，类似于小电推子，可用于修剪长胡须和鬓角。

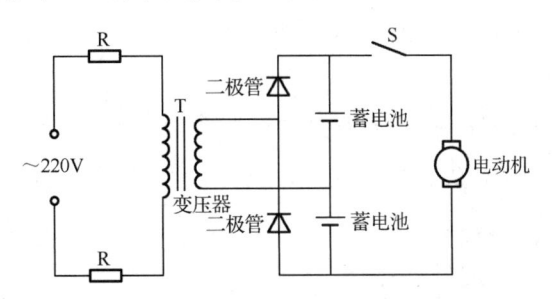

图 11-3　往复式电动剃须刀的电气原理图

11.1.4　实践操作：电动剃须刀的常见故障分析及维修方法

电动剃须刀的常见故障及维修方法如表 11-1 所示。

表 11-1　电动剃须刀的常见故障及维修方法

常见故障	产生原因	维修方法
通电后不工作	① 电源开关接触不良或损坏 ② 电池电力不足 ③ 电池盒弹簧锈蚀，引起接触不良 ④ 电刷与换向器接触不良 ⑤ 振动装置的螺丝松动，变位卡死 ⑥ 电动机损坏	① 修理或更换电源开关 ② 更换电池或重新充电 ③ 修理或更换电池盒弹簧 ④ 修理换向器电刷或更换电刷 ⑤ 拆开机盖，调整复原后重新上紧螺丝 ⑥ 修理或更换电动机
刀片转速偏低，剃须效果差	① 电池电力不足 ② 刀片或网罩变形 ③ 电动机轴承磨损或缺油 ④ 刀片口太钝 ⑤ 网罩内粘杂物较多	① 更换或重新充电 ② 更换刀片或网罩 ③ 更换轴承或加润滑油 ④ 更换新刀片 ⑤ 用酒精清洗刀架片和网罩
运动时噪声大	① 轴承磨损或润滑不良 ② 刀片或网罩变形 ③ 电刷严重磨损 ④ 转轴弯曲变形	① 修理或更换轴承，加注润滑油 ② 修磨或更换刀片 ③ 修复或更换电刷 ④ 校正转轴或更换

任务 11.2　电吹风的拆装与维修

电吹风又称电吹风机，主要用于吹干头发与整定发型，也可用于局部烘开与加热。电吹风具有体积小、重量轻、操作方便、可靠耐用等优点，是常用的美发美容的电器之一。

11.2.1　相关知识：电吹风的类型和基本结构

1．电吹风的类型

电吹风的种类很多，分类方法也不尽相同。
（1）按送风方式可分为离心式与轴流式，常用的是离心式。
（2）按使用方式可分为手持式、折叠式、支架式和座台式，常用的是手持式。

(3)按电动机型式可分为单相交流感应式、交直流两用串激式和直流永磁式,常用的是单相交流感应式与交直流两用串激式。

(4)按发热元件的类型可分为电热丝式和 PTC 半导体陶瓷元件自控式,常用的是电热丝式。

(5)按壳体材料可分为金属式、全塑式和金属塑料混合式。

(6)按功率大小可分为150W、250W、350W、450W、550W、1000W 等规格。

2.电吹风的基本结构

电吹风主要由壳体、电动机、风叶、电热元件、开关和手柄等部件构成。交流感应式电吹风结构图如图 11-4 所示。

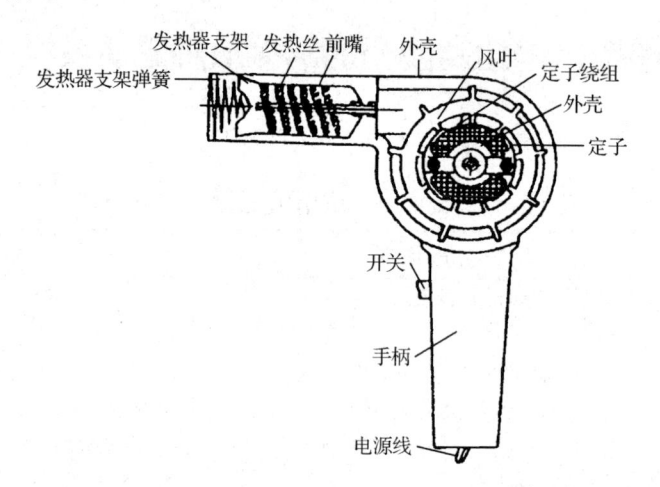

图 11-4 交流感应式电吹风结构图

1)壳体

电吹风的外壳既起支撑作用,又起装饰作用。一般采用薄铁板或铜板冲制焊接,在表面镀镍铬而成,也有的采用工程塑料压制而成。壳体的出风口为风管、风嘴。

2)电动机

电动机是电吹风的核心部件。采用单相交流感应式(罩极式)电动机的电吹风,体积大、笨重且风速不高,但风温高,故适用于吹干湿发和整理发型;采用串激式和永磁式电动机的电吹风,功率大、风力强,但风温低、噪声较大、对无线电干扰也较大,因此更适用于吹尘及物品烘干等。永磁式电动机工作电压较低,且是直流的,这需要增加降压整流装置。

3)风叶

电吹风的风叶(扇叶)一般有金属风叶和塑料风叶两种,通常都安装在电动机的轴端上,位于电吹风的尾端。要求风叶效率高,风损小,静平衡、动平衡合格。

4)电热元件

电吹风的电热元件多采用镍铬合金丝,呈螺旋状绕制在云母片或瓷质的支架上,组成塔形或圆锥形结构。这种结构形式可提高热效率、延长电热丝的使用寿命。某些电吹风在进风口处装有圆形挡风板,主要用来调节进风量,若进风量少,则吹出的风温度高;若进风量多,则吹出的风温度低。采用 PTC 电热元件的电吹风,其电热元件自身具有自动调温功能,省去了用电热丝时所设置的控温装置。

5）开关

电吹风的开关有挠板式、推杆式和按钮式三种。一般有热风、冷风和停止三挡，常用不同的颜色做标记，白色表示停止，红色表示热风，蓝色表示冷风。

6）手柄

手柄通常用塑料压制装配而成。为了便于携带，有的电吹风制成折叠式。

11.2.2 实践操作：电吹风的拆装及主要零部件的检测

图11-5所示为电吹风的立体分解图，拆装步骤如下。

（1）旋下外壳上的紧固螺钉，轻轻拔下前筒。

（2）旋下连接圈上的紧固螺钉，拔出手柄。旋下固定手柄左右两侧的紧固螺钉，取下手柄左侧。仔细记下各器件连接情况。

（3）用电烙铁烫开电源引出线焊点，取下电源线。烫开选择开关上的焊点，取下选择开关。

（4）旋下电动机紧固螺钉，取下电动机、电热丝及支架。

（5）用万用表电阻挡检测电动机和电热丝的直流电阻阻值，检查选择开关是否完好。

（6）按与（1）～（4）相反的顺序将电吹风安装好。

（7）用兆欧表测量电吹风的绝缘电阻阻值。

（8）把选择开关拨到冷风挡，用万用表电阻挡测电源插头，此时测到的应为电动机定子绕组的直流电阻阻值。把选择开关拨到热风挡，用万用表电阻挡测电源插头，此时测到的是电动机定子绕组与电热丝并联后的电阻阻值，其阻值应明显小于前者。

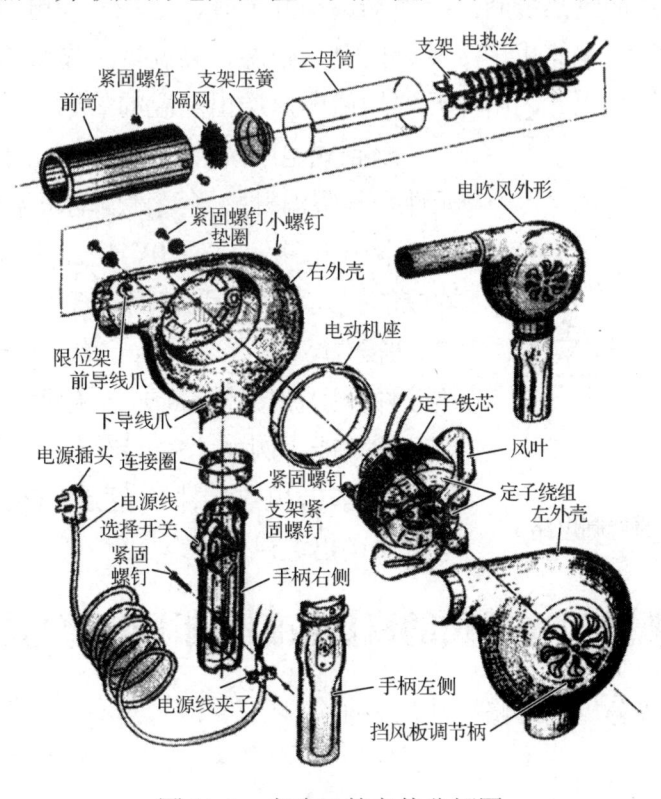

图11-5 电吹风的立体分解图

11.2.3 相关知识：电吹风的工作原理

电吹风接通电源后，电动机旋转并带动风叶转动，将空气从进风口吸入，经过电热元件加热，热风从出风口吹出。一般通过控制电热元件的通断，来控制送风的温度。感应式电吹风的控制电路如图 11-6 所示。

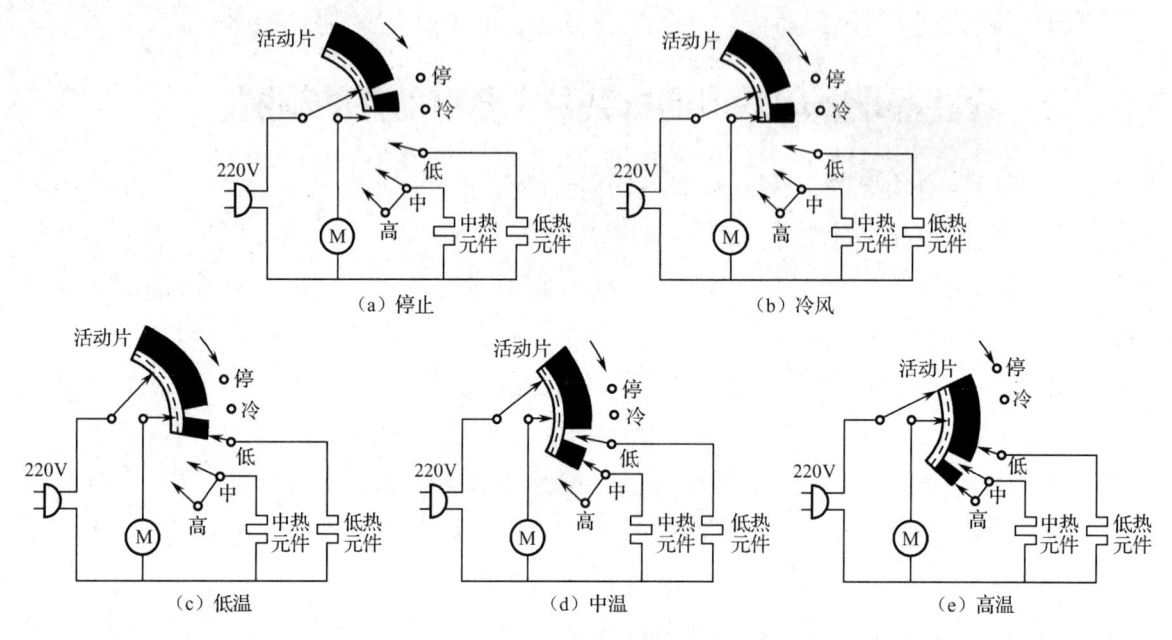

图 11-6 感应式电吹风的控制电路

由图 11-6 可知，通常只有当电动机通电运转时，才允许电热元件通电发热，这样可以避免电热元件因不能散热而过热烧断。当拨动选择开关时，电动机和电热丝根据各自所处的位置被接通或断开，从而实现停止、冷风、低温、中温、高温等工作状态。例如，图 11-6（e）所示位置，电动机与低热元件、中热元件均通电，送出高温的热风。

永磁式电吹风的控制电路如图 11-7 所示。R_1 为电热元件，与限温开关（又称自动限温器）的触点 S_2 串联，R_2 为降压电阻，将 220V 电压降压后，再经 $VD_1 \sim VD_4$ 构成的桥式整流电路转换成直流，向永磁式电动机 M 供电。当选择开关 S_{1-1} 和 S_{1-2} 置于不同位置时，电动机与电热元件分别被接通或断开，从而实现冷风、停止、热风、温风的功能。例如，S_{1-1} 和 S_{1-2} 都置于"4"位置，电动机通电运转，电热元件 R_1 经过 VD_5 通电（只有半周导电），电吹风送出温风。

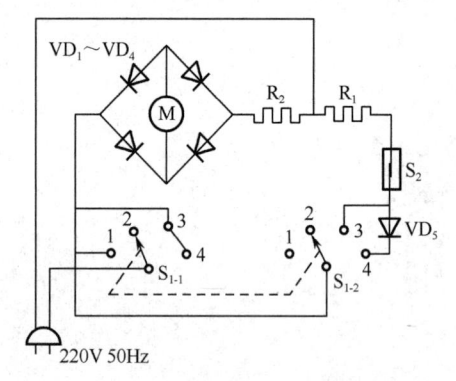

图 11-7 永磁式电吹风的控制电路

11.2.4 实践操作：电吹风的常见故障分析及维修方法

电吹风的常见故障分析及维修方法如表 11-2 所示。

表 11-2　电吹风的常见故障分析及维修方法

常 见 故 障	产 生 原 因	维 修 方 法
不转动	① 电源线脱焊断路 ② 电源开关接触不良或损坏 ③ 电动机线圈烧坏 ④ 整流二极管 $VD_1 \sim VD_4$ 有损坏	① 焊牢即可 ② 修理或更换电源开关 ③ 修理或更换电动机线圈 ④ 更换故障二极管
无热风吹出	① 电热元件烧坏 ② 电热元件两端接头引线断裂、脱焊或接触不良 ③ 电源开关接触不良	① 更换电热元件 ② 将引线断裂、脱焊或接触不良处重新连接好，并将紧固螺钉拧紧 ③ 修理或更换电源开关
噪声大，振动大	① 轴承缺油或严重磨损 ② 转子与定子相擦，或风叶碰壳 ③ 电动机内换向器（串激式）或转子污染严重	① 适量注入润滑油或更换轴承 ② 适当调整，消除摩擦和碰壳故障 ③ 清洗电动机内换向器或转子上的碳粉等污垢

任务 11.3　电动按摩器的检测与维修

电动按摩器是一种将电能转换为机械振动的保健器具，使用电动按摩器不需要外人帮助，可以自行按摩，方便省力，效果较好。

11.3.1　相关知识：电动按摩器的分类

（1）按照结构不同分类：电动按摩器可分为电磁式按摩器和电动机式按摩器。

（2）按照按摩强度不同分类：电动按摩器可分为柔和式按摩器、强力按摩器和强弱可调按摩器。

（3）按照功能用途不同分类：电动按摩器可分为保健美容按摩器、运动按摩器和医疗保健按摩器。

（4）按照按摩部位不同分类：电动按摩器可分为背部按摩器、脸部按摩器、手足按摩器和通用按摩器等。

11.3.2　相关知识：电动按摩器的基本结构与工作原理

常用的两种电动按摩器是电磁式按摩器和电动机式按摩器。

1. 电磁式按摩器

电磁式按摩器的结构如图 11-8 所示，主要由壳体、开关、弹簧片、可动铁芯、固定铁芯、线圈和按摩头等组成。可动铁芯、固定铁芯与线圈合称为电磁铁，固定铁芯上套有橡皮垫，其作用是防止可动铁芯与固定铁芯直接碰撞，以减轻噪声。可动铁芯与固定铁芯间的合适距离为 3～5mm，弹簧片的弹性应适度。

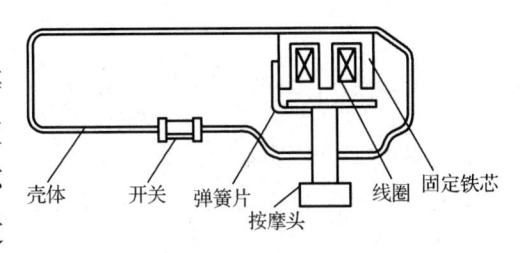

图 11-8　电磁式按摩器的结构

电磁式按摩器的工作原理是，接通电源，线圈中将通入正弦交流电，在交流电的正、负半周里，电磁铁中的可动铁芯均受到磁力的吸引，可动铁芯带动按摩头移动，每逢交流电正、负半周切换的瞬间，磁力消失为零，按摩头在弹簧片弹力的作用下恢复原位，这样在交流电的一个周期内，按摩头将产生两次一吸一弹的振动。在工频（50Hz）交流电作用下，按摩器的振动频率是 50 次/秒，即 6000 次/分。

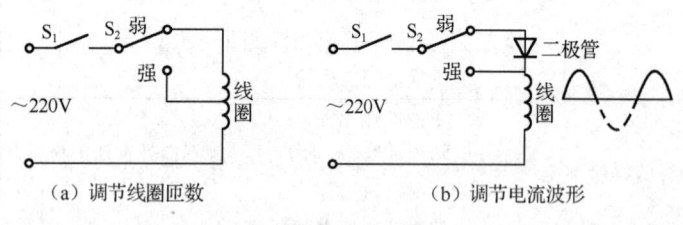

常用的具有按摩力强弱（振动强度）调节的电磁式按摩器两种电路图如图 11-9 所示。

S_1 为电源开关，S_2 为强弱选择开关。图 11-9（a）电路中，通过线圈的抽头来改变磁场强度，达到改变振动强度的目的。若通电线圈匝数少，则阻抗小，电流大，按摩力强，反之，则按摩力弱。图 11-9（b）电路中，当开关 S_2 接通"强"时，通过线圈的电流为全波，电磁铁在 1s 内吸放 100 次；而当开关接通"弱"时，电源经过二极管整流后，送入线圈的电流为半波，即只有正半周，无负半周，这样在一个周期内电磁铁吸放 50 次，振动强度减弱。

图 11-9 常用的具有按摩力强弱（振动强度）调节的电磁式按摩器两种电路图

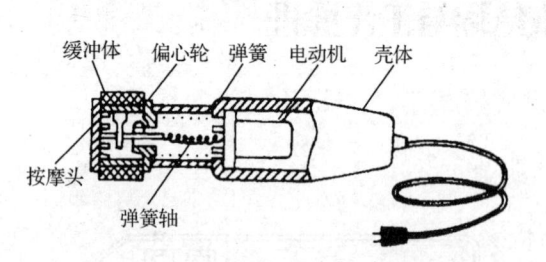

2. 电动机式按摩器

电动机式按摩器的结构如图 11-10 所示，主要由壳体、电动机、弹簧、弹簧轴、偏心轮、缓冲体、按摩头等构成。一般采用串激式电动机，是一个交直流两用的电动机，转速高，转矩大，转速为 5000～10000r/min。

电动机式按摩器的工作原理：接通电源后，电动机旋转，通过弹簧轴带动偏心轮转动，产生不平衡的快速摇动，使按摩头产生高频振动，其振动的次数等于电动机的转速。

电动机式按摩器只要改变电动机转速，就可以改变按摩器的按摩力强弱。当输入电动机的电压高时转速快，输入电压低时转速慢，因此在电路中接入整流器，改变输入电动机的电压，就可以改变电动机的速度。如图 11-11 所示，当电源开关 S_1 闭合，调节开关 S_2 拨到"强"时，220V 交流电经全波整流电路加至电动机，此时输入电动机的电压高，电动机的转速快，按摩器的振动频率高，振动强度强；当把调节开关 S_2 拨至"弱"时，220V 交流电经半波整流电路加至电动机，此时输入电动机的电压低，因而电动机转速慢，振动强度弱。

图 11-10 电动机式按摩器的结构

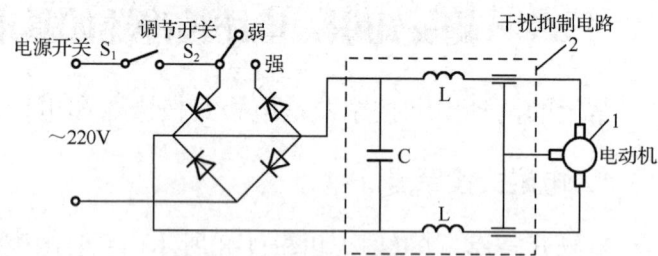

图 11-11 电动机式按摩器原理图

由于串激式电动机的碳刷与换向器之间会产生火花，对无线电信号有干扰，因此在电路中加入由电容器、电感线圈等组成的干扰抑制电路，如图 11-11 中虚线框内所示。

11.3.3 实践操作：电动按摩器的常见故障分析及维修方法

电动按摩器的常见故障分析及维修方法如表 11-3 所示。

表 11-3　电动按摩器的常见故障分析及维修方法

常见故障	产生原因	维修方法
不工作（不振动）	① 电源插头与插座接触不良 ② 电源开关接触不良或损坏 ③ 电气线路有断路、脱焊等 ④ 电磁式按摩器的电磁线圈、电动机式按摩器的电动机绕组断路或短路 ⑤ 机械部分卡死	① 重新插好插头 ② 修理或更换电源开关 ③ 检查故障点重新连接好、焊好 ④ 修理或更换电磁线圈、电动机绕组 ⑤ 适当调整使机械部分运转灵活
强弱调节失灵	① 强弱调节开关接触不良或损坏 ② 强弱调节电路中的二极管损坏	① 修理或更换强弱调节开关 ② 更换二极管
使用时响声异常	① 电磁式按摩器的铁芯上橡胶缓冲垫损坏或脱落，运转部位缺润滑油 ② 电动机式按摩器的运转部位缺润滑油或电动机的电枢与定子相互碰撞 ③ 按摩器中的紧固件松动	① 重新装上或换新橡胶缓冲垫，适当加注润滑油 ② 适当加注润滑油或重新安装调整，清除碰撞 ③ 仔细检查，紧固各个紧固件

小结

（1）电动剃须刀是现代男士不可缺少的一种美容器具，主要由外刀片、内刀片、电动机、开关和外壳等组成。

（2）电吹风在普通家庭中广泛使用，主要由壳体、电动机、风叶、电热元件、开关和手柄等部件构成。

（3）电动按摩器是一种将电能转换为机械振动的保健器具，常用的有电磁式按摩器和电动机式按摩器。

思考与练习题

1. 填空题

（1）电动剃须刀一般采用_____电动机，额定电压一般为_____V 或_____V，转速为_____～_____r/min。

（2）电吹风的电热元件多采用_____，呈_____状绕制在_____或_____的支架上，组成_____或_____结构。这种结构形式可提高_____、延长电热丝的_____。

（3）电动机式按摩器一般采用_____电动机，是一个_____的电动机，____高，_____大，转速为_____～_____r/min。

2. 简答题

（1）电动剃须刀有哪些类型？
（2）电动剃须刀由哪几部分构成？简述其工作原理。
（3）电吹风有哪些类型？
（4）电吹风由哪几部分构成？简述其工作原理。
（5）电动按摩器有哪些类型？
（6）电磁式按摩器与电动机式按摩器由哪几部分构成？

项目 12 电动自行车的拆装与维修

学习目标

1. 理解电动自行车的分类和结构。
2. 学会电动自行车的拆装及主要零部件的检测。
3. 掌握电动自行车的使用注意事项、常见故障分析及维修方法。
4. 理解教育、科技、人才在全面建设社会主义现代化国家过程中的基础性、战略性支撑作用;理解大国工匠、高技能人才作为国家战略人才的重大意义。

电动自行车作为一种环保绿色的交通工具越来越受到人们的喜爱,电动自行车是指以蓄电池作为辅助能源,具有两个车轮,能实现人力骑行、电动或电助动功能的特种自行车。它操作简单、无污染、经济环保,目前已经成为城乡居民比较理想的交通工具。

本项目重点介绍电动自行车的结构、拆装、常见故障分析及维修方法。

任务 12.1 电动自行车概述

12.1.1 相关知识:电动自行车的分类

(1)按电动自行车的款式级别可分为简易型、电摩型、豪华型等。
(2)按电动自行车的驱动电动机性能可分为有刷低速电动自行车、无刷低速电动自行车和有刷高速电动自行车。
(3)按电动自行车的工作电压大小可分为 24V、36V、48V 等。
(4)按电动自行车的轮径大小可分为 10"、14"、16"、18"、20"、22"、24"等。
(5)按电动自行车的蓄电池的安装位置可分为前置式、中置式、后置式等。
(6)按电动自行车的电动机驱动位置可分为中轴驱动、后轮驱动、前轮驱动等。
(7)按电动自行车的电动机传动方式可分为轴传动、链条传动、皮带传动、轮毂驱动等。

12.1.2 相关知识：电动自行车的技术要求

GB17761—2018《电动自行车安全技术规范》规定了如下技术要求。
（1）必须具有脚踏骑行功能。
（2）最高车速≤25km/h。
（3）电动机额定功率≤400W。
（4）蓄电池标称电压≤48V。
（5）整车质量≤55kg。
（6）车体宽度≤0.45m。
（7）前后轮中心距离≤1.25m。
（8）鞍座长度≤0.35m。
（9）车速达到15km/h时发出提示音。

任务 12.2 电动自行车的基本结构

目前，市场上的电动自行车虽然结构布局和驱动方式各不同、形式多样，但其基本结构主要由车体、控制系统、电驱动装置、蓄电池和充电器等组成。由于国家标准规定电动自行车的最高时速为25km，对车体无特殊要求，一般与自行车结构相同，具有人力骑行功能。

12.2.1 相关知识：控制系统

电动车控制系统以控制器为核心，包括转把、刹把、仪表、传感器和开关按钮等。其中控制器是控制电动机转速的部件，决定了电动车的操控性能，是电动车能量管理与各种控制信号处理的核心部件。控制系统有多项功能，如电量显示、限速控制、断电制动、软启动、欠压保护、过流保护和刹车断电等。目前国内开发的电动自行车，大多是以调速把手来决定供电方式的。

1. 控制器的分类

（1）控制器按功能可以分为一般型控制器和智能型控制器。智能型控制器是在一般型控制器中引入了单片机器件，使控制器功能参数设置程序化，并且具有多种功能。例如，能够与60°、120°不同相位角的电动机匹配；能够通用于48V、36V电源；具有温度热保护设置和自检功能等。

（2）控制器按结构可以分为整体式控制器和分离式控制器。整体式控制器是指控制部分和显示部分合为一体，组装在一个塑料盒内。分离式控制器是指控制器主体部分与显示部分分离，主体部分安装在车体内，而显示部分则安装在车把上。

（3）控制器按技术特点分为有刷直流电动机控制器、无刷直流电动机控制器、助力功能电动机控制器和软启动功能控制器等。

2. 控制器的结构组成

大多数电动车控制器的生产厂家所采用的控制器电路原理基本相似，大部分采用脉冲宽度调制（PWM）的方式调速，但是由于所采用的主控芯片和周边元器件有差异，不同厂家的电路设计和工艺水平也差别较大，因此控制器的功能和性能大不相同。

1）有刷控制器

有刷控制器靠换向器（也叫整流子）使转子（旋转部分）和固定部分的磁场保持连续朝一个方向的吸引力或排斥力。由于有刷控制器电动自行车有电刷，因此控制器不需要改变电流方向。

图 12-1 所示为有刷控制器原理框图，各部分电路的作用及工作原理如下。

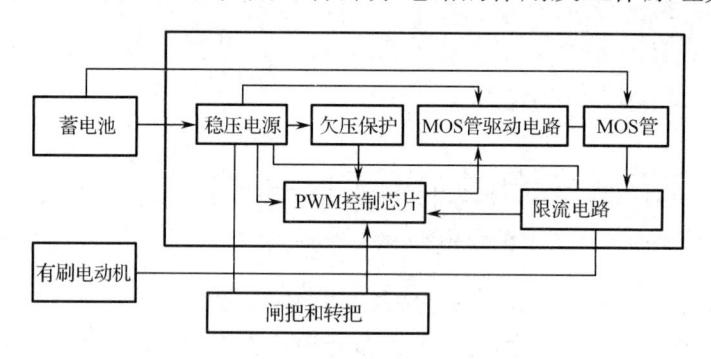

图 12-1 有刷控制器原理框图

蓄电池输出的电压经稳压电源稳压后提供给控制器各部分电路。

PWM 控制芯片根据转把的输入电压，输出相应脉冲宽度的方波给 MOS 管驱动电路。MOS 管驱动电路将 PWM 信号整形提供给 MOS 管。MOS 管是大电流开关元件，其导通时间与关闭时间受 PWM 信号的控制。

欠压保护电路是当蓄电池电压降低到控制器设定值以下时，PWM 控制芯片停止输出 PWM 信号，以保护蓄电池不至于在低电压时持续放电。

限流电路用来对控制器输出的最大电流进行限制，以保证蓄电池、控制器和电动机不会出现超过允许范围的电流。

2）无刷控制器

图 12-2 所示为无刷控制器原理框图，无刷直流电动机本身没有换向器，靠控制器来改变电动机线圈的电流方向，使转子和固定部分的磁场保持朝一个方向的吸引力或排斥力，这种控制器称为无刷控制器。

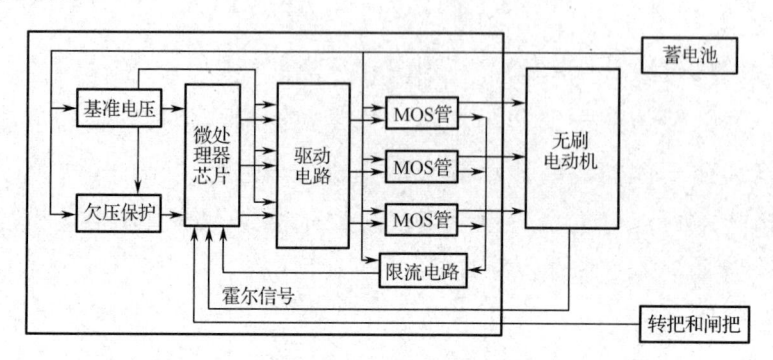

图 12-2 无刷控制器原理框图

无刷控制器一般靠霍尔传感器确定转子磁场的位置，在恰当时刻给相应线圈改换电流的方向。位置传感器除霍尔传感器外，还有光电传感器等。采用霍尔传感器的无刷电动机和无刷控制器之间一般有8根导线连接：3根粗线是线圈引线；5根细线中，1根为+5V电源，1根为公共地，3根为转子位置信号线。

蓄电池输出的电压为控制器各部分电路提供工作电压。

微处理器芯片根据无刷电动机的霍尔信号对MOS管驱动电路给出有选择性的开关信号，以完成对电动机的换向。同时，根据调速手柄的输入电压大小将相应的脉冲宽度载波信号与MOS管导通信号混合，以实施对电动机的速度控制。

MOS管驱动电路将PWM信号整形放大，提供给MOS管。MOS管是大电流的开关组件，其导通时间与关闭时间受导通信号与PWM信号合成的混合信号的控制。

欠压保护电路的作用是对蓄电池进行保护，当蓄电池电压降到控制器设定值以下时，PWM芯片停止PWM信号输出，以保护蓄电池不至于在低电压情况下放电工作。

限流电路是对控制器输出的最大电流进行限制，使蓄电池、控制器和电动机始终工作在允许的电压范围内，不至于因过大电流而造成损坏。

3）控制器的组成

① MOS管。

MOS管为金属氧化物半导体的英文缩写，是控制器的大功率开关管。其导通时间与关闭时间受导通信号与PWM信号合成的混合信号的控制。

② PWM控制芯片。

PWM控制芯片是直流调压或直流调速中能量利用率较高的一种脉宽控制芯片，一般集成在电动自行车的单片机内部。

③ 三端稳压器。

三端稳压器是一种只有输入、地线、输出三根引线的直流线性稳压集成电路，在电动自行车控制器电路中，常用作直流电路的稳压。例如，7805、7812等三端稳压器。

④ 传感器。

传感器是将机械部件的运动（如转动、位移等）或变化（如温度、压力、光线等）换成电信号的装置。在电动自行车上常见的传感器有闸把内微动开关（见图12-3）、调速手柄内部的霍尔元件、检测助力大小的器件、检测车行速度的霍尔元件等。

⑤ 调速手柄。

调速手柄是电动自行车控制器信号输入器件，用于电动自行车的调速。调速手柄如图12-4所示。它有三根引线，分别是电源（+5V）、地线和调速手柄信号线（线性连续变化的信号）。例如，采用UGN3503霍尔传感器的调速器，其工作电压为4.5～6V，工作温度为-40～85℃。

电动自行车上使用的调速手柄有光电调速手柄和霍尔调速手柄两种，目前大多数电动自行车都采用霍尔调速手柄。霍尔调速手柄输出电压的大小，取决于霍尔组件周围的磁场强度。转动调速手柄，可改变霍尔组件周围的磁场强度，也就改变了霍尔调速手柄的输出电压。

图 12-3　闸把内微动开关　　　　　　图 12-4　调速手柄

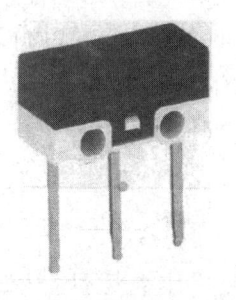

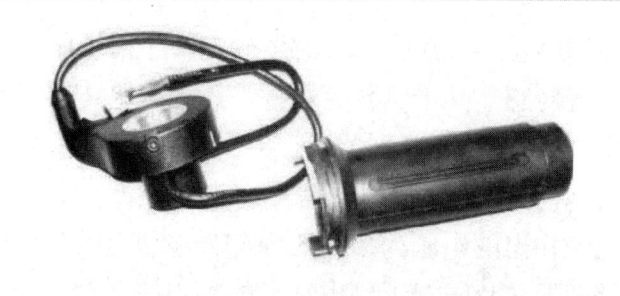

⑥ 闸把。

闸把也称电子闸把，是使电动机停止转动的制动信号，因此电动自行车闸把上应该有闸把位置传感元件。闸把位置传感元件有机械微动开关和开关型霍尔感应组件两种。其中，机械微动开关又分为机械常开和机械常闭两种；开关型霍尔感应组件又分为制动低电位和制动高电位两种。由于闸把上安装有磁钢和位置传感器组件，因此可以将制动的机械动力感应得到的电信号送给控制器进行识别。当控制器接收到刹车信号后，立即停止对电动机的供电。

12.2.2　相关知识：电驱动装置

1. 电动自行车常用驱动电动机

电驱动装置（电动机）的作用是将电能转换为机械能驱动车辆，而电动机分为无刷电动机和有刷电动机两类，电动自行车常用的驱动电动机有稀土永磁有刷电动机、稀土永磁无刷电动机两种。无刷电动机主要是低速大力矩电动机，没有传动齿轮，避免了机械磨损，运行中几乎没有噪声，但无刷电动机启动电流冲击较大，控制系统结构复杂。有刷电动机采用先进技术，提高了电刷寿命，电动机效率较高，控制系统电子线路简单。

1）稀土永磁有刷电动机

电动自行车稀土永磁有刷电动机的内部结构为盘式转子，装有碳精电刷，其外形图如图 12-5 所示。电动机转速为 3000r/min，必须通过配套的减速器、离合器等将转速减至 180r/min 左右，才能驱动车辆正常行驶。

有刷电动机的最大缺点是碳精电刷易磨损，需要经常更换，而且碳精电刷接触不良，行驶过程中不仅耗电量大，还会产生电火花并加快换向器氧化，但有刷电动机对控制系统的技术要求低，维修简单方便，其生产成本远低于无刷电动机，整车较便宜。

2）稀土永磁无刷电动机

稀土永磁无刷电动机由电动轮毂和控制系统两部分组成，实际上是一种电子式电动机，其内部由转子、磁钢、定子及三个霍尔元件构成，其外形图如图 12-6 所示。它是利用电子换向自动切换驱动磁场的极性，直接驱动电动机轮毂低速转动，无刷电动机由于转速低而不需要齿轮变速，运转平稳，无机械损耗，可直接驱动车轮，所以不存在电刷磨损，无换向电火花产生的电子干扰，其使用寿命可达 10 年以上。稀土永磁无刷电动机的生产工艺复杂，而造价成本高，启动力矩比有刷电动机略低，也是电动自行车的主力电动机。

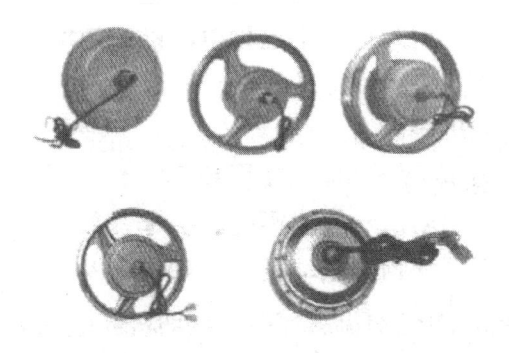

图 12-5 稀土永磁有刷电动机外形图

图 12-6 稀土永磁无刷电动机外形图

3）电动机换向原理

有刷电动机或无刷电动机在转动时，电动机里面绕组的通电方向需要交替变换，从而达到电动机能连续转动的目的。有刷电动机的换向是由换向器和电刷共同完成的，无刷电动机用电子开关和位置传感器代替换向器和电刷，将直流电转换成模拟三相交流电，通过调制脉宽，改变其电流来改变转速。

无刷电动机的换向电路由换向传感器、电子换向开关电路等组成，如图 12-7 所示，图中 H1～H3 为换向传感器，L1～L3 为电动机定子电枢绕组，NS 为转子磁铁。

2. 电动自行车常见驱动方式

目前市场上的电动自行车驱动方式大体上有三类：电动轮毂式、摩擦传动式和中轴驱动式。由于电动轮毂式驱动方式具有体积小、重量轻、能耗低、效率比较高等优点，目前国内电动自行车大多采用这种方式。

1）电动轮毂式

电动轮毂式由直流盘式永磁电动机、减速器、离合器及外壳组成。电动轮毂与钢圈、辐条、轮胎一起构成了可以独立转动的电动自行车轮，其外形图如图 12-8 所示。其优点是设计合理、结构紧凑、体积小、重量轻、传动效率高，目前大多数电动自行车采用后轮驱动方式。

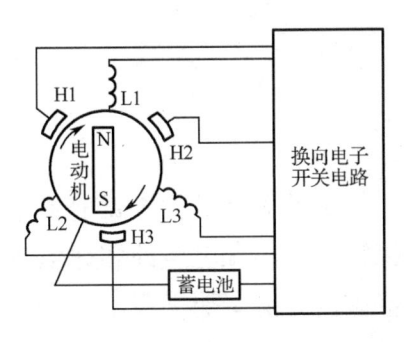

图 12-7 电动机换向原理

图 12-8 电动轮毂外形图

2）摩擦传动式

摩擦传动式即通过与轮胎的摩擦传递动力。这种驱动方式有两大弱点：一是容易造成轮胎失圆失形，直接影响传动效率和机构的可靠性；二是由于驱动部分的零配件不通用，日常维护和更换非常不便。

3）中轴驱动式

中轴驱动式的驱动机安装在自行车中轴处。其主要特点是低速性能好，适用于各种形式的自行车。该驱动器采用机械传动方式，具有电动助力功能和全电动驱动功能。这种结构的电动自行车电动机体积小、重量轻、外形美观、传动效率高。

3. 电动自行车驱动离合器

图 12-9 所示为电动自行车驱动离合器剖视图。当电动机工作时，电动机的驱动力首先由输出轴经减速齿轮传给输出驱动轴，然后经衬套、单向驱动离合器、连接杆、离合器外环传给链轮，从而驱动后轮转动。此时离合器的内环处于静止状态。因此，驱动力传不到脚蹬驱动轴，脚蹬处于静止状态。当改为人力脚蹬时，加到轴两端的脚蹬驱动力经由链轮带动后轮转动，此时只有其内环旋转，外环处于静止状态。由于离合器（被分离）未介入工作，因此驱动轴的驱动力传不到电动机的输出驱动轴上。

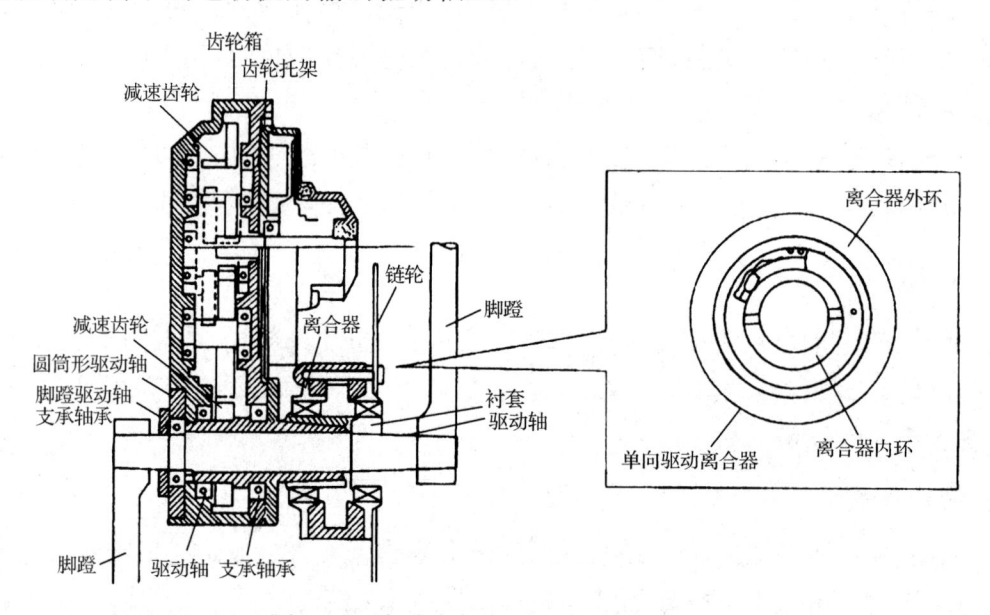

图 12-9 电动自行车驱动离合器剖视图

12.2.3 相关知识：蓄电池

1. 蓄电池的组成

蓄电池是电动自行车的能量载体，是影响电动自行车性能的关键部件，目前可作为电动自行车蓄电池的主要有小型密封式免维护铅酸蓄电池、镍镉电池、镍氢电池和锂电池等，由于小型密封式免维护铅酸蓄电池使用成本低、容量大，被国内企业普遍采用。

蓄电池主要由正负极板、隔板、电解液、极柱、联条、外壳等部分组成。图 12-10 所示为铅酸蓄电池结构图。蓄电池放电时，供用电设备使用；蓄电池充电时，把电能转换成化学能储存起来，恢复到原来状态供下次使用。

极板是蓄电池的核心部件，极板分正极板和负极板。正极板上的活性物质是二氧化铅，呈棕红色；负极板上的活性物质是海绵状纯铅，呈青灰色。

隔板用以隔离蓄电池正负极，防止短路，具有多孔性结构，以便电解液自由渗透，且化学性能稳定，具有良好的耐酸性和抗氧化性。

电解液主要由相对密度为 $1.84g/cm^3$ 的纯水和硫酸配以一些添加剂混合而成，密度一般为 $1.25 \sim 1.32g/km^3$。

蓄电池外壳为一个整体式结构的容器，其中有极板、隔板和电解液。

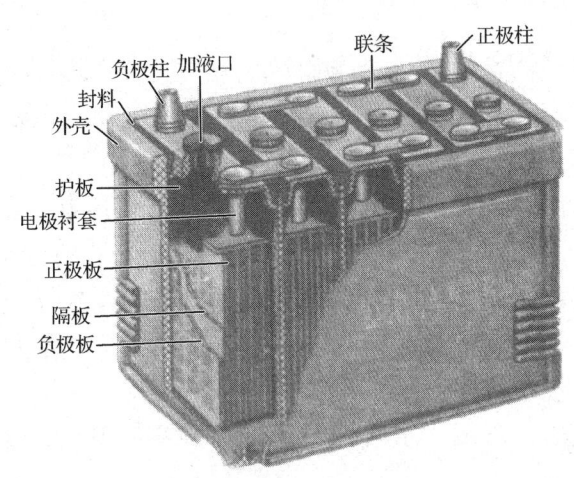

图 12-10　铅酸蓄电池结构图

2. 蓄电池的参数

1) 蓄电池功率和比功率

蓄电池的功率是指蓄电池在一定条件下，在单位时间内所提供能量的大小。单位质量或单位体积电池所给出的功率称为比功率，质量比功率的单位用 W/kg 表示，体积比功率的单位用 W/L 表示。比功率是电池重要的性能指标之一，一个电池比功率大，表示它可以承受大电流放电，蓄电池性能好。

2) 蓄电池的能量和比能量

蓄电池的能量是指在一定放电条件下电池对外做功时所能输出的电能，常用瓦时（Wh）表示，蓄电池的能量分为理论能量和实际能量，理论能量可用理论容量和电动势的乘积表示，而蓄电池的实际能量为一定放电条件下的实际容量与平均工作电压的乘积。蓄电池的比能量是指蓄电池单位质量或单位体积的能量，比能量用 Wh/kg 来表示。

12.2.4　相关知识：充电器

1. 充电器的分类及特点

电动自行车充电器是给蓄电池补充电能的装置，充电有两种方式，一种是恒流充电，另一种是恒压充电。

恒流充电就是采用恒定电流充电，即从开始充电到充电结束都是用恒定电流进行充电的。其优点是充电时间短，电池充电效率较高。

恒压充电就是采用恒定不变电压充电，其优点是电池极化作用小、充电时间短和不会过充电，其缺点是不能有效地将蓄电池充满。

目前电动自行车的充电器大多采用恒流恒压浮充电的方法进行充电，恒流恒压浮充电就是先用恒流充电，迅速给电池补充能量，蓄电池处于最佳充电状态，充电后期采用恒压浮充，电池电压继续上升，达到充电器的充电终止电压值时，转为涓流充电，以保养电池盒供给电池的自放电电流。

2. 充电器的组成与结构

图 12-11 所示为充电器的外形图，主要由塑料外壳、输出插头、输入插头组成，充电器上有一个指示灯，同时作为电源指示和充电指示使用，使用时先插上充电器的输出插头，再插上输入插头即可进行充电。

充电器实质上就是一个开关电源。其内部主要由开关变压器、晶体管、控制集成电路等构成。采用开关电源技术的充电器，其适用范围比较广，既适用于铅酸蓄电池充电，又适用于锂蓄电池充电。当前的电动自行车充电器一般采用开关电源式充电器，并设置了自动调整、控制和保护功能，在充电期间不需要人员看守。开关电源式充电器的优点是充电快、质量好、效率高、不影响蓄电池的使用寿命。

图 12-12 所示为充电器方框图，主要由整流滤波、高压开关、电压变换、恒流、恒压及充电控制等组成。

图 12-11　充电器的外形图

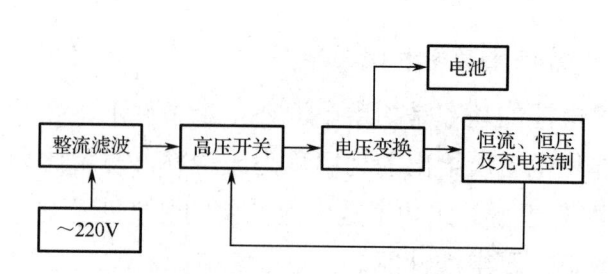

图 12-12　充电器方框图

充电器基本原理：输入的 220V 市电电压经整流滤波后转变为 300V 左右的直流电压，通过开关管的接通和关断，使 300V 直流电压变成受控制的交流电压，交流电压通过开关变压器耦合后在其次侧产生低压交流电，低压交流电再通过二极管整流后输出直流充电电压。蓄电池在充电时，充电器的电源指示灯显示红色，充电指示灯也显示红色。充满后，充电指示灯显示绿色，表示停止充电。

任务 12.3　电动自行车的拆装

12.3.1　实践操作：电动机的拆装

1. 拆卸方法及步骤

拆卸电动机之前应拔下电动机与控制器的引线，此时一定要记录下电动机引线颜色与控制器引线颜色的一一对应关系。另外，在打开电动机端盖之前先清洁场地，以防杂物被吸在电动机内的磁钢上，再做好端盖与轮毂相对位置的标记。注意：一定要对角松动螺钉，以免电动机外壳变形。电动自行车电动机如图 12-13 所示。

电动机转子与定子的径向间隙称为气隙（空气间隙），一般电动机的气隙为 0.25～0.8mm，当拆卸完电动机排除了故障之后，一定要对原来的端盖记号进行装配，这样可以防止二次装配后的扫膛现象。

拆卸步骤：首先打开控制器盒的盖板，用专用工具取出电动机引线铜片，将夹线去掉，抽出电动机引线；然后摘下电动自行车的链扣，取下链条；最后将支承紧固螺母和后轮紧固螺栓松开并将后轮总成取出，拧开后轮紧固螺栓，取出调节链条螺母。沿凹点将飞轮和抱刹拆下，取出轮胎，卸下辐条铜头螺母，取出辐条，取下电动机。

有些新型电动自行车采用有齿电动机驱动后轮，如图 12-14 所示。拆卸应先将后轮供电电线断开，再将整个轮毂和轮胎从车架上拆下，并拆开电动机外壳，则可以见到电动机内部结构。

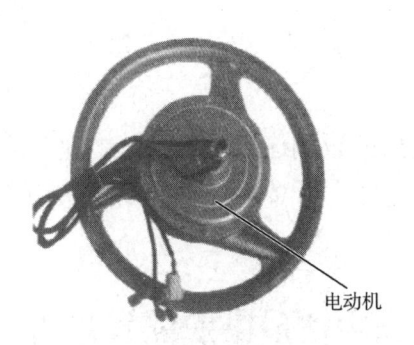

图 12-13　电动自行车电动机

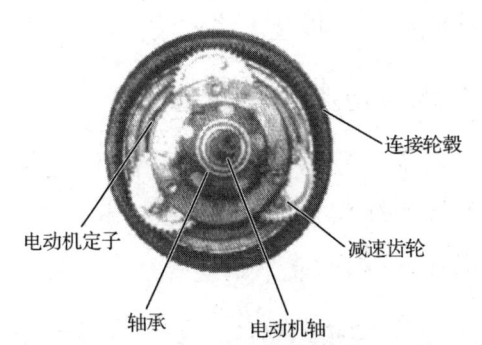

图 12-14　有齿电动机

2. 安装方法

安装电动机应分四步进行。

第一步，将其固定在支架上，暂不紧固以便调整。

第二步，套上链条，先将电动机架板紧靠电动自行车三角架往上推，直到链条绷紧为止，再用紧固环和螺栓稍微固紧。

第三步，调整电动机的位置，使电动机链轮与减速飞轮处于同一平面上。

第四步，紧固电动机支架及电动机。

12.3.2　实践操作：控制器的拆装

控制器是由电气元件和电路组成的器件，拆卸和安装都比较容易。但由于控制器是依靠连接线传递信号的，引出线非常多，若安装不当则会造成控制器不工作。

控制器的对外连线都是通过接插件连接的，因此在安装时，一定要将与控制器相连接的接插件垂直地面摆放，以防接插件积水。将控制器的引线用尼龙扎带固定在车体上，以防引线与车体发生摩擦而损坏。另外，尽量提高控制器的安装位置，并将控制器外壳的开口面朝下，以防在行驶中地面水溅入控制器中。

12.3.3 实践操作：蓄电池的拆装

1. 拆卸方法

拆卸时，首先将搭铁线拆下，然后卸下正负极接线端子与电动自行车的电动机、控制器、仪表等对应相接的连线，最后用合适的扳手将夹螺栓拧松，即可将蓄电池从车体上取下。

2. 安装方法

安装前首先应将夹头刮干净，对于采用串联方式的蓄电池，将一只蓄电池的正极与另一只蓄电池的负极相连。将所有的蓄电池连接后，装入蓄电池盒，然后用压板将蓄电池压紧，安装到车上以后，再进行接线。其接线的顺序：先将蓄电池余下的正负极端子与电动自行车对应的接线相连，再装上搭铁线。

3. 拆装蓄电池应注意的事项

（1）对于多个蓄电池组成的蓄电池组件，应确保正负极的正确连接，否则蓄电池不能通电。

（2）连接线头（包括搭铁线）时，应去掉线头的氧化物，并连接牢固，以防接头松动而造成漏电打火。

12.3.4 实践操作：电动自行车的使用注意事项及维护保养方法

1. 电动自行车的使用注意事项

电动自行车日常使用要点可以概括为"善保养，多助力，勤充电"。

（1）善保养：不要使电动自行车受到意外损害，不要让积水淹没控制器，启动时一定要打开车锁，下车后即关闭电门，平时轮胎充气要足，夏季应避免长时间阳光暴晒，避免在高温度、有腐蚀的环境中存放，刹车要松紧适度。

（2）多助力：理想的使用方法是"人助车动，电助人行，人力电力联动"，省力又省电。因行驶里程数与车载重量、路面状况、启动次数、刹车次数、轮胎气压等有关，起步时要先用脚踏骑行，在骑行的过程中上桥、上坡、逆风和重载行驶务必用脚踏助力，以避免对电池造成伤害，影响电池续航里程和使用寿命。

（3）勤充电：使用铅酸蓄电池，要养成勤充电的习惯，不要等电用光了再充电，以免因"深放电"而缩短电池寿命。充足电的蓄电池，如果长期放置不用，则也要每个月补充电一次。充电要用配套的充电器，充电器有保护功能，长时间充电（一般不超过24h）不会损害电池。

2. 电动自行车的维护保养方法

（1）骑行前应检查电池盒是否锁牢，显示面板各灯显示是否正常，进行必要的机械和行驶安全检查。

（2）雨天行驶在积水路面时，积水深度不超过电动自行车车轮中心位置，如果行驶路面积水深度超过电动自行车车轮中心位置，则可能会造成故障。

（3）整车应避免放在空气潮湿、温度过高和有腐蚀性气体的场所，以免使金属零件的电镀油漆表面发生化学腐蚀。

（4）应避免将整车长时间烈日暴晒和雨淋，以免使控制器内元件损坏，造成操作失灵，发生意外事故。

（5）控制器电路结构复杂，用户不应擅自拆装修理。

（6）骑行不应超载，不应放置过重物品和载人，以免损坏电池和电动机。

（7）电动自行车的润滑是保养电动自行车的重要内容，根据使用情况，应对前轴、后轴、中轴、飞轮、前叉、减振器等部件进行擦洗和润滑。

12.3.5 实践操作：电动自行车的常见故障分析及维修方法

电动自行车常见故障大致可分为电气故障与机械故障两大类。本节重点介绍电动自行车电气部分故障分析及维修方法。

1．直观检查法

（1）通过观察、手摸、耳听、询问确定故障点。查看蓄电池是否鼓起、有无漏液，包括蓄电池连接线是否氧化松动；查看电气元件表面是否有烧焦、熔断、起泡、变形、变色、跳火、霉锈等痕迹；查看接线和插件有无松动、脱落或接触不良。

（2）用手触摸故障电气元件是否过热，轻摇各电气元件的连线、接插件，从而确定故障部位。

（3）启动电动自行车，有无异样的放电声、交流声。

2．检测判断法

检测判断法是根据故障现象检测相关部件的电压、电流和电阻等参数，可快速判断故障部位，查找故障元件。电动自行车电气部分的常见故障原因分析及维修方法如表12-1所示。

表12-1　电动自行车电气部分的常见故障原因分析及维修方法

常见故障	产生原因	维修方法
仪表盘上的电源指示灯不亮，但电动机运转正常	① 仪表盘正负极引线之间无电压，接插件接触不良 ② 指示灯发光管损坏 ③ 仪表盘线路短路	① 检修连线或修复插件 ② 更换发光管 ③ 更换仪表盘印制电路板
打开电门锁电源，仪表盘电源指示灯不亮，转动手柄，电动机不转	① 蓄电池盒上的保险丝烧断 ② 蓄电池盒上的保险丝接触不良 ③ 蓄电池盒上的触头接触不良 ④ 蓄电池盒上的触头烧坏 ⑤ 电门锁坏 ⑥ 蓄电池盒内蓄电池引线断路 ⑦ 蓄电池内部断路 ⑧ 电门锁引线断路	① 更换保险丝 ② 调整保险丝管，使其接触良好 ③ 调整、修复触头，使其接触良好 ④ 更换新触头 ⑤ 更换电门锁 ⑥ 更换新引线并连接好 ⑦ 更换新蓄电池 ⑧ 更换新线
打开电门锁电源，仪表盘电源指示灯亮，转动手柄，电动机不转	① 转动调速手柄有故障 ② 控制器损坏 ③ 制动断电手柄损坏 ④ 电动自行车电路有故障 ⑤ 电动机损坏	① 更换调速手柄 ② 修复或更换控制器 ③ 更换制动断电手柄 ④ 检修连接线 ⑤ 更换新电动机

续表

常见故障	产生原因	维修方法
打开电源开关，控制器正常工作，转动手柄，电动机不转	① 控制器连接接头脱落 ② 手柄调速线脱落 ③ 电动机接线断落	① 重新连接 ② 检修并将手柄调速线连接好 ③ 接好电动机电源线
行驶中，电动机时转时停	① 蓄电池电量不足 ② 蓄电池触头接触不良 ③ 蓄电池盒内保险丝管与保险丝座之间接触不良 ④ 调速手柄引线不良 ⑤ 线路内接插件虚接 ⑥ 电动机电刷、导线、绕组虚焊或虚接 ⑦ 控制器故障	① 停止运行，给蓄电池充电 ② 打磨、修复蓄电池触头 ③ 修复保险丝座或更换保险丝管 ④ 检修调速手柄引线 ⑤ 检修线路内接插件 ⑥ 检修电动机电刷、导线 ⑦ 检修控制器
续航里程短	① 蓄电池长期放置，未充电 ② 蓄电池未充足电 ③ 气温过低，蓄电池无法放电	① 先补充充电，再使用 ② 补充充电 ③ 给蓄电池进行保温处理
电动自行车车速明显不如以前快	① 电动机部分短路 ② 控制器损坏 ③ 调速手柄损坏	① 更换电动机 ② 更换控制器 ③ 修复或更换调速手柄
行驶时，前照灯不亮	① 灯泡烧坏 ② 灯座接触不良 ③ 灯座连线脱焊	① 更换灯泡 ② 除去灯座氧化物，使之接触良好 ③ 修复灯座连线
行驶时，尾灯不亮	① 灯泡烧坏 ② 灯座接触不良 ③ 灯线脱焊	① 更换灯泡 ② 除去灯座氧化物，使之接触良好 ③ 重新焊接
蓄电池充不进去电	① 蓄电池极板严重硫化 ② 蓄电池使用寿命终止 ③ 蓄电池内部保险丝管保险丝断 ④ 蓄电池盒内保险丝管与保险丝座之间接触不良	① 去硫或更换蓄电池 ② 更换新蓄电池 ③ 更换保险丝 ④ 更换保险丝管，调整二者的位置使其接触良好
充电一充就满，一用就完	蓄电池进入衰退期，不能储电	更换蓄电池
蓄电池充电时间已足够，但绿灯不亮，蓄电池发热	① 蓄电池组有故障 ② 单节蓄电池有故障	① 检修更换蓄电池组 ② 将有故障的单节蓄电池更换
打开充电器开关，充电器风扇不转	① 充电器电源插头与插座接触不良 ② 充电器电源保险丝熔断 ③ 充电器损坏	① 重新拔插，修复插头，使插头与插座接触良好 ② 更换保险丝 ③ 修理或更换充电器
充电器可以充电，但充不足电	① 充电器指示灯异常，造成错误显示 ② 充电器输出电压过低	① 修理或更换充电器 ② 修理或更换充电器

小结

（1）电动自行车是集电动机、控制器、蓄电池、转把、刹把等操纵部件和显示仪表系统于一体的交通工具。

（2）电动自行车主要的安全技术规范：必须具有脚踏骑行功能；最高车速≤25km/h；电

动机额定功率≤400W；蓄电池标称电压≤48V；整车质量≤55kg。

（3）电动自行车基本结构主要由车体、控制系统、电驱动装置、蓄电池和充电器等组成。

（4）电动自行车控制系统以控制器为核心，包括转把、刹把、仪表、传感器和开关按钮等。

（5）电驱动装置（电动机）的作用是将电能转换为机械能驱动车辆，而电动机分为无刷电动机和有刷电动机两类。

（6）电动自行车的电池主要有小型密封式免维护铅酸蓄电池、镍镉电池、镍氢电池和锂电池等。

（7）电动自行车使用注意事项及维护保养方法。

（8）电动自行车常见故障分析与维修方法。

思考与练习题

1. 填空题

（1）电动自行车基本结构主要由_____、_____、_____、_____和_____等组成。

（2）控制器按技术特点分为_____、_____、_____和_____。

（3）电动自行车驱动方式大体上有三类：_____、_____和_____。

（4）电动轮毂式由_____、_____、_____及_____组成。

（5）蓄电池主要由_____、_____、_____、_____、_____、_____等部分组成。

（6）电动自行车充电器给蓄电池充电有两种方式：_____，_____。

2. 简答题

（1）电动自行车有哪些类型？

（2）GB17761—2018《电动自行车安全技术规范》规定了哪些技术要求？

（3）电动自行车控制器的主要组成有哪些？

（4）电动自行车常见驱动方式有哪几种？

（5）电动自行车常用驱动电动机有哪几种？各有什么特点？

（6）简述电动自行车充电器充电原理。

（7）简述电动自行车使用注意事项及维护保养方法。

参 考 文 献

[1] 牛金生. 电热电动器具原理与维修[M]. 北京：电子工业出版社，2005.
[2] 荣俊昌. 电热电动器具维修实训[M]. 北京：高等教育出版社，2008.
[3] 辛长平. 家用电器技术基础与检修实例[M]. 北京：电子工业出版社，2005.
[4] 黄永定. 家用电器基础与维修技术[M]. 北京：机械工业出版社，2012.
[5] 姜宝港. 智能家用电器原理与维修[M]. 北京：机械工业出版社，2002.
[6] 徐士毅，杨溪. 家用电动电热器具原理与维修技术[M]. 北京：人民邮电出版社，2001.
[7] 姜宝港. 中级家用电热器具与电动器具维修工[M]. 北京：机械工业出版社，2001.
[8] 李援瑛. 厨房电器使用与维修技巧[M]. 北京：农村读物出版社，2002.
[9] 麦汉光，王军伟. 家用电器技术基础与维修[M]. 北京：高等教育出版社，1998.
[10] 姜宝港. 高级家用电热器具与电动器具维修工[M]. 北京：机械工业出版社，2001.
[11] 虞国平，王文超. 家用电热器具大全[M]. 北京：中国计量出版社，1989.
[12] 钱如竹，肖振江，朱列辰. 家用热水器速修方法与技巧[M]. 北京：人民邮电出版社，2000.
[13] 李礼贤. 电力拖动与控制[M]. 北京：机械工业出版社，1986.
[14] 李瑜芳. 传感技术[M]. 成都：电子科技大学出版社[M]，1999.
[15] 易沅屏. 电工学[M]. 北京：高等教育出版社，1993.
[16] 陈铁山. 看图学电动自行车维修[M]. 北京：电子工业出版社，2009.
[17] 金国砥. 新颖小家电维修入门[M]. 杭州：浙江科学技术出版社，2003.
[18] 林春方. 电热电动器具原理与维修[M]. 3版. 北京：电子工业出版社，2011.